메카트로닉스 입문

岩本 洋 監修
森田 克己 · 天野 一美 共著
한 동 순 譯

BM 성안당
日本 옴사 · 성안당 공동 출간

메카트로닉스 입문

Original Japanese edition
HAJIMETE MANABU MEKATORONIKUSU NYUUMON HAYAWAKARI
supervised by Hiroshi Iwamoto
by Katsumi Morita and Kazumi Amano.
Copyright © 1997 by Iwamoto Hiroshi, Katsumi Morita and Kazumi Amano
Published by Ohmsha, Ltd.

This Korean language edition co-published by Ohmsha, Ltd. and Seong An Dang Publishing Co.
Copyright © 1998
All rights reserved.

All rights reserved. No part of this publication may be reproduced, stored in a retrieval system, or transmitted, in any form or by any means, electronic, mechanical, photocopying, recording, or otherwise, without the prior written permission of the publisher.

이 책은 Ohmsha와 성안당의 저작권 협약에 의해 공동 출판된 서적으로, 성안당 발행인의 서면 동의 없이는 이 책의 어느 부분도 재제본하거나 재생 시스템을 사용한 복제, 보관, 전기적·기계적 복사, DTP의 도움, 녹음 또는 향후 개발될 어떠한 복제 매체를 통해서도 전용할 수 없습니다.

머 리 말

산업계, 특히 제조업의 모든 분야에서 자동화·정보화가 도모되고 있다. 이는 두말할 것도 없이 인력을 감축하면서 정확성과 효율적인 생산을 지향해 나가기 위해서이다.

자동화를 추진함에 있어서 기계 공학(메커닉스)과 전자 공학(일렉트로닉스)은 모두 빼놓을 수 없는 기술로 이 양자(兩者)를 한 단어로 메카트로닉스라고 한다. 단, 메카트로닉스는 정식 영어가 아니라 일본에서 만든 일본식 영어이다.

메카트로닉스를 좀더 곰곰이 생각해 보면 기계 기술과 전자 기술 이외에 정보 기술이 깊이 관련되어 있음을 알 수 있다. 그러한 기술이 하나가 되어 메카트로닉스를 구성하고 있는 셈이다.

즉, 메카트로닉스는 물리량이나 화학량을 전기량으로 변환하는 센서 기술, 회전 운동이나 직선 운동 등의 동작을 시키는 액추에이터 기술, 센서와 컴퓨터 혹은 컴퓨터와 액추에이터를 접속하기 위한 인터페이스 기술이 그 핵심이고 시퀀스 기술이나 피드백 기술과 같은 제어 기술 그리고 컴퓨터를 움직이게 하는 프로그래밍 기술 등 많은 기술로 이루어져 있다.

본서는 이러한 기술들의 입문서라고 할 수 있다. 메카트로닉스를 처음 배우는 분들을 위해 다음과 같은 점에 유의하였다.

1. 문장은 가능한 한 쉽게 표현하였다.
2. 도표와 그림을 많이 게재하여 시각적으로 이해를 도울 수 있도록 구성하였다.
3. 메카트로닉스의 기초를 배운다는 관점에서 학술적인 이론을 상세하게 기술하기보다는 주로 실제에 입각하여 기술하였다.
4. 두 페이지 분량으로 한 항목을 정리하고 마지막으로 문제를 풀게 함으로써 이해를 심화시켜 각각의 항목을 요령있게 파악할 수 있도록 연구하였다.

본서는 다음과 같이 분담하여 집필하였다.
1~4장 : 전 東京都立藏前 공업고등학교 교사　森田 克己
5~8장 : 東京都立 공업기술교육센터 주사　天野 一美

본서를 학습함으로써 메카트로닉스의 기초를 마스터하고 더욱 진보된 단계로 발전할 수 있기를 바란다.

감수　일본 전국 공업고등학교장협회 고문　岩本 洋

차 례

1 메카트로닉스 제어 기기 ... 1
1. 메카트로닉스를 지원하는 기술 ... 2
2. 친근한 메카트로닉스 ... 4
3. 메카트로닉스의 메커니즘 ... 6
4. 메카트로닉스 회로에 대한 지식(1) ... 8
5. 메카트로닉스 회로에 대한 지식(2) ... 10
6. 프로그래머블 컨트롤러 ... 12
7. PC의 프로그래밍 ... 14
■ 도전 문제 ... 16

2 센서의 기초 지식 ... 17
1. 센서란 ... 18
2. 여러가지 센서(1) ... 20
3. 여러가지 센서(2) ... 22
4. 센서로부터의 신호 입력 ... 24
5. 디지털 데이터의 입력 ... 26
6. 아날로그 데이터의 입력 ... 28
7. 센서 입력의 실제 ... 30
■ 도전 문제 ... 32

3 액추에이터의 기초 지식 ... 33
1. 액추에이터의 역할 ... 34
2. 액추에이터의 구동 회로 ... 36
3. 릴레이 회로 ... 38
4. 트랜지스터에 의한 구동 회로 ... 40
5. 솔레노이드의 구동 회로 ... 42
6. 스테핑 모터의 구동 회로 ... 44
7. SSR의 구동 회로 ... 46
■ 도전 문제 ... 48

4 제어의 기초 지식 ... 49
1. 제어란 ... 50
2. 컴퓨터 제어란 ... 52
3. 디지털 신호란 ... 54
4. IC군(논리회로 실험장치)을 만드는 법 ... 56
5. IC군의 실험(1)-AND 회로의 실험 ... 58
6. IC군의 실험(2)-OR·NOT 회로의 실험 ... 60
7. IC군의 실험(3)-NAND·NOR 회로의 실험 ... 62
■ 도전 문제 ... 64

5 컴퓨터와 인터페이스 ... 65
1. 컴퓨터의 구성 ... 66
2. 컴퓨터의 신호(1) ... 68
3. 컴퓨터의 신호(2) ... 70
4. 인터페이스란 ... 72
5. 전송 규격과 범용 인터페이스 ... 74
6. 신호와 프로그램 ... 76
7. 제어에서 사용하는 주요 프로그램 언어 ... 78
■ 도전 문제 ... 80

차 례

6 입출력 기기와 인터페이스　　　　　　　　　　81

1. 8255 입출력 인터페이스 단자와 사용법
   모드　　　　　　　　　　　　　　　82
2. 8255 입출력 인터페이스 보드를
   만들어 보자(1)　　　　　　　　　　84
3. 8255 입출력 인터페이스 보드를
   만들어 보자(2)　　　　　　　　　　86
4. 8비트 LED 점등 회로　　　　　　　88
5. 스위치용 인터페이스 회로　　　　　90
6. 전자 릴레이의 인터페이스　　　　　92
7. 소형 직류 모터의 인터페이스　　　　94
■ 도전 문제　　　　　　　　　　　　　96

7 간단한 제어 프로그램　　　　　　　　　　　　97

1. 제어에서 사용하는 C언어의 기초 지식　98
2. 8비트 LED의 점멸 프로그램　　　101
3. 스위치를 사용한 제어　　　　　　103
4. 센서를 사용한 제어　　　　　　　105
5. 공기압 실린더의 제어　　　　　　107
6. 직류 모터의 제어　　　　　　　　109
7. 스테핑 모터의 제어　　　　　　　111
■ 도전 문제　　　　　　　　　　　　113

8 간단한 장치의 제어　　　　　　　　　　　　　115

1. 공기압 액추에이터에 의한 반송 장치의
   제어　　　　　　　　　　　　　　116
2. 간단한 자동문의 제어　　　　　　124
3. 스테핑 모터를 사용한 이송 장치의 제어131
4. 철도 모형의 제어　　　　　　　　140
5. 인터럽트 제어의 사고 방식　　　　148
■ 도전 문제　　　　　　　　　　　　150

9 씨름꾼 로봇 만들기의 노하우　　　　　　　　151

1. 로봇 씨름이란　　　　　　　　　152
2. 씨름꾼 로봇의 체격 검사　　　　　154
3. 씨름꾼 로봇의 구조(1)　　　　　　156
4. 씨름꾼 로봇의 구조(2)　　　　　　158
5. 씨름꾼 로봇의 구조(3)　　　　　　160
6. 씨름꾼 로봇의 구조(4)　　　　　　162
7. 씨름꾼 로봇의 제어　　　　　　　164
◎ 로봇 씨름 대회 규칙의 개요　　　166

제 1 장
메카트로닉스 제어 기기

메카트로닉스 제어 기기의 발전

1950년대는 가정에 전기 세탁기, 흑백 TV 등이 도입되기 시작하고 공장에는 자동화의 물결이 밀어닥쳤다. 또한 오퍼레이션즈 리서치(Operations Research)와 QC 활동이라는 단어가 들리기 시작하였다.

1960년대는 『일본열도 개조론』으로 상징되는 일본 공업계의 성장기에 들어선다. 올림픽으로 대표되는 화려한 시대의 개막이다. 고속도로와 신간선(新幹線)이 생기고 도시에는 자동차들로 넘치기 시작하였다. 또 시대는 이른바 3종의 신기(神器)인 3C, 즉 자동차, 컬러 TV, 냉방 장치(Cooler)가 가정에 도입되기 시작하였다.

1970년대는 자동차, 전기 기기 제조 관련 산업에서 자동화, 에너지 절감화 등의 필요성을 부르짖게 되고 제어 기기는 산업용 기계에 도입되어 그 생산성이 비약적으로 향상되었다.

또한 반도체의 급속한 진보와 LSI의 출현으로 인해 마이크로 일렉트로닉스화 시대에 돌입하였다. 그래서 지금까지의 기계적인 요소와 전자적인 요소의 복합체로서 메카트로닉스 시대가 도래하게 된 것이다. 지금까지의 자동차와 가전제품은 물론 공장의 생산 설비에 이르기까지 그 제어 기기의 특징을 살리게 되었다.

메카트로닉스의 진전은 제어 기기에 컴퓨터를 내장함으로써 에너지 절감화, 자동화를 비약적으로 진전시켜 사용의 편리성, 소형화, 신뢰성 향상, 기능의 인텔리전트화가 이루어진 것이다. 이러한 메카트로닉스가 진보된 정도를 제어 기기의 대표격인 프린트 기판용 릴레이의 생산 수량의 변화로 조사해 보면, 1985년도에는 약 4억개이던 생산이 8년 후인 1993년도에는 10억개를 초과하고 있다. 이 10억개라는 숫자는 일본인 한 사람당 10개의 기판용 릴레이를 그 해에 생산하였다는 것을 말한다. 이 숫자만 보더라도 얼마나 많은 제어 기기가 사회 생활에 이용되고 있는가를 추측할 수 있다.

1 메카트로닉스를 지원하는 기술

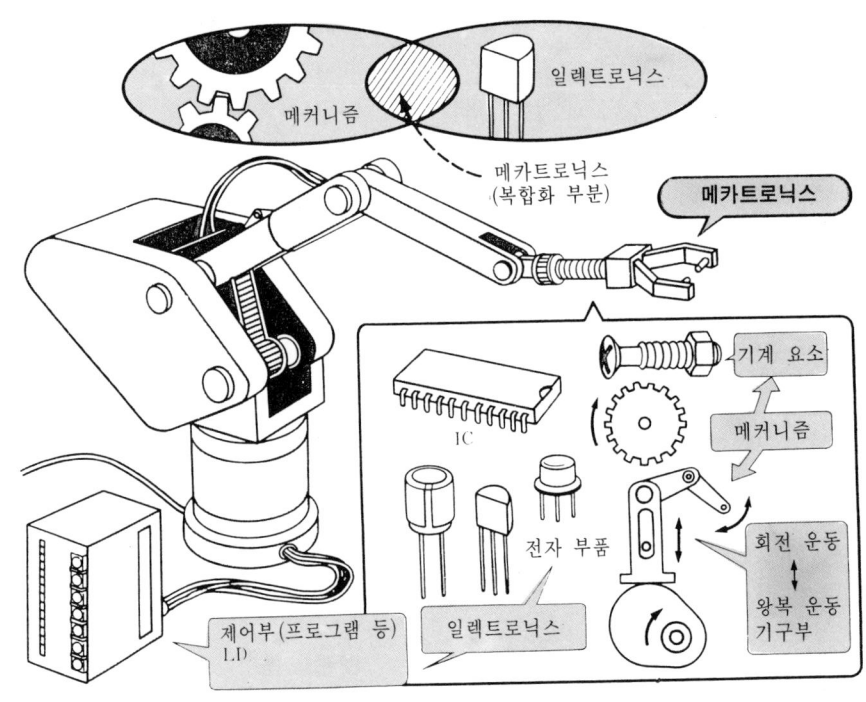

그림 1. 메카트로닉스의 예

1. 메카트로닉스란

『메카트로닉스』라는 단어는 현재는 아주 자연스럽고 당연하게 TV나 신문 등의 대중 매체 관계에서도 사용되고 있다. 경쾌한 울림을 가진 이 단어는 기계적인 기술을 의미하는 메커니즘과 전기·전자적인 기술을 의미하는 일렉트로닉스가 합성된 『일본식 영어』이다.

그림 1은 메카트로닉스의 대표적인 예로서 핸드 로봇을 나타낸다. 메커니즘부는 나사, 기어, 스프링 등의 기계 요소와 이들이 조합된 링크(link) 기구 등으로 구성되어 있다. 한편 일렉트로닉스부는 정보 처리 장치에 의해 더욱 고도의 제어 기능이 주어져 있기 때문에 IC나 저항·콘덴서와 같은 전자 회로 소자 등으로 구성되어 있다.

메카트로닉스라는 단어가 탄생된 것은 1980년 이후 전자 기술과 정보 기술의 급속한 진보를 배경으로 이들 기술과 기계적인 기술이 잘 조화된 결과이다.

현재는 메카트로닉스에 의해 더욱 새로운 기술로 설계, 제조, 개발이 이루어져 고도의 메카트로닉스 기기가 만들어지고 있다. 바로 이러한 점이 『메카트로닉스의 발전이 오늘날의 고도정보화 시대를 낳았다』라고 하는 이유이다.

2. 메카트로닉스의 배경

메카트로닉스가 현대 산업 발전의 중심이 된 배경을 생각해 보기로 하자.

(1) LSI의 성능 향상과 저가격으로 공급

진공관에서 트랜지스터로 발전하는 커다란 변혁이 있었다. 그 변혁의 특징은 다음과 같다.
① 형상의 소형화
② 성능의 향상과 소비 전력의 저감
③ 저가격으로 공급

트랜지스터에서 대규모 집적 회로(LSI), 더욱이 초대규모 집적 회로(초 LSI)의 개발은 위에서 기술한 변혁의 특징을 한층 가속화시켜 메카트로닉스화는 초고속으로 진전되었다.

(2) 마이크로 프로세서(초소형 연산 처리 장치)의 발달

초 LSI가 발달함에 따라 한층 성능이 우수한 마이크로 프로세서를 사용한 컴퓨터가 개발되어 종전에는 대형 컴퓨터에 의해 처리되었던 것이 소형화된 컴퓨터가 기계 등에도 쉽게 내장되어 동일한 처리를 할 수 있게 되었다.

(3) 센서의 발달과 정보 이용

예를 들면 그림 2와 같은 액면(液面) 제어에서는 지금도 사용되고 있는 플로트(float)의 부침(浮沈)에 의해 밸브를 개폐 조작하는 것이 있다. 현재는 이 액면 제어에 반도체 센서를 이용함으로써 액면의 시간적 변화, 그 변화의 크기 등과 같은 물리량의 정보를 전기 신호로 받아들여 좀 더 목적에 맞는 제어를 할 수 있게 되었다. 그리고 센서의 발달은 지금까지 정보로 처리하기 곤란하였던 화학량 등도 데이터로서 처리할 수 있도록 했다.

(4) 액추에이터의 개발

메카트로닉스의 발전에 맞추어 전기 신호로 처리하기 쉬운 구동 기기, 예를 들면 스테핑 모터 등과 같은 새로운 액추에이터가 개발되었다. 이러한 메카트로닉스의 기능에 적합한 액추에이터에 의해 종래 기기나 기계에 없었던 고정확도, 고정밀도의 가공 제품이 새로 만들어지게 되었다. 또한 소비자의 니즈에 맞춘 새로운 제품 제작이 프로그램의 변경에 의해 신속하고 용이해졌다. 가정생활에서도 마이크로 컴퓨터를 탑재한 전기 기기가 넘쳐나고 있다.

이와 같이 메카트로닉스의 진보가 현대 사회에 끼친 영향은 이루 헤아릴 수 없을 정도이다.

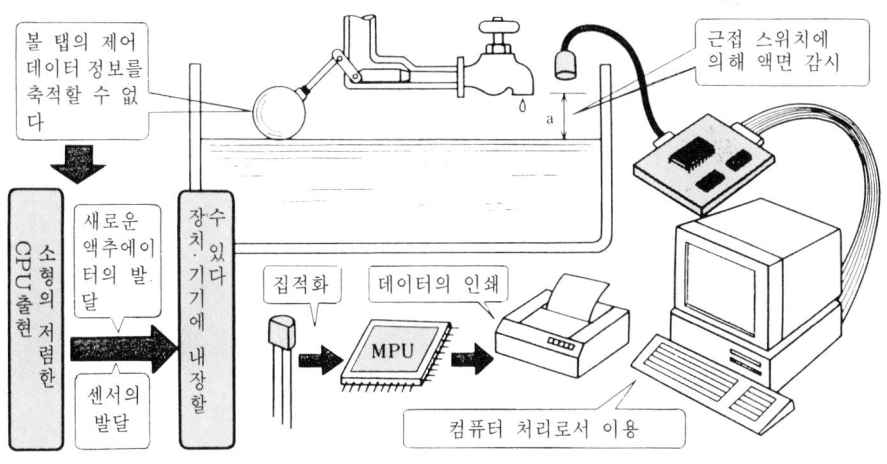

그림 2. 액면 제어

2 친근한 메카트로닉스

기계(기기)의 동작을 잘 알고 있는 X-Y 플로터를 예로 들어 메카트로닉스의 구조를 생각해 보자.

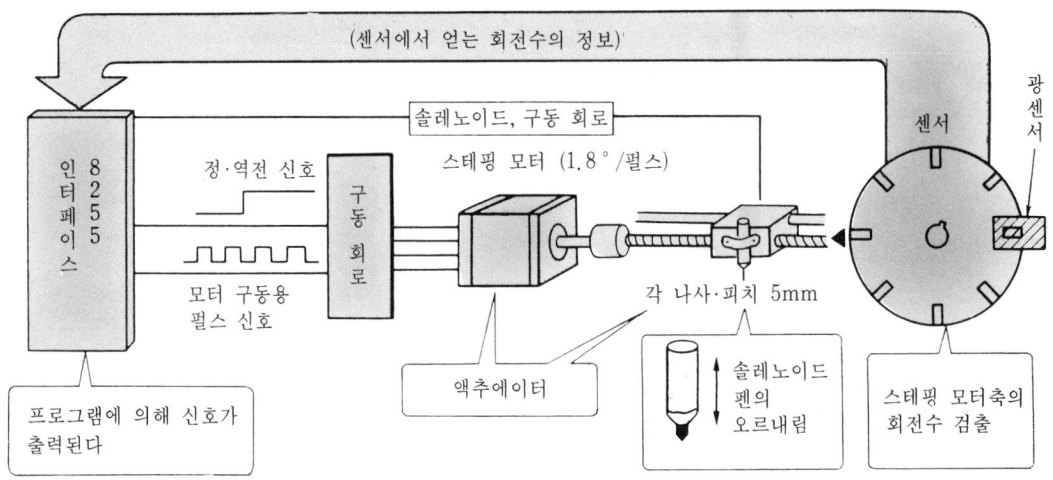

그림 1. X-Y 플로터 시스템

1. X-Y 플로터 시스템

X-Y 플로터를 움직이게 하는 액추에이터 제어 시스템에 대하여 생각해 보자.

(1) 스테핑 모터의 구동

그림 1에 나타낸 컴퓨터의 신호에 의해 X방향의 스테핑 모터와 Y방향의 스테핑 모터가 필요량 만큼 회전한다.

(2) 펜의 오르내림(솔레노이드)

작도(plot)를 할 것인가 안할 것인가는 솔레노이드에 의한 펜의 오르내림으로 실현된다.

X-Y 플로터의 액추에이터로는 스테핑 모터와 솔레노이드 두 종류가 해당된다.

2. 센서 입력

(1) 회전수의 검출

X-Y 플로터 시스템에서는 사용하지 않았으나 그림 1과 같이 스테핑 모터의 구동축 한쪽 끝에 슬릿(slit)이 있는 회전판을 부착하고 투과형 광센서를 장착하면 축의 회전수(스테핑 모터의 회전수)를 검출할 수 있다.

이와 같이 제어 상태를 감시하고 그 상태를 살린 제어를 **폐 루프 제어**라고 한다.

그것에 대하여 프로그램에 의해 지시받은 순서에 따라 제어가 진행되는 방식을 **개방 루프 제어**라고 한다. 일반적으로 폐 루프 제어 쪽이 정밀도가 높은 제어를 할 수 있다.

3. 구동 회로

(1) 스테핑 모터

스테핑 모터와 솔레노이드의 액추에이터는 컴퓨터로부터 받은 신호만으로는 움직이지 않는다. 각각의 액추에이터를 움직이기 위한 회로가 있어야 하는데 이 회로를 구동 회로라고 한다.

그림 2에 스테핑 모터의 구동 회로를 나타낸다. 이 구동 회로는 스테핑 모터 전용 IC에 의한 구동 회로의 예이다.

스테핑 모터를 움직이게 하려면 정전(正轉), 역전(逆轉)을 결정하는 신호의 입력 단자와 모터를 회전시키기 위한 펄스 신호의 입력 단자가 필요하다. 또 스테핑 모터의 코일에 가해지는 여자(勵磁) 방식에는 1상 여자, 2상 여자, 1-2상 여자의 3가지 모드가 있다. 이러한 모드를 선택할 수 있는 입력 단자가 필요하다. 그림 2와 같이 각각의 액추에이터 전용 IC를 이용한 구동 회로를 사용하면 회로의 구성을 단순하게 하는 것이 좋고, 그 액추에이터의 기능을 효율적으로 활용할 수 있는 이점이 있다.

(2) 솔레노이드

그림 3은 펜을 ON/OFF하기 위한 솔레노이드의 구동 회로 예이다.

인터페이스에서 받은 신호를 트랜지스터로 증폭하여 구동에 필요한 동력을 얻고 있다. 또한 솔레노이드와 같은 액추에이터는 여자가 OFF일 때 발생하는 서지(surge) 전압이나 노이즈(noise) 등의 영향이 있으며 인터페이스를 통해 컴퓨터로 전달되어 제어가 오동작하는 원인이 되므로 포토 커플러(photo coupler)에 의해 그 영향을 제거하고 있다. 메카트로닉스에서는 이와 같은 노이즈의 영향으로 인한 오동작을 근절시키는 것이 중요한 과제이다.

4. 메커니즘

(1) 펜의 이동 기구

펜을 이동시킬 때는 스테핑 모터의 회전을 커플링에 의해 전달받은 각(角)나사의 이송 기구를 이용하고 있다. 작도 가능한 정밀도는 이송 각나사의 피치와 스테핑 모터의 1펄스당 회전 각도에 의해 결정된다. 이와 같이 메카트로닉스에서는 메커니즘의 동작과 액추에이터의 동작이 상호 관련되어 하나의 동작을 완성시킨다.

(2) 펜의 그립(grip)부

그림 4와 같이 스프링의 탄력 기구를 솔레노이드 복귀에 이용하고 있다. 이와 같이 메카트로닉스는 전기·전자에 대한 지식과 기계에 대한 지식이 결부된 기술이라고 할 수 있다.

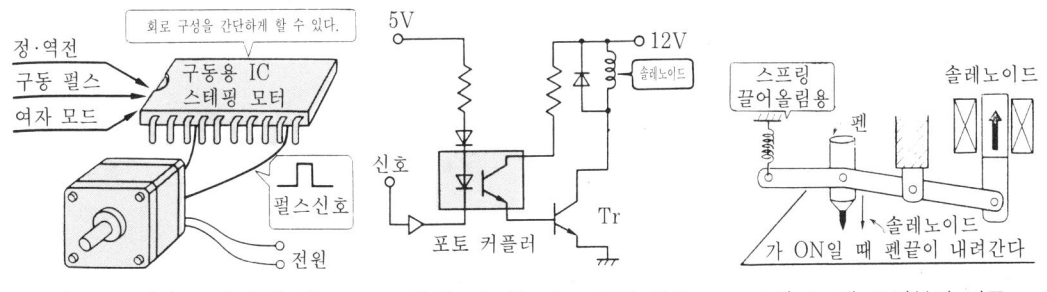

그림 2. 스테핑 모터 구동 회로   그림 3. 솔레노이드 구동 회로   그림 4. 펜 그립부의 기구

3 메카트로닉스의 메커니즘

메카트로닉스에서는 모터 등의 회전 운동을 이용하여 메커니즘을 구동한다.
이들 메커니즘을 구성하는 기초가 되는 것을 「기계 요소」라고 한다.
기계 요소 중 회전 운동의 전달에 흔히 사용되는 기어와 체결용 부품(부품끼리 고정하는)인 나사에 대한 기초 지식에 대해 설명한다.

1. 기어의 기초 지식

(1) 기어 전달의 특징

기어는 모터 등의 회전을 확실하게 전달할 수 있다. 기어의 잇수를 바꿈으로써 회전비를 자유롭게 변화시킬 수 있고 그 비율은 일정하다. 기어의 종류에 따라 기어축에 각도가 있는 경우에도 전달할 수 있다.

예) 베벨 기어 등의 이용 : 그림 1(a)
높은 감속비를 전달할 수 있다.

예) 웜과 웜휠의 이용 : 그림 1(b)

(2) 이의 크기

이의 크기는 클수록 큰 힘을 전달할 수 있다. 흔히 사용되는 인벌류트 기어에서는 이의 크기를 나타내는 단위로 「m=모듈」을 사용한다.

실제 이의 크기(높이)는 이 모듈의 2.25배이다.

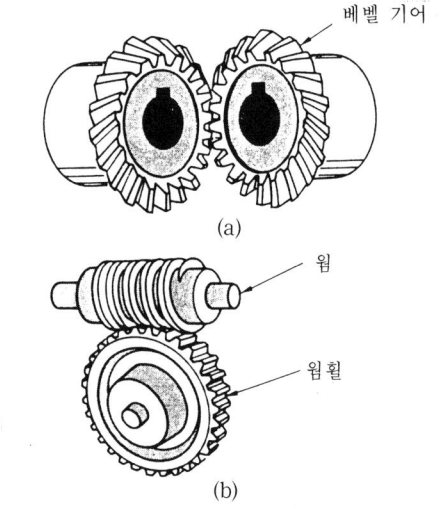

그림 1. 베벨 기어와 웜·웜휠

따라서 그림 2와 같이 이의 높이가 약 9mm라고 하면 이 기어의 이의 크기는 9/2.25=4가 되므로 모듈 m=4인 크기의 이가 되는 것이다.

(3) 기어의 외경(外徑)으로 모듈을 구하는 법
  ① 기어의 외경을 스케일 또는 버니어 캘리퍼스로 계측한다.
  ② 그 기어의 잇수를 센다.
  ③ 다음과 같은 계산식에 대입하여 m을 구한다.
      m=외경/(잇수+2)

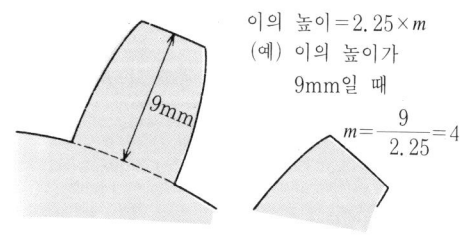

그림 2. 모듈(이의 크기)

(4) 축간 거리(축과 축의 중심 사이)를 구하는 법

기어의 모듈(m)과 두 기어의 잇수(Z_1, Z_2)에서 두 기어가 맞물릴 때의 축간 거리는 다음 식을 이용하여 구할 수 있다.

  축간 거리=$m(Z_1+Z_2)/2$

― 예 제 ―

● 모듈을 구하는 방법

그림 3과 같이 기어의 외경이 64mm인 기어가 있다. Z_1=30[개]일 때의 모듈의 잇수는 다음과 같

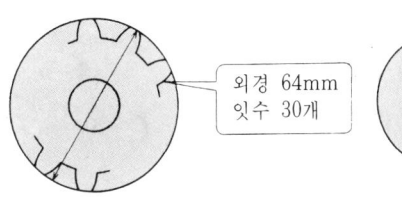

그림 3. 기어 모듈 계산 예

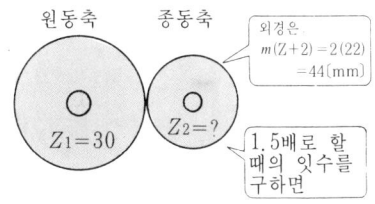

그림 4. 기어비

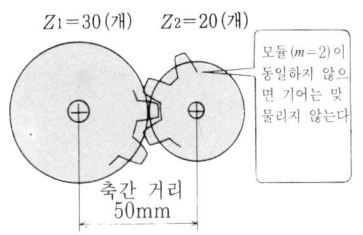

그림 5. 축간 거리

이 구할 수 있다. $m=64/(30+2)$ $m=2$가 된다.

• 기어비(감속비) (그림 4)

Z_1의 기어축을 원동축으로 하고 Z_2의 종동축을 1.5배로 회전시키려면 종동축의 잇수는 i(기어비) $1.5=Z_1/Z_2$에서 $Z_2=Z_1/1.5$, $Z_1=30$을 대입하면 $Z_2=30/1.5=20$, Z_2의 잇수는 20개가 된다.

• 축간 거리(그림 5)

이 잇수 $Z_1=30$(개)와 $Z_2=20$(개)가 맞물렸을 때의 축간 거리는 「축간 거리 $=m(Z_1+Z_2)/2=2(30+20)/2=50$」이라고 구할 수 있다.

2. 나사

(1) 삼각나사

나사는 ISO(국제표준화기구) 규격에 의해 호환성이 유지되고 있다.

2개의 부품(기계 요소) 등의 체결용으로는 주로 삼각나사가 사용된다. 그림 6에 삼각나사의 각부 명칭을 나타낸다. 나사의 규격에는 다음과 같은 치수가 규격화되어 있다.

① 나사의 외경(호칭 치수라고도 한다)
② 나사산의 각도(60도)
③ 피치(나사산에서 산까지의 길이)

나사의 규격이 국제적으로 통일되지 않았기 때문에 현재에도 여러가지 규격의 나사가 나돌고 있다. 새로 메카트로닉스 기기를 제작할 때 낡은 규격의 재고품이 있을 경우에는 낭비가 되더라도 재고품 대신 ISO 규격의 나사를 사용하도록 한다.

ISO 규격의 볼트 머리에는 『M』이라는 마크 또는 『．』이라는 마크가 있다.

탭에 의한 나사 절삭을 할 때 밑구멍의 치수는 볼트의 호칭 지름의 0.8~0.85배로 한다.

볼트에 대해서 너트도 똑같은 ISO 규격품을 사용한다.

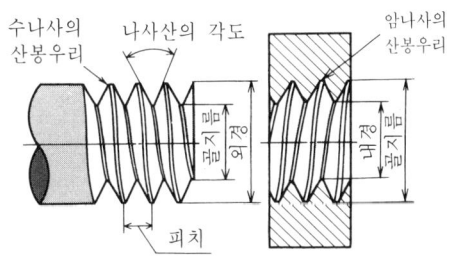

그림 6. 나사의 명칭

(2) 볼나사(사진 1)

메카트로닉스에서 테이블 구동용 등에는 이송나사로서 암나사와 수나사 사이에 볼을 넣어 힘을 전달하는 볼나사도 사용된다.

사진 1. 볼나사

4 메카트로닉스 회로에 대한 지식(1)

> 메카트로닉스의 기초 이론과 인터페이스 기술을 배우고 실제로 제어를 시도할 경우에는 전기·전자에 대한 기초 지식이 있어야 한다.
> 여기서는 실제로 많이 사용되는 부품류의 기본이 되는 규격과 표시법 등의 기초 지식에 대해 설명한다.

1. 전원

컴퓨터나 인터페이스 제어 등의 회로에서는 IC(TTL이나 C-MOS)가 사용되고 있기 때문에 그 구동 전원인 직류 5V가 필요하다(그림 1).

그밖에 OP 앰프나 D/A 컨버터 등에서는 ±12V, ±18V의 전원이 필요하다. 전원으로는 시판용 직류 안정화 전원이나 스스로 만든 전원을 사용한다. 전류 용량은 회로에 필요한 크기의 전류를 얻을 수 있는 것으로 한다. 액추에이터의 구동 전원을 다른 전원에서 얻으려면 2A 정도로 맞춘다.

2. 3단자 레귤레이터

전압을 안정시키기 위해 그림 2와 같은 3단자 레귤레이터를 사용한다. 3단자 레귤레이터의 숫자 4자릿수의 의미는 다음과 같다. 처음 두 자릿수의 숫자는 GND에 대해 출력 전압이 플러스인가 마이너스인가를 나타낸다. 그 다음의 두 자릿수는 정전압의 크기를 나타낸다. 그 예는 다음과 같다.

- 7805 : +5V용   • 7905 : −5V용   • 7812 : +12V용   • 7912 : −12V용

3단자 레귤레이터의 입력 단자에는 출력 전압보다 약간 높은 전압을 가한다(출력 5V에서는 입력 전압 7~18V 정도). 이 입력 전압과 출력 전압의 에너지 차이를 열로 방출하여 정전압을 만들기 때문에 3단자 레귤레이터에는 방열판이 필요하다.

3. 저항

저항기라고도 한다. 이름 그대로 회로로 흐르는 전류를 방해하는 것이다. 이 성질을 이용하여 IC나

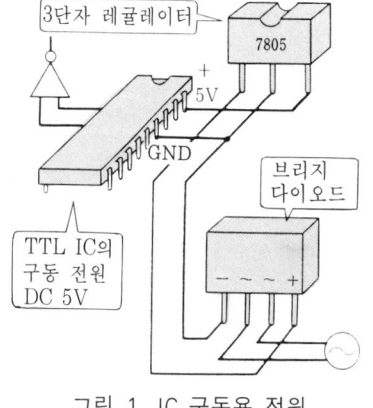

그림 1. IC 구동용 전원

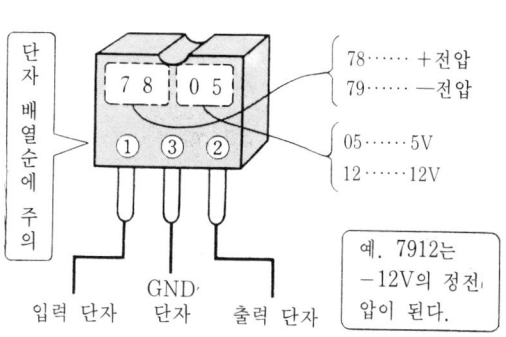

그림 2. 3단자 레귤레이터

트랜지스터 등을 작동시키는데 필요한 전류와 전압을 조정한다.

(1) 고정 저항기의 컬러 코드 표시

전자 회로에서는 저항값의 크기가 정해져 있는 고정 저항이 흔히 사용된다.

그중 소형 고정 저항기의 경우는 숫자를 나타낼 공간이 없으므로 저항값과 그 저항값에 대한 허용오차를 컬러 코드로 나타내고 있다.

그림 3과 같이 처음의 3색이 저항값을 나타내고 마지막 색이 저항값의 허용오차를 나타낸다.

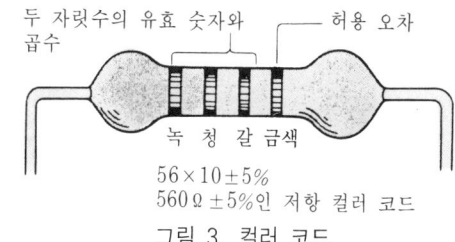

그림 3. 컬러 코드

(2) 정격 전력

저항을 선택할 때 정격 전력이 소홀히 되기 쉬운데 저항으로 흐르는 전류에 의해 열이 발생하므로 정격 전력은 중요한 사항이다. 보통 1/8~5W 정도의 것이 사용된다.

고정 저항을 가진 전력은 **그림 4**와 같이 구할 수 있다. 이 값으로부터 **저항기의 정격 전력 > 저항기의 소비 전력**의 관계가 이루어지면 된다. 실제로는 여유를 감안해 2~5배로 한다.

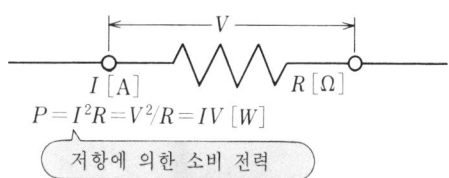

그림 4. 저항기의 소비 전력

(3) 가변 저항

가변 저항은 저항값을 가변할 수 있는 것으로 최대 저항값으로 표시된다.

볼륨: 회전 각도와 저항값이 리니어(直線性) 타입인 것이 흔히 사용된다.

반고정 저항: 일단 조정하였으면 거의 가변할 필요가 없는 곳에 사용된다.

(4) 저항 어레이(집합 저항이라고도 한다)

복수의 저항기를 하나의 패키지로 모은 저항기이다. 저항 어레이는 부품수를 삭감하여 기판 면적을 유효하게 활용할 수 있다는 장점이 있다.

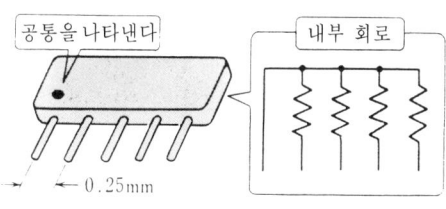

그림 5. 저항 어레이

그림 5와 같이 공통(common) 단자 외에 4소자, 8소자 타입의 것이 많이 사용되고 있다. 단자의 간격이 IC(0.25mm) 피치로 되어 있기 때문에 기판에 실장(實裝)할 수 있다.

● **원 포 인 트** ●

컬러 코드를 기억하는 방법으로서 "무지개 색깔의 배열과 같다"라고 생각하는 것도 좋은 기억 방법의 하나이다.

- 0…검정 (black)
- 1…갈색 (brown)
- 2…빨강 (red)
- 3…주황 (orange)
- 4…노랑 (yellow)
- 5…초록 (green)
- 6…파랑 (blue)
- 7…보라 (violet)
- 8…회색 (grey)
- 9…흰색 (white)

--무지개 색깔의 순서--

5 메카트로닉스 회로에 대한 지식(2)

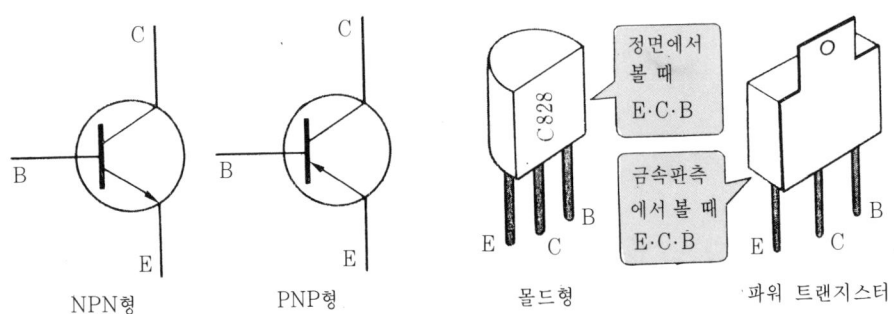

그림 1. 트랜지스터의 형상

1. 트랜지스터

(1) 트랜지스터의 형상

트랜지스터는 그림 1과 같은 단자가 3개 있고 그 단자에는 다음과 같은 이름이 있다.

        이미터 E   컬렉터 C   베이스 B

그림 1에서 주요한 2가지 타입을 나타낸다.

보통 단자의 나열은 그림 1과 같이 되어 있으나 예외도 있다. 잘 모를 때에는 규격표를 참조한다.

(2) 트랜지스터 단자의 분별법

트랜지스터는 다이오드를 2개 접속한 것으로서 테스트가 가능하다. 즉 그림 2와 같이 다이오드의 순(順)방향을 확인함으로써 트랜지스터 단자를 분별하거나 트랜지스터의 파손을 조사하거나 할 수 있다.

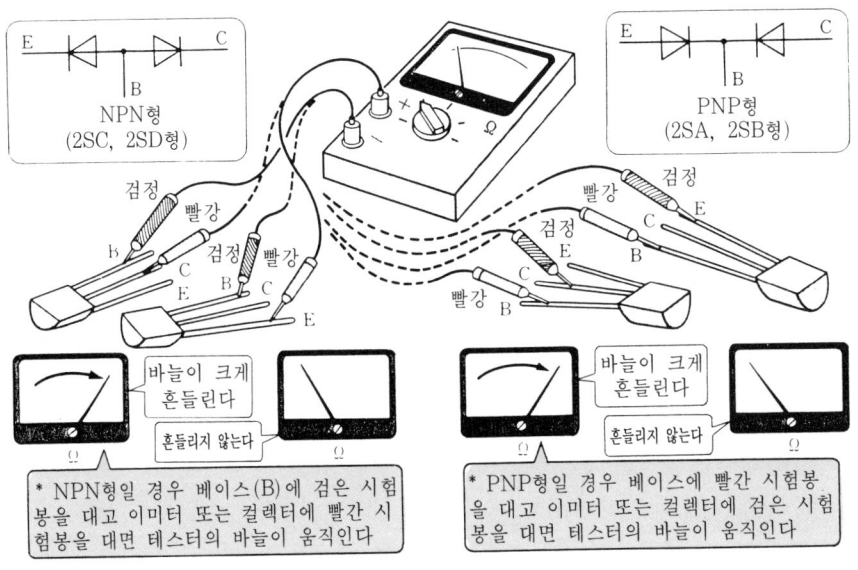

그림 2. 트랜지스터 단자의 분별법

2. 다이오드

다이오드는 2개의 단자를 갖고 전류를 한쪽 방향으로 흐르게 하는 정류(整流) 작용을 한다. 플러스 전압을 가할 때, 전류가 흐르는 쪽을 순방향(양극 → 음극 방향)이라고 하고 흐르지 않는 방향의 단자를 역방향(음극→양극 방향)이라고 한다. 어떤 방향의 단자인가는 그림 3과 같이 테스터로 조사하면 알 수 있다.

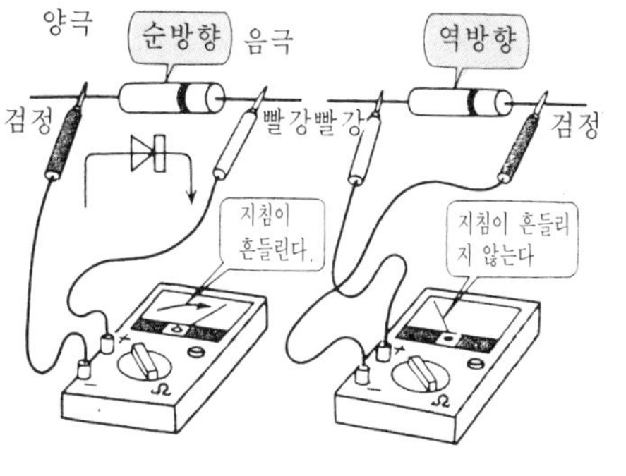

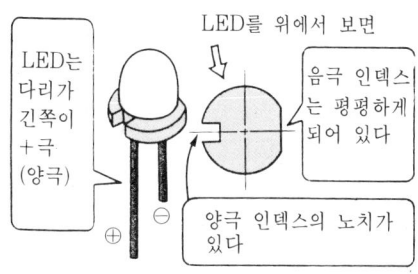

그림 3. 다이오드의 체크

3. 발광 다이오드

발광 다이오드(LED)는 순방향으로 10mA 정도의 전류를 흘려 보내면 발광(發光)하는 성질이 있다.

발광 다이오드를 체크하는 것도 기본적으로는 그림 3과 동일하다. 테스터의 검은 시험봉(棒)이 움직인 쪽이 양극이 된다. 보통 그림 4와 같이 단자 길이의 차이나 발광 다이오드 형상의 노치 등으로 단자를 구별할 수 있다.

그림 4. LED 극성의 표시

4. 콘덴서

단자에는 +, −의 구별이 있는 유극성 콘덴서(전해 콘덴서)와 극성이 없는 무극성 콘덴서가 있다.

(1) 유극성 콘덴서

유극성 콘덴서는 그림 5와 같이 단자 길이의 차이나 (−) 기호의 표시로써 극성을 알 수 있다. 회로에 장착할 때는 극성에 각별히 주의한다. 또한, 정격 전압 이상의 과전압을 가하면 안된다.

(2) 무극성 콘덴서

무극성 콘덴서를 기판에 납땜할 경우 단자를 구별할 필요는 없다.

(3) 콘덴서의 용량 표시

콘덴서의 용량 표시는 그림 6과 같이 나타낸다. 세 자릿수의 숫자 중 처음 두 자릿수의 숫자가 상수이고 다음 숫자가 10의 곱수를 의미한다. 얻어진 수치의 단위는 pF(피코패럿)이다.

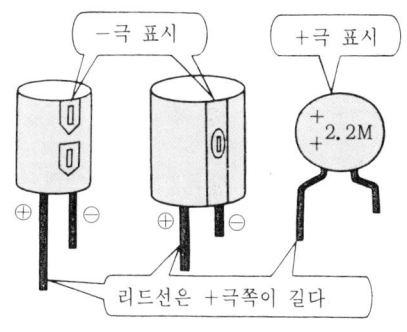

그림 5. 전해 콘덴서의 표시

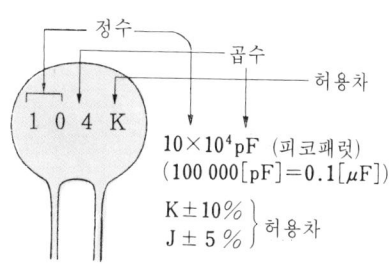

그림 6. 콘덴서의 용량 표시

6 프로그래머블 컨트롤러

1. 프로그래머블 컨트롤러란

생산 현장에서는 시장의 수요에 맞는「다품종 소량 생산」이 요구되고 있다. 자동화된 생산 시스템(FA=Factory Automation)과 더불어 다양한 제품에 대응할 수 있는 FMS 시스템(Flexible Manufacturing System)이 필요하게 된 것이다. 이같은 생산 방식을 위해 시퀀스 컨트롤러의 일종인 PC(프로그래머블 컨트롤러)가 흔히 사용되고 있다.

생산 공장에서 사용되는 NC 공작 기계나 머시닝 센터, 로봇 제어와 관리에 있어 PC가 중요한 역할을 담당하고 있다. 또한, 엘리베이터 등의 자동화 시스템의 컨트롤러로도 활용되고 있다. PC는 1969년에 개발되었고 그후에는 반도체, 마이크로 프로세서의 발달과 더불어 프로그램이 가능한 다기능 컨트롤러로 사용되기에 이르렀다. PC는 생산 현장에서의 메카트로닉스 기기 그 자체라고도 할 수 있다. 사진 1에 PC의 외관을 나타낸다.

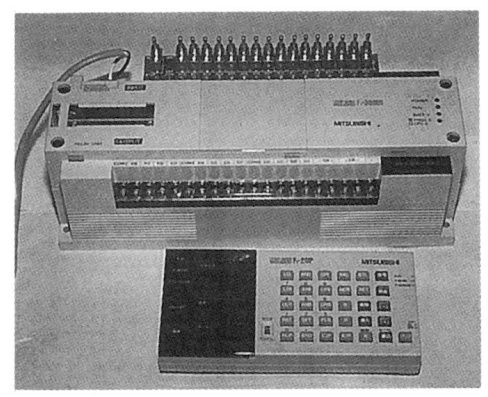

사진 1. PC의 외관

2. PC의 구조

PC는 그림 1과 같이 입력 인터페이스, 출력 인터페이스 및 메모리, CPU로 구성되어 있다.

퍼스널 컴퓨터의 키보드에 해당하는 프로그램 패널에 의해 PC 내의 메모리에 프로그램되고 그 프로그램에 의해 제어가 이루어진다.

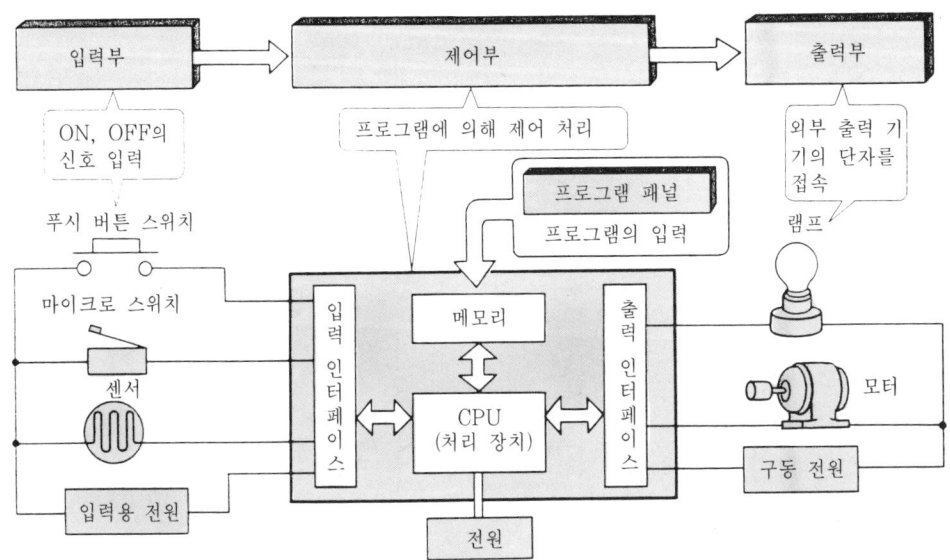

그림 1. PC의 구조

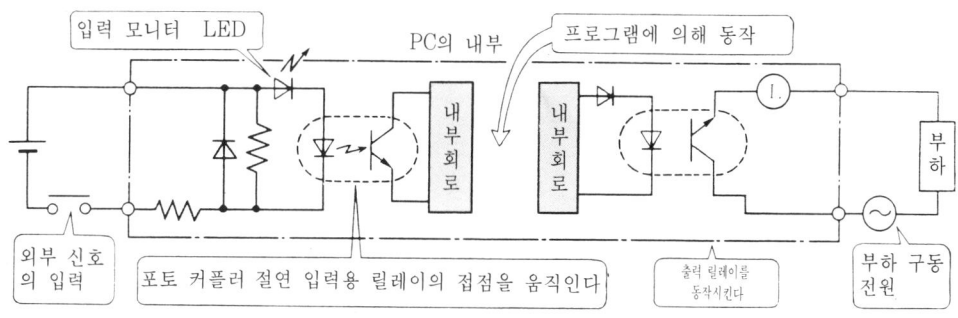

그림 2. PC 내의 신호 흐름

3. PC 내의 신호 흐름

그림 2에 PC 내의 신호 흐름을 나타낸다. 스위치 등 외부에서 받는 신호에 의해 PC 내부에 있는 입력 릴레이의 접점이 작용한다. 이 신호에 따라 미리 PC 본체에 메모리되어 있는 프로그램에 의해 PC 내에서 제어가 이루어진다. 그 결과 PC 내에 있는 출력 릴레이가 동작한다. 이같은 일련의 동작에 의해 액추에이터가 제어되는 것이다.

4. PC의 특징

지금까지 생산 현장에서 흔히 사용되어 온 유접점 릴레이 제어에 대해 그리고 PC(프로그래머블 컨트롤러)의 무접점 제어에 대한 특징에 대해 살펴 본다.

* **제어 기능** : PC는 유접점 릴레이 제어와는 달리 프로그램에 의해 PC 본체의 릴레이 단자에 입력 기기, 출력 기기를 접속하는 것만으로도 제어된다. 그러므로 다른 제어 내용에 변경이 있을 때도 배선을 고칠 필요가 없고 프로그램을 바꿈으로써 제어 내용을 변경할 수 있다.

* **신뢰성** : PC는 반도체이기 때문에 유접점 릴레이의 접촉 불량 문제가 없다.

* **보수** : PC는 유닛 단위로 교환할 수 있다. 그러므로 점검 보수를 손쉽게 할 수 있다.

* **본체의 형상** : 장치의 규모가 작고 경량이어서 내환경성(耐環境性)이 뛰어나다.

* **간이성** : PC의 프로그램은 퍼스널 컴퓨터의 프로그램에 비해 간단히 작성할 수 있다.

* **보존** : PC의 프로그램을 보존할 수 있다. 다른 제어에도 프로그램을 간단히 변경할 수 있는 주변 기기가 준비되어 있다.

* **시스템화** : PC를 몇 개 조합하여 시스템화할 수 있다. 또 컴퓨터에 의해 PC를 집중 관리할 수 있다.

* **시험 기간의 단축** : 장치를 신설하거나 변경할 때는 시운전이 필요하다. 조정 등이 간단하기 때문에 그 기간을 단축할 수 있다.

* **재활용** : PC를 재활용할 수 있다. 제어의 대상 기계가 폐기되더라도 PC의 본체는 프로그램을 변경함으로써 다른 제어 기계에 재활용할 수 있다.

*　　　*　　　*

PC는 이상과 같은 이점을 갖고 있다. 블랙박스화하고 있는 PC의 하드웨어에 대해 릴레이식 유접점 제어에는 지금까지의 오랜 노하우가 있다. 유접점 제어에는 하드웨어가 간단하고 이해하기 쉽다는 특징이 있다.

7 PC의 프로그래밍

시퀀스도를 그리는 종래의 방법에는 전자 릴레이나 조작 스위치 등의 하드웨어적 표현법이 사용되었다.
예를 들면 오른쪽 그림과 같이 전원을 넣으면 청색 램프가 점등되고 푸시 버튼을 ON하면 적색 램프가 점등하는 시퀀스도 등이다.

램프 점등의 시퀀스도

1. PC에 의한 래더도

PC에서는 제어 흐름을 그림 1과 같이 릴레이 기호로 표시한 회로도(래더도)가 흔히 사용된다.

래더(ladder) 란「사다리」라는 의미로 마치 사다리처럼 보이기 때문에 이 단어를 사용하고 있다. 이 제어의 내용을 PC의 메모리에 격납(格納)하기 위해 PC의 명령어를 사용한다. 이 작업을 코딩(coding)이라고 한다. 바꾸어 말하면 시퀀스도(래더도)에 그려진 회로의 접점과 그 접속방법에 대하여 명령어로 변환하는 것을 PC의 프로그램이라고 한다.

2. PC의 명령어

기본적으로 PC의 명령어는 스텝(어드레스), 명령어, 데이터로 구성되어 있다. 흔히 사용되는 PC의 명령어에 대해 설명한다.

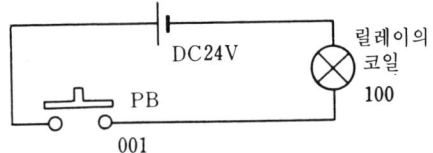

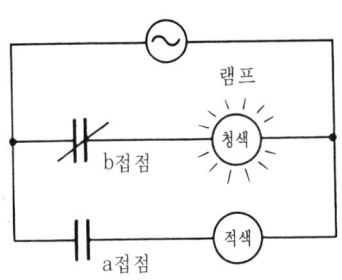

그림 1. 래더(ladder)도

예) 모선(母線)의 접점(그림 2)
LD : a 접점의 모선 접속 명령
LD NOT : b 접점의 모선 접속 명령
OUT : 코일 구동 명령

예) 직렬, 병렬로 접속되는 접점(그림 3)
AND : a 접점의 직렬 접속 명령
OR : a 접점의 병렬 접속 명령

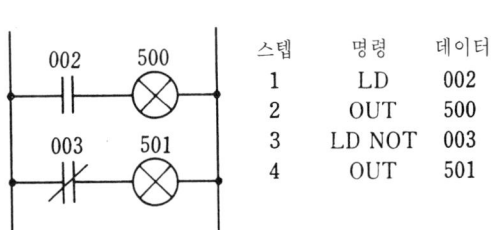

스텝	명령	데이터
1	LD	002
2	OUT	500
3	LD NOT	003
4	OUT	501

스텝	명령	데이터
1	LD	002
2	AND	003
3	LD	004
4	OR	005

그림 2   그림 3

7 PC의 프로그래밍   15

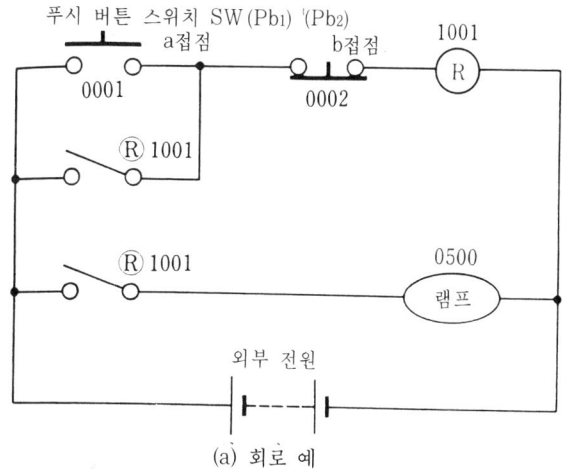

(a) 회로 예

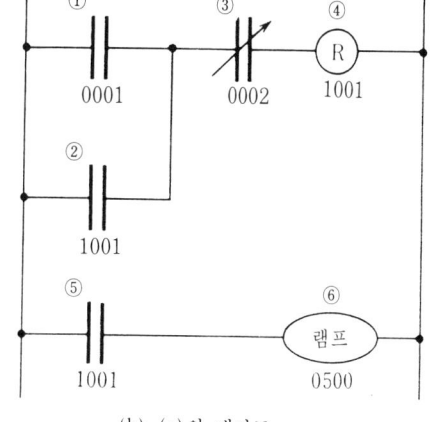

(b) (a)의 래더도

동 작
① 푸시 버튼 스위치를 누른다.
  (a접점의 신호 0001을 입력한다)
② 1001에서 신호를 출력한다. 입력 신호가 꺼지더라도
  자기유지 접점에 의해 출력은 유지된다.
  (램프 ON)
③ 직렬 접속인 b접점 0002(AND NOT)에 신호를 입력
  하면 1001의 출력 신호는 정지한다.
  (램프 OFF)

스텝	명령	데이터
1	LD	0001
2	OR	1001
3	AND NOT	0002
4	OUT	1001
5	LD	1001
6	OUT	0500
7	END	

* 프로그램 끝에 END 명령을 넣는다.

그림 4

3. PC의 프로그램 예

그림 4(a)는 푸시 버튼 스위치(Pb₁)를 눌러 PC의 내부 릴레이(R)가 작용하여 램프가 점등되는 회로이다. 스위치의 상태는 자기유지되면서 B접점의 푸시 버튼 스위치(Pb₂)가 눌려 OFF로 되는 시퀀스이다.

그림 4 (b)에 래더도를 나타낸다.

램프를 모터로 바꾸면 그대로 모터 구동의 시퀀스 제어가 된다.

4. PC의 이용 방법

실제로 PC를 사용한 제어 순서는 그림 5와 같은 입출력 기기와 PC 내부의 릴레이를 배분한 래더도를 작성하여 PC 명령어로 코딩하고, 수정하여 프로그램을 ROM 등에 보존한 다음 완성된다.

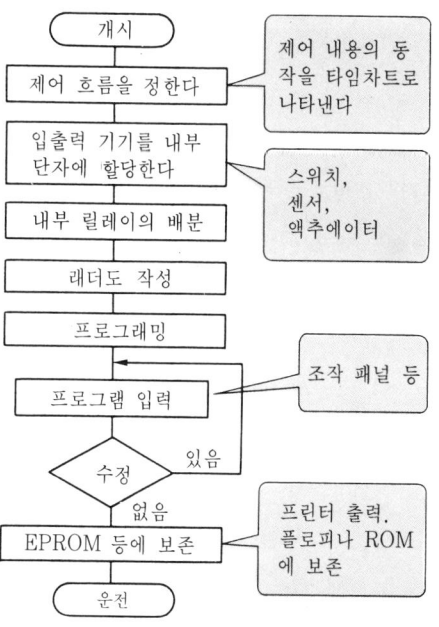

그림 5. PC의 제어 순서

도전 문제　　　　　　　　　　Q

① 메카트로닉스란 어떤 단어의 합성어인가?

② 메카트로닉스가 탄생한 배경에는 어떤 것이 있는가?

③ 마이크로 프로세서란 무엇을 말하는가?

④ LSI란 무엇의 약자인가?

⑤ 폐쇄 루프는 어떤 제어를 말하는가?

⑥ 메카트로닉스에 이용되는 기계 요소를 2가지 들어라.

⑦ 기어의 크기를 나타내는 단위는 무엇인가?

⑧ ISO 나사란 무엇인가?

⑨ 너트의 밑구멍 지름은 볼트 지름의 어느 정도인가?

⑩ 볼나사의 특징은 무엇인가?

⑪ 직류 회로의 5V, 12V 등과 같은 정전압을 얻기 위해 사용되는 부품의 명칭은 무엇인가?

⑫ 저항의 컬러 코드를 설명하여라.

⑬ 트랜지스터의 2가지형을 들어라.

⑭ 다이오드 전류의 순방향이란 무엇인가?

⑮ 콘덴서 표시에서 104K란 무엇을 의미하는가?

⑯ PC란 무엇의 약자인가?

⑰ 래더도란 무엇을 말하는가?

⑱ a접점, b접점이란 무엇인가?

⑲ 자기유지 회로란 어떤 회로인가?

　　　　　　　　　　A

❶ 메커니즘과 일렉트로닉스 / ❷ 생략, 제 2절 참조 / ❸ MPU(초소형 연산 처리 장치) / ❹ 대규모 집적 회로 / ❺ 제어되는 양이 측정되고 그 일부가 피드백되어 기준값과 비교되면서 수정 작용을 하는 제어 방식 / ❻ 기어, 나사 / ❼ 모듈 / ❽ 국제표준화기구의 나사 규격 / ❾ 0.8~0.85배 / ❿ 수나사와 암나사 간의 강구(鋼球)에 의해 회전이 원활하게 전달된다 / ⓫ 3단자 레귤레이터 / ⓬ 생략, 제 5절 참조 / ⓭ NPN형, PNP형 / ⓮ 양극에서 음극으로 향하는 방향 / ⓯ $10 \times 10^4 [pF] = 0.1 [\mu F]$ / ⓰ 프로그래머블 컨트롤러 / ⓱ 생략, 제 7절 참조 / ⓲ a접점 기준 위치에서 개방되는 접점, b접점 기준 위치에서 닫혀 있는 접점 / ⓳ 입력에 의해 ON 상태가 되고 그 이후 ON 상태를 유지하는 일종의 기억 제어를 갖는 회로

제 2 장
센서의 기초 지식

센서 기능과 정보의 검출·변환

영어에서 『sense』라고 하는 말은 「저 사람은 센스가 있다」고 하는 경우의 센스로서 「감각」이라는 의미이다. 또 「오감(五感)」이라는 의미도 있다.

『밝아졌다』, 『무슨 소리가 들린다』, 『타는 냄새가 난다』, 『맛보니 시큼하다』, 『뜨겁다』 등이다.

끓는 주전자에 닿으면 뜨거움을 느껴(정보·수집=입력) 급히 손을 움츠린다(손을 움직이게 하는 행동=출력).

감각이 손에 들어오는 것과 행동이 하나가 되어 있음을 알 수 있다.

이러한 예와 같이 우리들의 행동은 「오감」과 깊은 관련이 있다.

인간의 오감(시각, 청각, 촉각, 후각, 미각)은 일상 생활에 있어서 필요한 정보를 수집하기 위해 매우 중요하다.

센서(sensor)는 『sense』라는 단어와 관련된 용어로, 센서라고 하는 것은 인간의 오감을 대신하여 메카트로닉스 제어에 필요한 정보를 검출·변환하는 장치라고 할 수 있다.

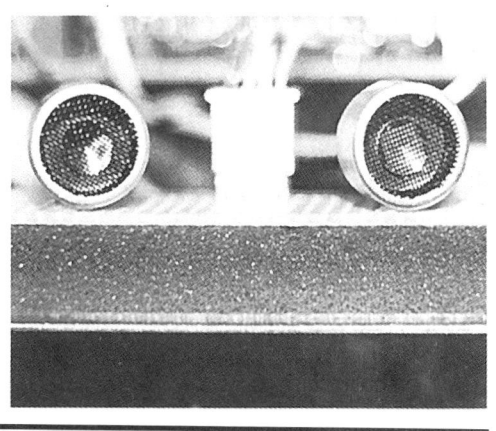

메카트로닉스의 액추에이터를 움직이게 하는 것도 마찬가지이다. 정확한 명령을 토대로 움직이는 액추에이터는 그 명령의 토대가 되는 정보의 입수, 즉 『센서의 정보』가 무엇보다도 필요하다.

이 장에서는 메카트로닉스에 사용되는 센서에 대해 설명한다.

18 제 2 장 센서의 기초 지식

1 센서란

> 센서는 인간의 오감에 해당한다고 할 수 있다.
> 메커트로닉스에서 센서는 「전자 기계의 작동에 필요한 정보를 검출·변환하는 눈」에 해당한다.
> 센서와 비슷한 말로 트랜스듀서라는 것이 있다. 힘이나 속도 등의 물리적인 측정량을 처리하기 쉬운 출력 신호로 바꾸는 변환기를 말한다. 센서와 동일하다고 생각해도 된다.

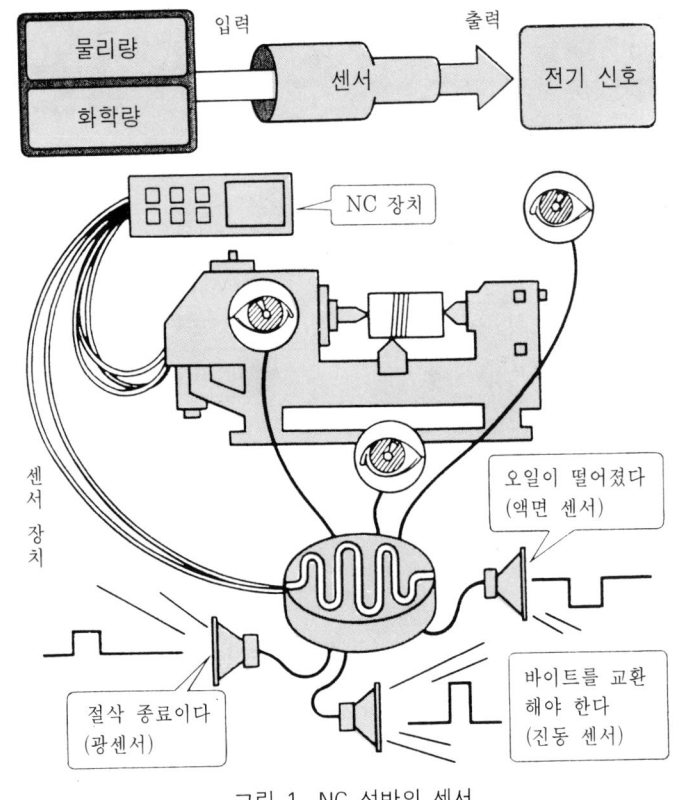

그림 1. NC 선반의 센서

1. 센서의 사용법

센서에는 정보의 검출 기능과 전기 신호로의 변환 기능 두 가지 중요한 기능이 있다.

이 센서의 기능에 대해 **그림 1**에 나타낸 NC 선반을 예로 들어 생각해 보자.

* 공작하는 상태는 바이트의 위치 검출과 동시에 광센서에 의해 감시되고 있다.
* 공작물의 치수, 표면 정밀도 등은 바이트의 날끝 상태가 가장 큰 영향을 미친다. 절삭성을 바이트에 장착한 진동 센서로 검출하고 진동되는 모습으로 감시한다.
* 공작 기계에 있어서 윤활유와 유압계의 오일량은 에너지의 일부이다. 이 오일의 양은 액면 센서에 의해 감시된다.

이같은 센서의 정보가 전기적인 신호 혹은 전기적인 신호의 소스(source 素)로 출력되는 것이다.

이 『전기 신호의 소스』를 센서로 빼낼 수 있다면, 그 소스를 제어 기계 등의 대상에 맞추어 그림 2와 같이 『소스를 기른다=신호를 변환하기에 좋은 형으로 하는』 셈이다.

이 처리를 『신호를 가공한다』라고도 한다. 센서의 사용법 기술의 일부에 넣는다.

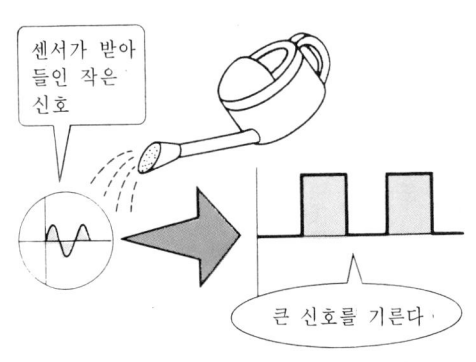

그림 2. 전기 신호의 요소

2. 제어 대상에 따른 센서의 분류

센서의 종류는 그 이용 목적이 다양하기 때문에 종류가 많다.

자주 사용되는 센서 중에서 힘, 변위, 속도, 온도, 밝기 등의 물리량과 가스의 농도 등의 화학량에 대한 센서의 역할을 표 1에 나타낸다.

3. 사용법에 따른 센서의 분류

(1) 접촉형 센서

접촉형 센서는 센서가 측정 대상에 고정 혹은 접촉한 상태로 검출하는 사용법을 가진 센서이다. 예를 들면 수력 발전 댐의 콘크리트벽에 가해지는 압력은 그림 3과 같이 수위의 높이에 따라 변화한다.

댐의 벽에 가해지는 압력은 벽에 장착된 스트레인 게이지의 변형을 전기적으로 변환하여 감시한다.

접촉형 센서는 외계 환경의 영향을 받지 않고, 상태를 직접 검출할 수 있는 특징이 있다.

(2) 비접촉형 센서(그림 4)

광센서, 온도 센서 등을 그 예로 들 수 있다. 측정 대상에 센서가 직접 접촉하지 않기 때문에 환경의 영향을 받게 된다.

그러므로 센서에서 얻은 신호로부터 측정 대상의 올바른 데이터만 걸러낼 수 있는 연구가 필요하다. 그러나 측정 대상에는 센서가 직접 닿지 않기 때문에 그 동작에 영향을 미치지 않는 이점도 있다.

표 1. 제어 대상에 따른 센서의 분류와 기능

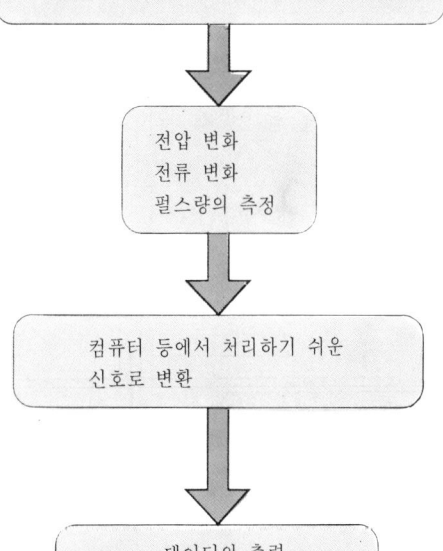

그림 3. 댐에 가해지는 압력

그림 4. 비접촉형 센서(투과광형)의 예

2 여러가지 센서(1)

센서에는 여러가지 종류가 있다. 그중에서 자주 사용되는 센서를 들어 설명한다.

1. 광센서

광센서는 빛의 유무나 밝기 등 빛의 정보를 검출하여 전기 신호로 변환한다.

(1) CdS 센서

CdS 센서(황화카드뮴으로 된 것으로 시디에스라고 읽는다)의 특징은 다음과 같다.

- 일반적으로 검출 동작이 고속이다.
- 계측하는 대상물에 비접촉이다.
- 검출시 노이즈를 내지 않는다(노이즈는 컴퓨터 제어에서 오동작의 원인이 된다).
- 간단하게 검출할 수 있다.
- 센서의 가격이 저렴하다.

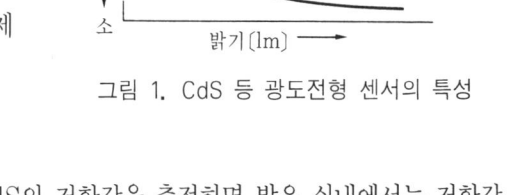

그림 1. CdS 등 광도전형 센서의 특성

그림 1과 같이 CdS 센서에 테스터를 접속하고 CdS의 저항값을 측정하면 밝은 실내에서는 저항값이 매우 작으며, 손으로 덮어 CdS로 향하는 빛을 차단하면 저항값이 커짐을 알 수 있다.

그림 2에서는 빛이 닿음으로써 저항값이 변화하는 성질을 이용한 광도전형 센서(CdS 셀)의 검출 원리를 나타내고 있다. CdS 셀은 가로등의 자동 점멸 장치나 카메라의 자동 노광 장치 등에 사용되고 있다.

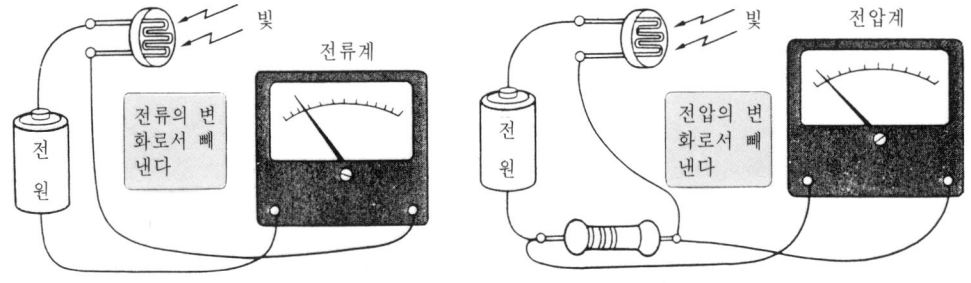

그림 2. 광센서의 검출 원리

(2) 포토 다이오드와 포토 트랜지스터

빛의 강도에 따라 센서에 흐르는 전류가 변화하는 성질을 이용한 센서이다.

2. 온도 센서

온도 센서는 일반 가정에서 온도 제어가 필요한 전기 냉장고, 에어컨, 전열 기구인 전기 스토브, 전기 밥솥 등에 이용되고 있는 우리와 가장 밀접한 센서이다. 여기서는 온도 센서로서 흔히 사용되는 열전쌍 온도 센서와 서미스터에 대해 설명한다.

(1) 열전쌍 온도 센서

그림 3과 같이 2개의 다른 금속 양단을 접속하고 그 양단에 온도차를 주면 그림 4와 같이 온도차에 거의 비례한 열기전력이 생긴다. 이 현상을 제벡 효과라고 한다. 열전쌍 온도 센서는 이 제벡 효과를 이용한 것이다. 열기전력이 크고 안정되어 있기 때문에 열처리로(爐)의 관리 등 공업용으로 널리 사용되고 있다. 열전쌍에 의한 온도 측정 범위를 아래에 나타낸다.

동-콘스탄탄　　　-200~400도
백금-백금 로듐　　0~1,600도

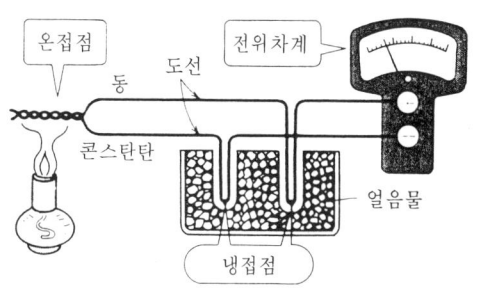

그림 3. 열전쌍 온도 센서

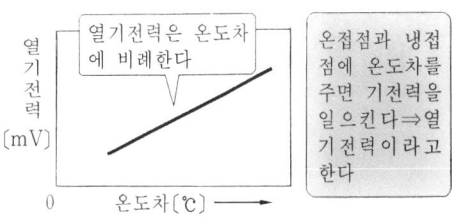

그림 4. 열기전력과 온도차와의 관계

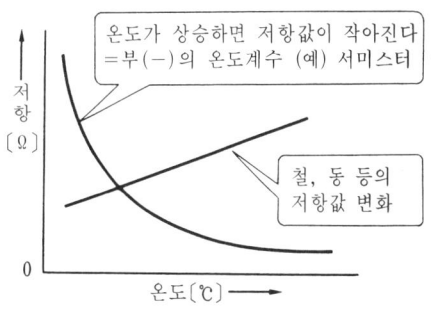

그림 5. 서미스터의 특성

(2) 서미스터

서미스터(thermally sensitive resistor)란 반도체를 사용한 일종의 저항형 온도 센서를 말한다. 서미스터는 그림 5와 같이 온도가 올라가면 전기 저항이 감소한다. 이것을 -의 온도계수를 갖는다고 하며, 서미스터는 이러한 성질을 이용하고 있다(철, 동 등의 금속은 온도가 상승하면 전기 저항값이 증가하는 성질이 있고 이것을 +의 온도계수를 갖는다고 한다. 서미스터 중에는 이같은 특성을 갖는 것도 있다). 서미스터는 망간, 니켈이나 코발트 등의 산화물을 혼합하여 고온에서 소결한 것이다. 그림 6에 서미스터의 외관 형상을 나타낸다. 서미스터는 그림 7과 같이 온도가 변화함에 따라 저항값이 변화하는 상태를 테스터로 조사할 수 있다.

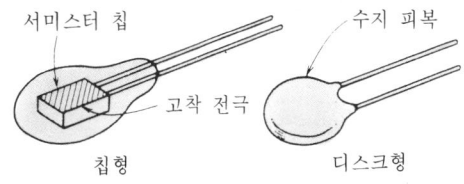

그림 6. 서미스터의 형상

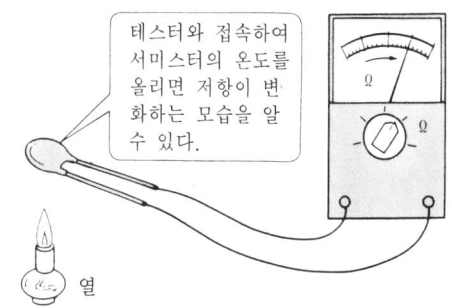

그림 7

3 여러가지 센서(2)

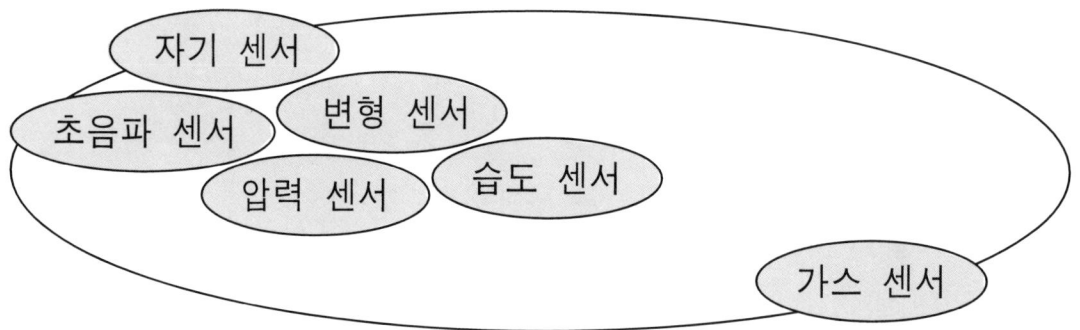

1. 자기(磁氣) 센서

자기 센서는 자기를 검출하는 센서이다. 이 자기 센서에는 다음과 같은 2가지 타입이 있다.

(1) 자석이 철을 끌어당길 때의 힘이 되는 자기 흡인력을 이용한 것. (예) 리드 스위치

(2) 전선이나 코일에 흐르는 전류에 의해 만들어지는 자계(磁界)를 전기량으로 변환하는 것. (예) 홀 소자

자기 센서는 비접촉으로 검출할 수 있으므로 무접점 스위치, 자동차의 엔진 등에 장착되는 차 속도 센서, 물체의 위치 검출기 등에 이용되고 있다. 그림 1은 철도 모형의 N 게이지 제어에 흔히 사용되는 리드 스위치의 예이다. 선로에 리드 스위치를 놓고 자석을 적재한 열차가 그 위를 통과하면 리드 스위치의 접점이 개폐하여 열차의 통과를 검출할 수 있다.

2. 초음파 센서

초음파 센서는 초음파를 발신하는 그림 2와 같은 혼(horn)이라고 하는 송파기와 수파기(受波器)를 조합 배치하고 송파기에서 초음파를 내어 그 반사파를 받을 때까지 걸리는 시간(클록 펄스)을 계측하면 반사 물체간의 거리를 계측할 수 있는 센서이다. 또 반사파의 유무를 검출함으로써 물체의 위치를 검출할 수 있다. 광센서로 검출할 수 없는 투명한 병의 유무도 검출할 수 있다.

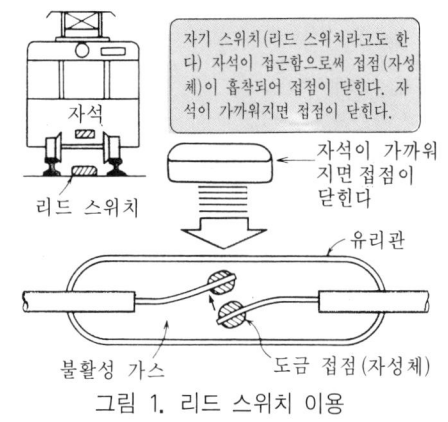

그림 2. 초음파 센서의 혼

3. 변형 센서

외력에 의한 콘크리트 등의 변형을 검출하는데 변형 센서가 사용된다. 콘크리트는 골재라 불리우는 시멘트와 모래, 자갈을 혼합하여 만들어져 주로 압축력이 가해지는 곳에 이용되고 있다.

그 골재의 비율에 따라 변형 정도가 달라진다. 그러므로 골재의 비율에 따라 콘크리트가 어떻게 변형되는가를 알 필요가 있다.

그림 3과 같이 콘크리트의 압축 시험편에 금속 변형 게이지(스트레인 게이지라고 한다)를 부착하고 힘을 가하면 콘크리트가 변형됨에 따라 변형 게이지는 변형되고 길이가 변화한다.

그 결과 게이지의 저항값이 변화한다. 이 저항값의 변화는 그림 3과 같은 브리지 회로에 의해 출력 전압 크기의 변화로서 검출할 수 있다.

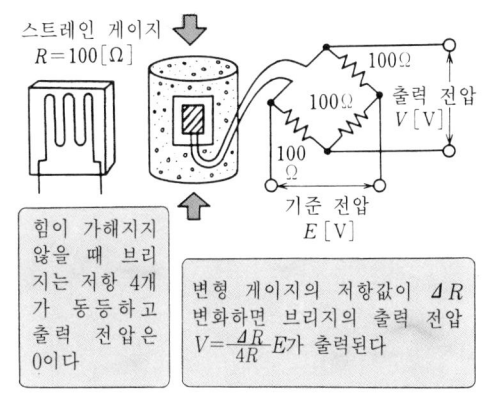

그림 3. 변형 센서

4. 압력 센서

그림 4와 같은 반도체 압력 센서는 실리콘 반도체의 결정체에 압력을 가하여 변형을 주면 표면에 전하가 발생하는 피에조 저항 효과를 이용하고 있다. 즉, 압력을 전기 신호로 변환한다. 이 센서는 소형에다 감도가 뛰어나 반복 변형에 대해 안정적으로 검출할 수 있다. 또 이 센서는 전기 청소기의 흡입압을 검출하는 데에도 사용된다.

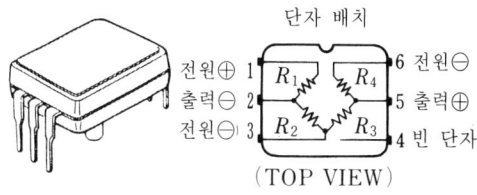

그림 4. 반도체 압력 센서

5. 습도 센서

습도 센서는 대기중에 포함된 수증기의 비율을 검출하는 센서이다. 이 센서의 원리는 습도 센서의 검출 소자인 세라믹에 대한 수분의 변화를 전기 신호로 변환하는 것이다. 에어컨, 원예 하우스 등의 습도 관리에 사용되고 있다.

그림 5에 세라믹 타입의 습도 센서를 나타낸다.

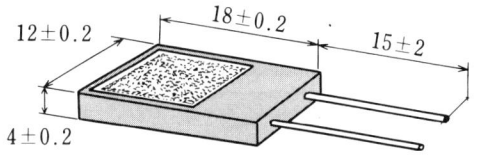

그림 5. 습도 센서

6. 가스 센서

가스 센서는 대기 등의 기체에 포함되어 있는 가스의 성분이나 그 농도를 검출하는 센서이다.

일반 가정에 있는 가스 누출 경보기 등에도 사용되고 있다. 가스 누출 경보기에 정발(整髮)용 스프레이 가스를 분사하면 「붕―」하고 가스 누출 경보를 울린다. 그림 6은 가스 분자가 가스 센서의 반도체에 흡착됨으로써 저항값이 변화하는 점을 이용한 가스 센서의 측정 원리를 나타낸 것이다.

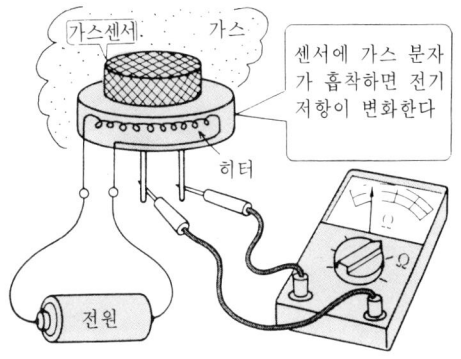

도시 가스, 프로판 가스 등 가스의 종류에 따라 센서가 달라진다

그림 6. 가스 센서의 측정 원리

4 센서로부터의 신호 입력

여러가지 센서의 종류와 그 검출 원리·특성·용도 등에 대하여 설명하였다.
여기서는 센서에서 검출된 데이터가 어떤 형태로 컴퓨터에 입력되는가를 생각해 본다.

1. 디지털값 입력

예를 들면 그림 1과 같이 푸시 버튼 스위치의 신호는 『ON=1』 『OFF=0』이라는 디지털 신호를 직접 데이터로서 얻을 수 있다. 이같은 디지털값을 얻을 수 있는 센서로는 공작 기계의 테이블 위치 검출용 리밋 스위치나 자기 센서의 리밋 스위치 등이 있다. 이같은 디지털 값은 컴퓨터에서 그대로 처리될 수 있다. 그러나 실제로는 입력 데이터에 외부의 노이즈가 혼입되어 있거나 컴퓨터가 처리하는데 필요한 전기적 신호 레벨에 도달해 있지 않은 경우가 많다. 그러므로 이들에 대한 대책이 강구되어야 한다.

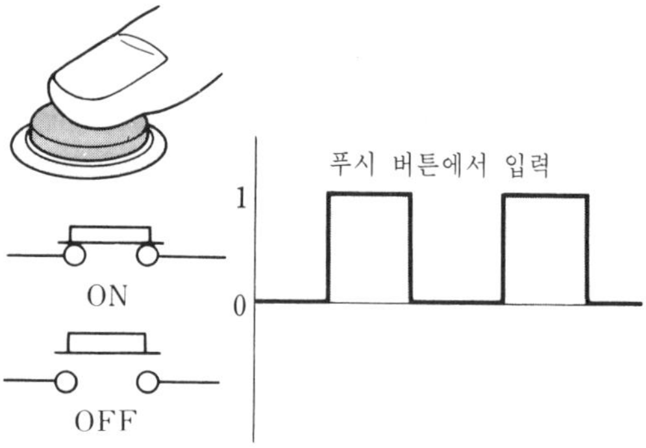

2. 아날로그값의 입력 (A/D 변환)

그림 1. 푸시 버튼 스위치

가로등의 자동 점멸기를 생각해 보자. 이 자동 점멸기는 광센서가 검지하는 밝기에 따라 ON·OFF 2값 신호를 출력하면 된다. 그러므로 그림 2와 같이 빛의 강약의 어느 레벨에서 점등과 소등만을 하는 비교적 간단한 방법으로 컴퓨터에 신호를 전할 수 있다. 그러나 일반적으로 밝기, 온도 등과 같은 양은 연속해서 변화하는 데이터(이같은 데이터를 아날로그 데이터라고 한다)이다. 그 밝기나 온도의 레벨에 상응하는 데이터를 컴퓨터에 입력하려면 그림 3과 같이 아날로그 데이터의 크기에 상응하는 양(강도 등)을 컴퓨터가 처리할 수 있는 디지털값으로 변환하여 입력할 필요가 있다.

이같이 아날로그 데이터를 디지털 데이터로 변환하는 것을 A/D 변환이라고 한다. 일반적으로 센서로부터 입력되는 전기 신호는 그림 3과 같이 증폭기에 의해 0V에서 5V의 범위로 증폭하여 A/D 변환

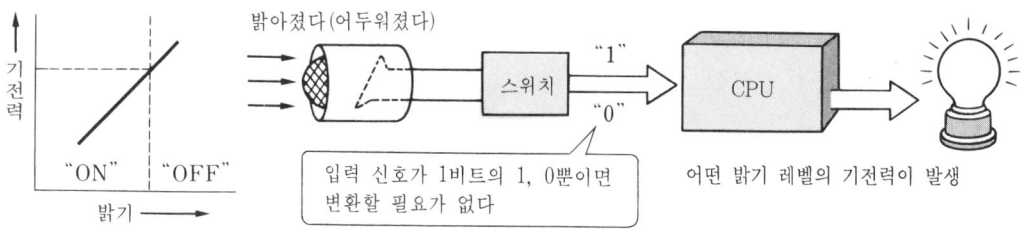

그림 2. 아날로그값의 2값 입력

기에 입력된다. A/D 변환기로부터는 4비트이면 16가지, 8비트이면 256가지의 2진수 디지털 신호 데이터가 출력된다. 즉, 센서가 검출한 밝기나 온도의 양에 따른 2진수의 디지털 신호로서 컴퓨터에 입력된다. 그림 3에서는 A/D 신호 변환의 일례로서 밝기에 따라 8비트 디지털 신호에 의해 2개의 전구가 점등한 모습을 나타낸다.

3. 데이터의 처리

A/D 변환에서는 변환기에 입력되는 전압의 크기를 어떤 범위로 조정하기 위해 필요에 따라 **그림 4**와 같은 데이터 처리를 한다.

* 레벨 시프트 - 데이터의 치우침을 이동시켜 0V에서 시작하는 신호로 한다.
* 스케일링(확대 축소) - 아날로그 전압이 미소(微小)할 경우에는 A/D 변환기의 입력 전압이 0V~5V의 크기가 되도록 증폭하거나 분압하거나 하여 조정한다. 또 검출 데이터에 노이즈가 혼입할 때는 그것을 제거하는 처리도 필요하다.

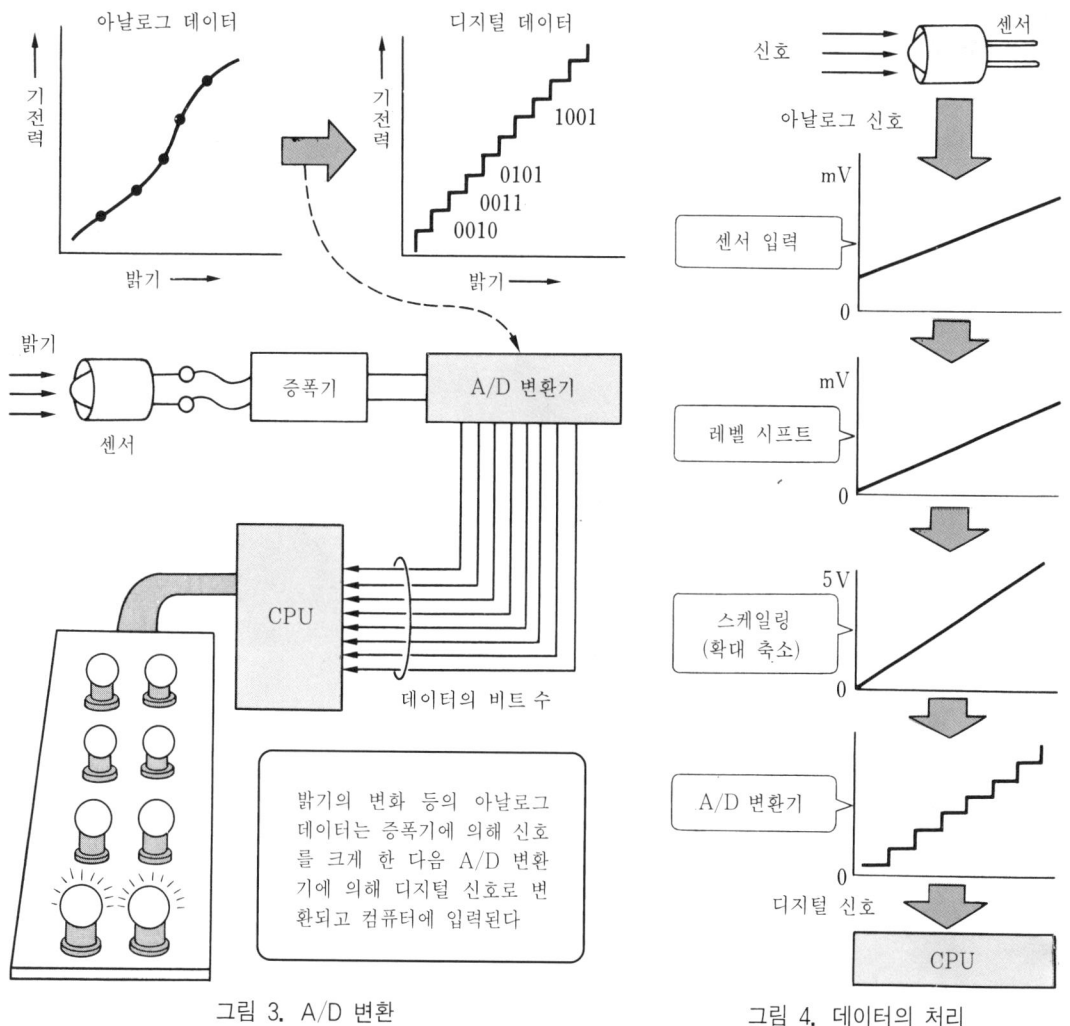

그림 3. A/D 변환   그림 4. 데이터의 처리

5 디지털 데이터의 입력

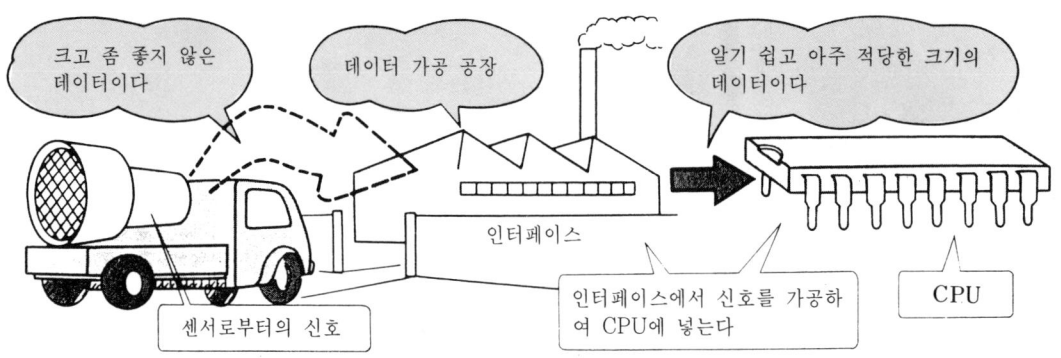

그림 1. 센서로부터의 입력 신호의 전달

1. 센서에서 컴퓨터로 입력

위치 센서, 자기 센서, 온도 센서, 광센서 등 여러가지 센서에 대하여 학습하였다. 여기서는 그림 1과 같이 이들 센서로부터 얻은 정보(검출된 결과)를 어떻게 컴퓨터에 연결하는가(입력), 즉 컴퓨터 제어에서 센서를 활용하는 방법을 생각해 보자.

여기서 말하는 것은 그들의 일례에 지나지 않는다. 여러분은 자기가 실행하고자 하는 제어에 맞는 센서 입력을 연구하기 바란다. 센서 입력은 그림 1과 같이 컴퓨터에 대해서는 인터페이스(컴퓨터와 입출력 기기와의 신호를 제대로 주고 받을 수 있게 하기 위한 장치)가 필요하다. 이 인터페이스에는 포트라고 하는 신호의 출입구가 있다. 그 신호의 입구에 센서로부터 받은 정보가 입력된다.

2. 스위치의 입력 데이터

푸시 버튼 스위치나 토글 스위치 등은 ON/OFF 상태를 출력하는 것이다.

제어 입력에서 가장 많은 것은 버튼이 눌리거나, 혹은 레버의 위치가 전환되는 등의 스위치의 ON, OFF 상태를 검출한다. 이 의미에서 스위치도 센서의 종류에 포함된다. 그림 2에 토글 스위치의 입력 회로를 나타낸다. 예를 들어 스위치가 ON일 때 컴퓨터에는 (0〔V〕=『0』)이 입력된다. OFF일 때 컴퓨터에는 (5〔V〕=『1』)이 입력된다. 회로에 접속되어 있는 저항은 풀업(pull-up) 저항이라고 하여 입력이 없을 때 노이즈 등으로 인한 오(誤)입력의 혼입을 방지하기 위한 것이다.

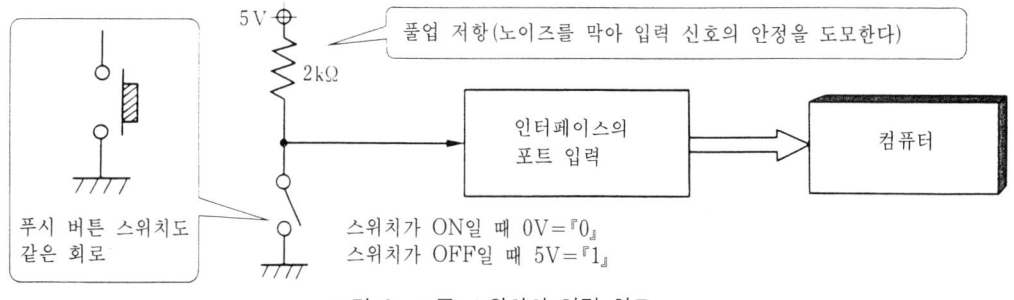

그림 2. 토글 스위치의 입력 회로

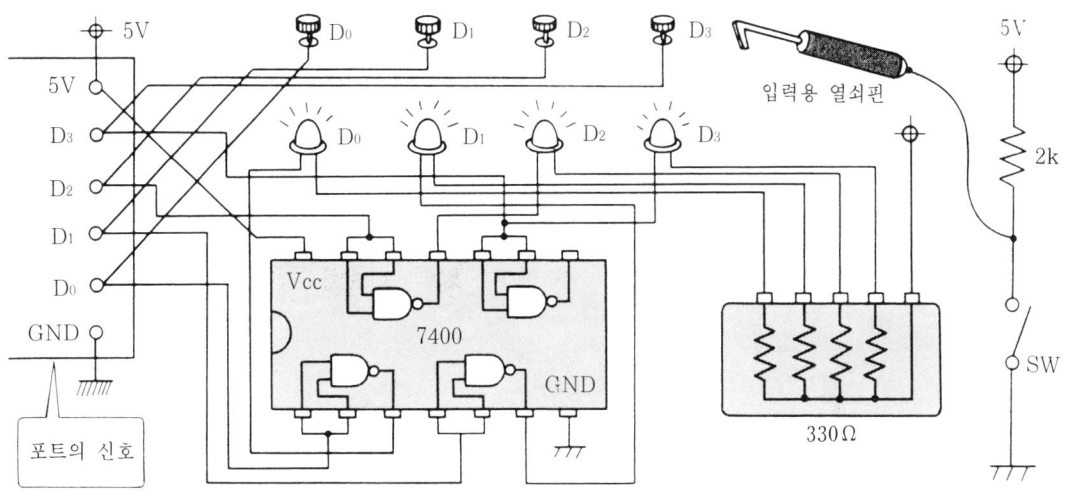

그림 3. LED에 의한 입력 신호 모니터

3. 입력 신호의 모니터

입력 신호에 대해 그림 3과 같이 LED 점멸 회로를 접속하면 그 점멸에 따라 센서의 신호를 모니터할 수 있다. LED는 입력이 없는 상태에서 점등한다. 예를 들어 토글 스위치가 ON일 때, 입력핀을 2비트째 핀 D_1에 접속하였을 경우를 생각한다. 그 2비트째의 입력 신호는 회로에서 알 수 있듯이 『0』이 입력된다. 따라서 2비트째의 LED는 소등하여 『0』이 입력되었음이 확인된다. 이와 같이 접속되는 비트가 몇 비트째인가에 따라 LED의 점멸 상태가 변한다. 이러한 사실로 볼 때 스위치의 상태(센서)는 LED의 점멸에 따라 확인할 수 있다.

표 1. 4비트의 입력 데이터

비트수	0비트째	1비트째	2비트째	4비트째
SW의 상태	○↗ ○↧	○↗ ○↧	○↗ ○↧	○↗ ○↧
신호	"0"	"1"	"0"	"1"
LED의 점멸	🔘	💡	🔘	💡

4. 컴퓨터의 입력 데이터

스위치 입력 회로를 4회로 만들고 LED의 모니터 회로에 접속한다. 그때 스위치 상태의 ON, OFF에 따른 신호가 포트를 통해 컴퓨터에 입력된다.

예를 들면 0비트째와 2비트째의 스위치가 ON일 때는 LED가 표 1과 같다. 따라서 그림 3과 같은 4비트 회로에서는 각각의 스위치(센서)로부터 받은 정보가 표 2와 같이 16가지로 조합되고 그 값은 센서로 검출한 데이터로서 컴퓨터에 입력된다. 이들 데이터를 토대로 목적하는 제어를 할 수 있다.

표 2. 4비트의 데이터

비트수	0	1	2	3
LED ○ OFF ● ON	○	○	○	○
	○	○	○	●
	○	○	●	○
	○	○	●	●
	○	●	○	○
	○	●	○	●
	○	●	●	○
	○	●	●	●
	●	○	○	○
	●	○	○	●
	●	○	●	○
	●	○	●	●
	●	●	○	○
	●	●	○	●
	●	●	●	○
	●	●	●	●

6 아날로그 데이터의 입력

1. 센서에서 아날로그 데이터를 취득

아날로그 데이터를 컴퓨터에 입력하려면 아날로그 데이터를 디지털 데이터로 변환할 필요가 있다.

즉, 실제로는 센서에서 컴퓨터로 직접 입력하는 것이 아니다. 그림 1과 같이 데이터가 A/D 변환기를 통과함으로써 위에서 말하는 변환이 이루어진다. 즉, 아날로그 데이터가 센서의 A/D 변환기에 어떻게 입력되는가를 생각하면 된다.

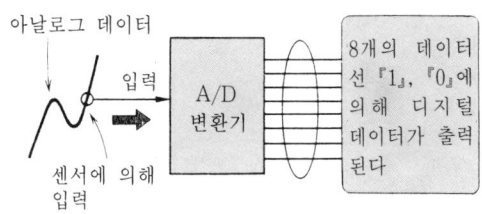

그림 1. A/D 변환기의 구조

2. A/D 변환기(ADC0809)란

그림 2에 A/D 변환기로서 자주 사용되고 있는 A/D 변환기(ADC0809)를 예로 들어 그 구조를 나타낸다. 그림 2는 서미스터에서 받은 아날로그 데이터를 IN 0 단자에서 입력하고 기준 전압 상한 5V, 하한 0V로 하여 그 사이를 256으로 분할한 데이터를 디지털 데이터로 하여 컴퓨터에 입력하는 회

IN 0~IN 7	8채널의 아날로그 데이터를 입력할 수 있다
ADD A ADD B ADD C	위에 적은 IN 0~IN 7의 선택 채널 선택을 2진수로 준다
START	(『0』~『1』~『0』)의 신호를 주면 변환을 개시한다
EOC	0V에서 5V로 함으로써 데이터를 컴퓨터에 입력한다
CLOCK	클록 펄스를 준다
REF(+)	기준 전압
REF(-)	센서로 입력 전압의 상한과 하한을 준다
DATA 0~7	디지털 신호의 출력

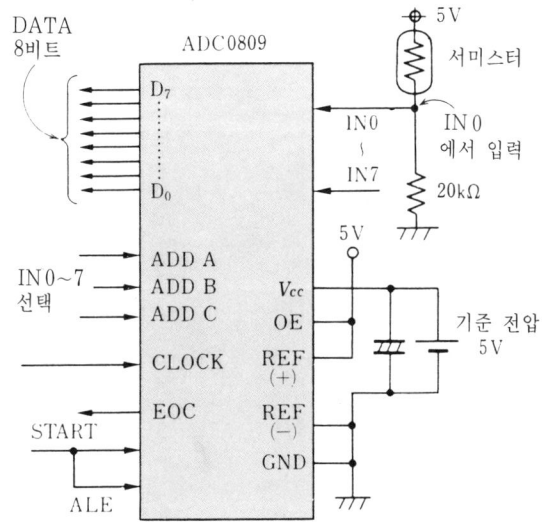

그림 2. A/D 변환기(ADC 0809)

로의 예이다. 센서에서는 이 IN 0~7 단자에 아날로그 데이터에 알맞는 전압 변화를 가하게 된다.

3. 서미스터에 의한 온도 검출 구조

서미스터는 온도가 상승하면 저항값이 작아지는 성질을 갖고 있다. 그래서 그림 3과 같이 25℃일 때 20kΩ의 서미스터와 기존의 저항 20kΩ의 저항을 직렬로 접속한다.

4. 센서의 보정 근사식을 구하는 방법

여기서는 서미스터의 근사식을 구하는 방법에 대해 설명하는데 다른 센서에 대해서도 같다고 말할 수 있다. 그림 4와 같이 서미스터의 저항값과 온도와의 관계가 반드시 리니어(linear)인 것은 아니다.

그래서 사용하는 서미스터의 저항-온도 특성표에서 저항-온도 특성도를 만들고 이 선도에 근사한 식을 구하여 실제 온도를 구한다. 특성표는 서미스터 구입시 나눠 받는다. 그림 4에 서미스터(203T) 근사식을 구하는 방법을 나타낸다.

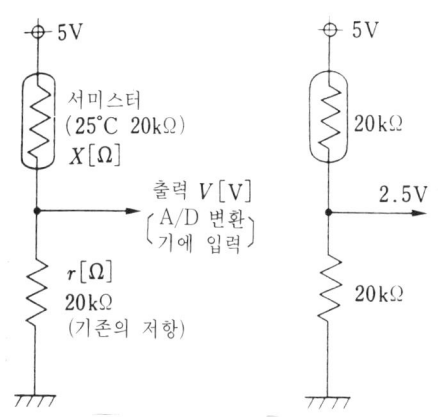

서미스터의 온도가 25℃일 때 5V는 분압되어 2.5V가 출력된다.

출력 전압 $V[V]$와 서미스터의 저항 $X[\Omega]$와의 관계식은 서미스터로 흐르는 전류와 기존의 저항으로 흐르는 전류가 같기 때문에 다음 식으로 구할 수 있다.

$$\frac{V}{r} = \frac{(5-V)}{X} \quad (r : 기존의\ 저항\ 20k\Omega)$$

따라서 서미스터의 저항값이 25kΩ으로 되었을 때는 위 식에 $X=25[k\Omega]$, $r=20[k\Omega]$을 대입하면 $V=2.22[V]$를 얻을 수 있고 A/D 변환기로 입력되는 데이터가 된다.

특성표에서

A점 10℃ 36.12kΩ에서 36kΩ
B점 25℃   20kΩ
C점 60℃ 6.006kΩ에서 6kΩ

이 3점을 통과하는 특성 곡선은 다음의
$H = a/(X+b) + C$ H : 온도 X : 저항
에 대입하여 a, b, c를 구한다.
10℃에서 $10 = a/(36+b) + C$ ①
25℃에서 $25 = a/(20+b) + C$ ②
60℃에서 $60 = a/(6+b) + C$ ③
(식 ①, ②, ③)에서
$a=613$, $b=3.4$, $c=-5.6$을 얻을 수 있다.
따라서 서미스터(203T)의 저항값으로부터 그 저항값의 온도를 구할 수 있다.

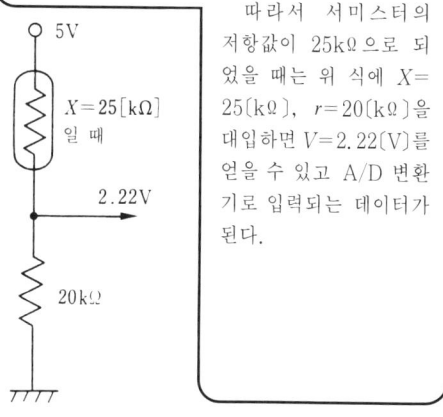

그림 3. 서미스터에 의한 온도 검출 구조

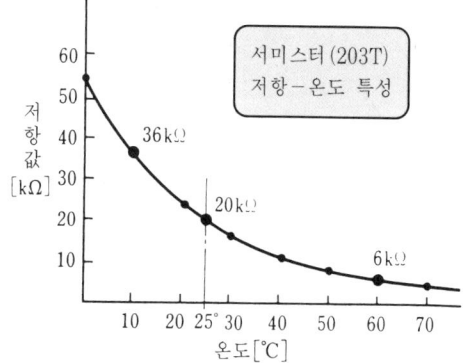

그림 4. 근사식을 구하는 방법

7 센서 입력의 실제

광센서

씨름 로봇의 센서

1. 아날로그 데이터의 스위치

아날로그 변화가 있는 양에 대해 ON, OFF 사용법을 광센서를 예로 들어 설명한다.

CdS 센서는 빛의 양(밝기)에 따라 저항값이 변화한다. 이 변화를 그림 1과 같은 회로에서 볼륨(V_R)과 조합하여 트랜지스터에 가하는 전압을 제어함으로써 트랜지스터를 스위치로서 사용한다.

이 전압의 제어 신호의 ON, OFF를 컴퓨터에 입력하면 밝기의 변화에 따른 스위치 입력이 가능하다. 그 상태는 LED의 점멸로 확인할 수 있다. 이를테면 그림 1(a)의 회로에서 CdS 센서의 빛의 상태에 따른 동작을 조사해 본다. 볼륨의 저항값을 50kΩ이라고 하면 다음 식에 의해 A점의 전압 V_A를 구한다.

$$V_A = V_{cc} \times R_x / (R + R_x)$$

	A점의 전압
밝을 때	0.28V
어두울 때	4.6V

따라서 어두울 때(빛을 차단한다)는 베이스에 가해지는 전압이 커져 트랜지스터는 도통(導通)하고 LED는 점등한다. 동시에 출력 단자 B에서는 『1』이 출력된다(이 경우 점 B의 전압이 0V일 때 『1』이라고 정의한다). 그림 1(b)는 밝아졌을 때에 CdS 센서가 작동하여 『1』을 출력하는 회로이다. 이 회로에서는 빛이 닿을 때 CdS의 저항값이 작아져 베이스 전압이 커지고 점 B의 전압은 0V, 즉 『1』이 된다.

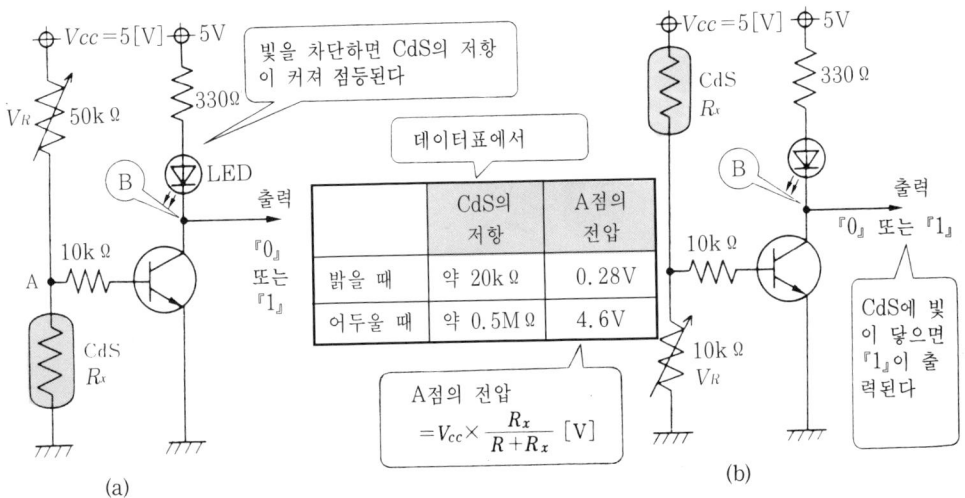

그림 1. 빛의 양에 따라 ON-OFF하는 회로 예

2. 씨름 로봇의 센서

『씨름 로봇 만들기』가 최근에 메카트로닉스의 학습 입문에 적용되고 있어 주목을 끈다(9장 참조).

씨름 로봇의 기본 중 하나는 씨름판의 흰선을 검지할 경우 구동 모터를 역전시켜 로봇을 후퇴시키는 일이다. 여기서는 흰선을 검지하는 센서에 대해 설명한다.

(1) 씨름판(흰선) 검지 센서

씨름 로봇은 전체 형상의 크기와 중량에 제한이 있기 때문에 그것을 구성하는 각각의 부품은 콤팩트한 것이 요구된다. 여기서는 오므론사의 반사형 광센서를 채택한다(형식 EE-SF5B). 이 센서는 그림 2와 같은 치수이기 때문에 씨름 로봇에 접착제나 간단한 고정구로 장착할 수 있다.

(2) 동작 원리

그림 3과 같이 광원으로 적외 발광 다이오드를 사용하여 씨름판 흰선의 빛을 포토 트랜지스터로 받아 스위칭 동작을 한다. 메이커의 카탈로그에 의하면 검출 거리 5mm 이내에서 반사율 90%인 백색지의 검출 물체로 되어 있다. 이 반사형 광센서는 그 크기나 기능으로 볼 때 가장 적당한 센서의 하나라고 말할 수 있다. 그림 4에 씨름 로봇의 씨름판 흰선 검지 회로의 예를 나타낸다.

씨름판의 흰선에 대한 감도의 조정은 가변 저항기 30kΩ을 사용한다. 이들 센서의 입력 신호는 인터페이스의 8255를 통해 컴퓨터로 들어간다. 이 신호에 의해 좌우 모터의 정, 역전 제어가 가능하다. 입력 회로에 인버터 2개를 직렬로 사용하고 있다. 그 이유는 센서로부터 얻은 입력 신호의 안정화를 도모하기 위함이다. 센서 회로에서는 이 예와 같이 입력 신호의 안정화나 노이즈에 대하여 강한 회로를 사용하는 것도 중요한 테크닉의 하나이다.

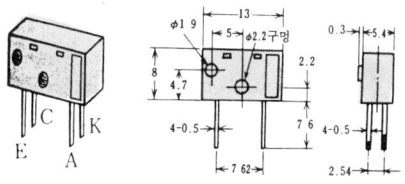

그림 2. EE-SF5B 외형 치수와 핀 배열

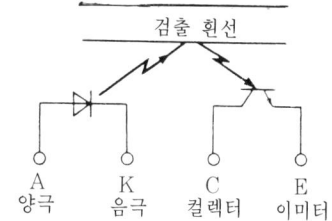

그림 3. 흰선의 검출

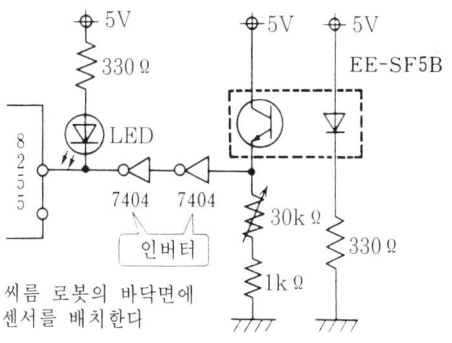

그림 4. 씨름판 흰선 검지 회로

● 원 포인트 ●

씨름 로봇의 크기
- 가로·세로 치수 20cm 이내
  높이는 제한 없음
- 무게 3kgf 이내

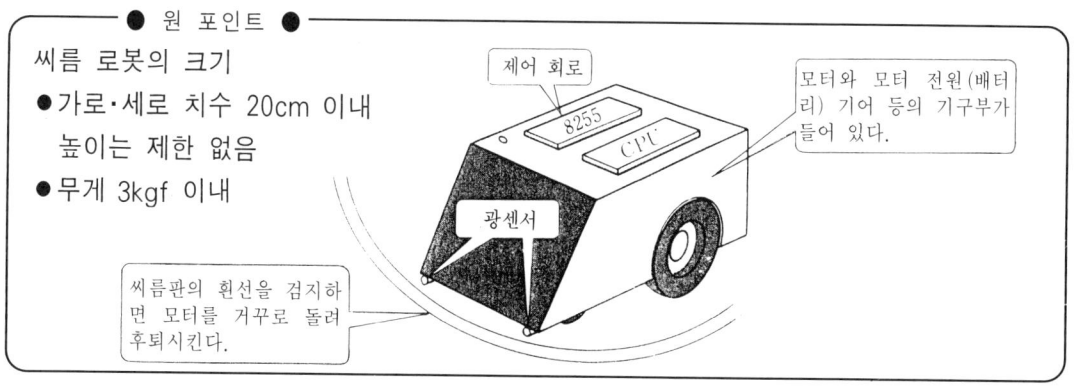

도전 문제 Q

① 센서의 유사어에는 어떠한 것이 있는가?
② 인간의 오감에 해당하는 센서의 예를 들어라.
③ 센서의 2가지 큰 기능이란 무엇인가?
④ 센서가 검출하는 물리량의 예를 들어라.
⑤ 센서가 검출하는 화학량의 예를 들어라.
⑥ 센서를 전기 신호로 변환하는 기능 예를 들어라.
⑦ CdS란 무엇을 말하는가?
⑧ CdS가 빛을 받으면 저항값은 어떻게 변화하는가?
⑨ 온도 센서를 2가지 들어라.
⑩ 열전쌍 온도 센서의 검출 원리는 무엇인가?
⑪ 서미스터의 저항값은 온도가 상승하면 어떻게 변화하는가?
⑫ 자기를 감지해서 접점을 개폐하는 스위치를 무엇이라 하는가?
⑬ 스트레인 게이지란 무엇을 측정하는 것인가?
⑭ 피에조 저항 효과를 이용한 센서는 무엇인가?
⑮ A/D 변환 회로란 무엇을 하는 회로인가?
⑯ A/D 변환에서 레벨 시프트란 무엇인가?
⑰ A/D 변환에서 스케일링이란 무엇인가?
⑱ 8비트에서 A/D 변환된 데이터는 몇 가지가 되는가?
⑲ 서미스터의 온도 검출 구조를 설명하여라.
⑳ 센서의 보정 근사식은 왜 필요한가?

A

❶ 트랜스듀서 / ❷ 17페이지 표지 참조 / ❸ 정보의 검출 기능과 전기 신호로의 변환 기능 / ❹ 변위, 속도, 힘 / ❺ 가스의 농도 / ❻ 전압 변화, 전류 변화, 주파수 변화 / ❼ 황화카드뮴 / ❽ 빛이 증가하면 저항값이 작아진다 / ❾ 열전쌍 온도 센서, 서미스터 / ❿ 제 2절 참조 / ⓫ 저항값이 작아진다 / ⓬ 리드 스위치 / ⓭ 힘 등 물체의 변형(스트레인) / ⓮ 압력 센서 / ⓯ 아날로그 데이터를 디지털 데이터로 변환하기 위한 회로 / ⓰ 데이터의 치우침을 이동시키는 것/ ⓱ 데이터의 크기를 확대 축소하여 처리하기 쉬운 데이터의 크기로 하는 것 / ⓲ 256가지 / ⓳ 제 6절 참조 / ⓴ 제 6절 참조

제 3 장
액추에이터의 기초 지식

액추에이터의 조합과 로봇

메카트로닉스 중에서 액추에이터를 조합한 것으로는 로봇이 있다. 로봇의 기본적인 구성 부품을 조사해 보면 모터, 나사, 실린더 등의 액추에이터가 조합되어 하나하나의 움직임이 잘 되도록 구성되어 있음을 알 수 있다.

로봇은 바꾸어 말하면 액추에이터의 종합물이라고도 할 수 있다. 여기서는 로봇의 움직임을 사진으로 보면서 액추에이터에 대해 보다 쉽게 이해할 수 있도록 하였다.

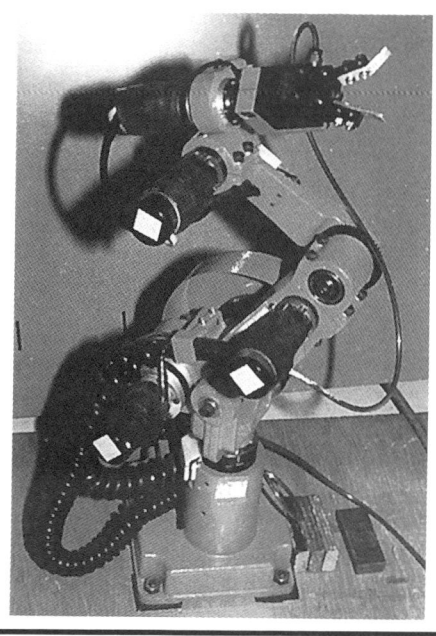 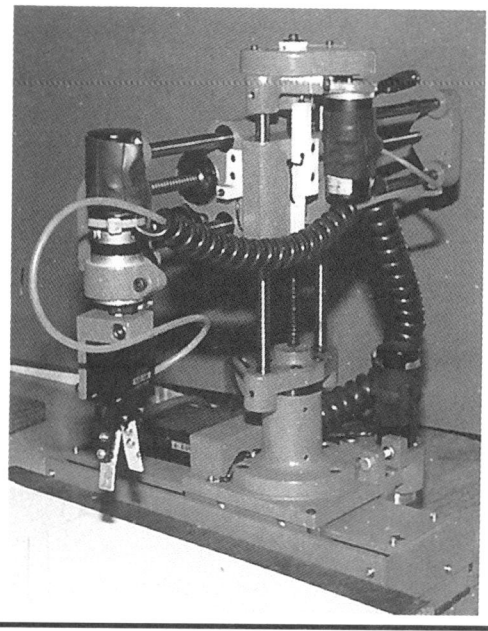

제 3 장 액추에이터의 기초 지식

1 액추에이터의 역할

액추에이터란 에너지를 기계적 에너지로 변환하여 메커니즘의 회전, 직선 운동을 시키는 장치를 말한다.

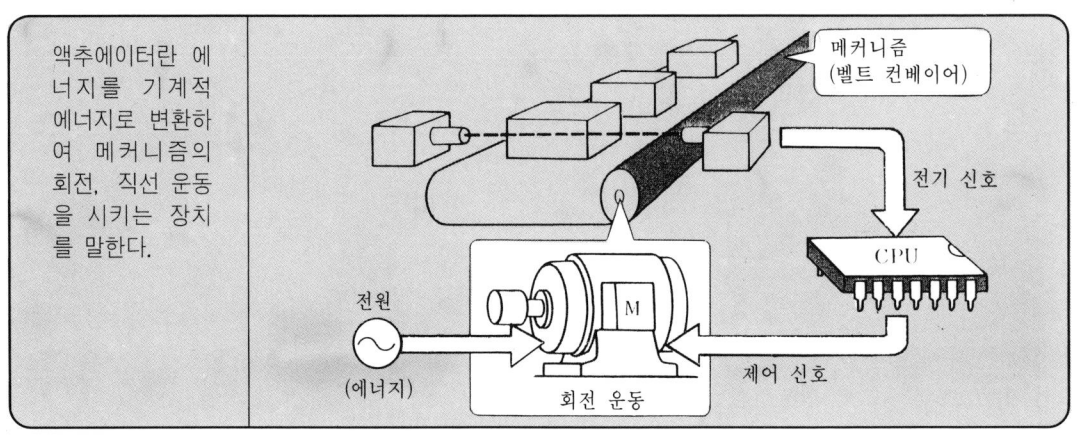

그림 1. 메카트로닉스의 기계 구성

1. 액추에이터란

『메카트로닉스』나 『액추에이터』라는 단어는 전자 기계의 발달에서 나온 단어이다.

액추에이터란 전기, 공기압 등의 에너지를 기계적인 에너지로 변환하여 메커니즘의 회전, 직선 운동을 시키는 장치를 말한다. 메커니즘을 포함하여 액추에이터라고도 한다.

액추에이터를 설명함에 있어 **그림 1**과 같은 메카트로닉스를 응용한 기계 구성을 생각해 보자.

그림 1은 벨트 컨베이어 상의 물품이 이동하는 상태를 센서로 확인하고 있는 모습을 나타낸 것이다. 그리고 이 상태는 컴퓨터로 제어되고 있다.

이 시스템의 메커니즘(벨트 컨베이어)을 구동하고 있는 모터가 액추에이터이다. 이 액추에이터의 움직임은 컴퓨터 등의 컨트롤러에서 받은 신호에 의해 제어되고 있다. 메카트로닉스의 구동용 모터로서 회전 방향, 회전 속도를 쉽게 제어하는 모터가 선택된다. 액추에이터의 동력원에는 전기, 공기압, 유압 등이 있다.

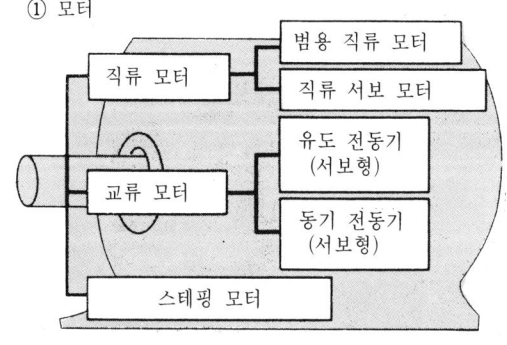

2. 액추에이터의 운동

액추에이터의 운동을 크게 나누면 회전 운동과 직선(왕복) 운동으로 분류된다.

(1) 회전 운동

액추에이터에 의해 축의 회전 운동을 얻을 수 있다.

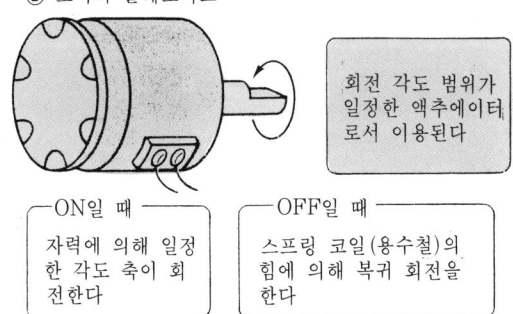

그림 2. 로터리 솔레노이드의 구동

(2) 직선 운동

액추에이터의 움직임은 실린더와 같은 직선적인 왕복 운동이다.

① 공기압 실린더 : 공기압 실린더는 압축 공기의 에너지를 직선 운동으로 변환하는 장치이다. 이것은 그림 3과 같은 실린더 튜브와 피스톤 그리고 피스톤 로드 등으로 구성되어 있다. 이 원리는 전자 밸브로 공기의 흐름을 바꾸어 실린더를 왕복 운동시키는 것이다.

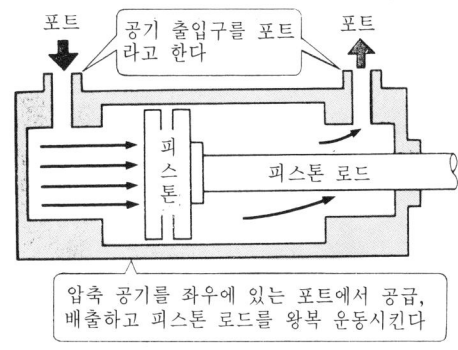

그림 3. 공기압 실린더

② 유압 실린더 : 유압 실린더는 기본적으로 공기압 실린더와 동일하고 유압의 에너지를 직선 운동으로 변환하는 액추에이터이다. 전자 밸브를 사용하여 오일의 흐름을 전환함으로써 피스톤은 왕복 운동을 한다. 압축력을 전달하는 매체는 유체(流體)인 오일이다. 액체(오일)는 기체(공기)와 달리 그림 4에 나타낸 것처럼 압축되더라도 체적은 거의 변하지 않는다(이 성질을 『액체는 압축성이 없다』라고 한다).

그러므로 피스톤을 임의의 위치에 정확하게 정지시킬 수 있다. 이것은 유압 실린더의 큰 특징 중 하나이다(그림 5). 유압 실린더의 알기 쉬운 예로는 덤프 트럭의 짐받이를 올리고 내리는 데 사용되는 것을 들 수 있다.

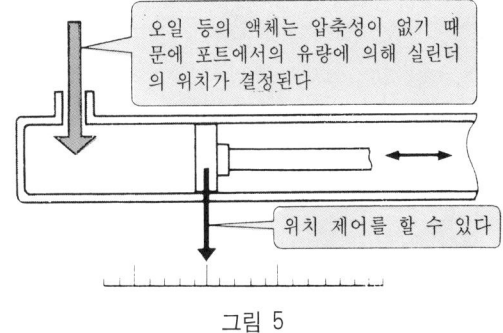

그림 4. 액체의 비압축성

그림 5

③ 솔레노이드 : 솔레노이드는 그림 6과 같이 중공(中空) 코일에 흐르는 전류의 자기(磁氣) 작용에 의해 철편(가동 코어=플런저)이 코일의 중심부에 흡인되는 현상을 이용한다. 이 때 가동 코어의 움직임이 직선 운동을 하여 하부측에서는 끌어당기는 힘이 작용하고 상부측에서는 누르는 힘이 작용한다. 끌어당기는 힘을 이용한 사용법을 풀(pull)형, 누르는 힘을 이용한 것을 푸시(push)형이라고 한다. 또 양용(兩用)형도 있다. 솔레노이드는 앞에서 설명한 실린더의 밸브를 전환하는데에도 이용되고 있다.

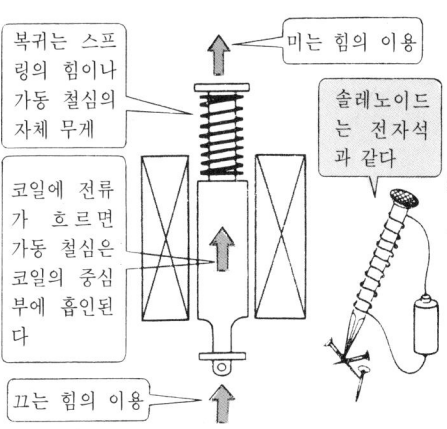

그림 6. 솔레노이드의 구동 원리

2 액추에이터의 구동 회로

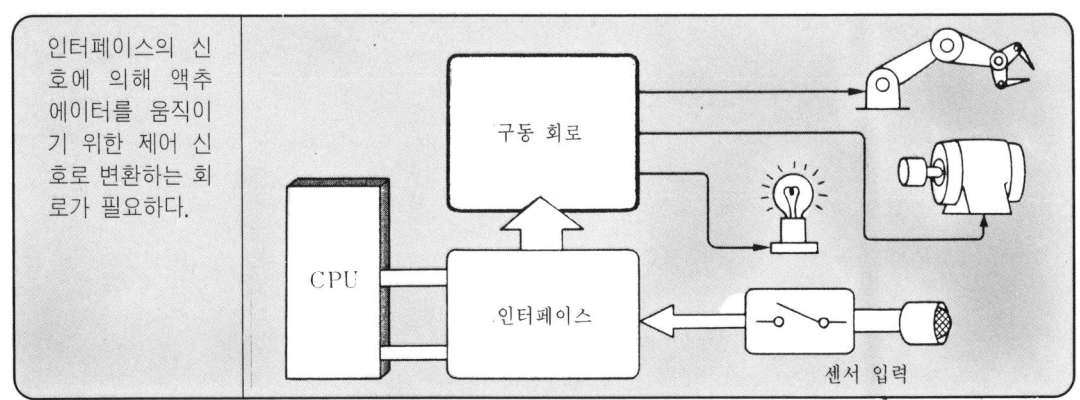

그림 1. 액추에이터의 구동

1. 액추에이터를 움직이기 위한 회로

액추에이터는 컴퓨터의 『1』, 『0』 신호에 의해 직접 구동할 수는 없다.

그림 1과 같은 센서의 입력 신호로 액추에이터를 구동하는 컴퓨터 제어 시스템을 생각해 보자.

액추에이터를 구동하기 위한 신호는 인터페이스의 출력 포트를 통해 출력된다. 이 출력 포트의 신호를 액추에이터를 움직이는 신호로 변환하여, 예를 들면 그림 1과 같이 전구를 점등할 때나 액추에이터인 모터의 ON, OFF 혹은 로봇 핸드의 개폐 등을 할 수 있다.

그러므로 그림 1과 같이 액추에이터용 구동 회로가 필요하다. 구동 회로는 액추에이터를 움직이게 한다고 해서 『드라이버 회로』라고도 한다. 그림 2는 모형용 모터와 3상 모터의 구동 회로를 나타낸다.

그림 2를 보면 각각의 모터를 구동하기 위한 구동 회로가 필요한 이유를 알 수 있을 것이다.

2. 인터페이스의 공통 회로

그림 1에서도 알 수 있듯이 인터페이스의 출력 포트까지는 그 이후 어떤 액추에이터가 접속되더라도 기본적으로 거의 동일한 회로로 구성되어 있다. 따라서 이 부분을 공통(표준화)으로 함으로써 **그림 3**과 같이 다른 액추에이터를 구동하는데에도 사용할 수 있다.

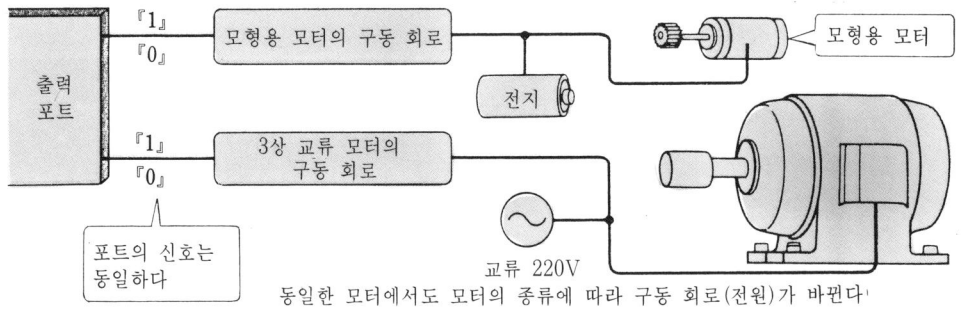

그림 2. 모형용 모터와 3상 모터의 구동 회로

2 액추에이터의 구동 회로

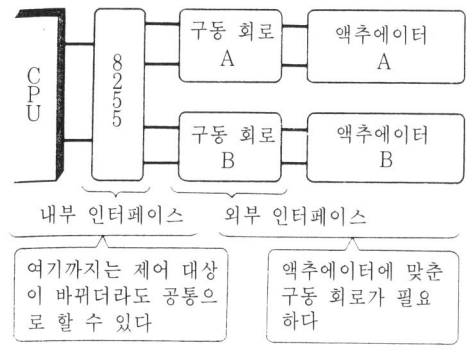

그림 3. 내부 인터페이스

이같이 여러가지 입출력에 공통으로 사용할 수 있는 인터페이스를 내부 인터페이스라고 하고 액추에이터를 움직이기 위한 구동 회로를 외부 인터페이스라고 부르기도 한다.

3. 액추에이터를 구동하기 위한 신호

인터페이스의 출력 포트의 신호에 의해 액추에이터는 제어된다. 좀더 상세히 설명하면 앞에서 말한 것처럼 액추에이터의 구동 회로가 제어되는 것이다. 이 신호는 크게 다음과 같이 3종류로 나눌 수 있다.

(1) 『1』, 『0』의 스위치 신호

컴퓨터 출력 신호의 『1』, 『0』이 그대로 액추에이터의 구동 스위치의 ON, OFF에 대응하는 것(그림 4).

(2) 펄스 신호

출력 포트로부터 받은 디지털 펄스 신호를 구동 회로에 주면 그 펄스수에 비례한 움직임을 얻을 수 있다. 그림 5와 같이 스테핑 모터에 주는 펄스수와 축의 회전 각도와의 관계는 가장 알기 쉬운 예이다.

(3) D/A 변환기의 신호

출력 포트에서 데이터 비트수에 해당하는 디지털 데이터를 출력한다. 그 디지털 데이터에 대응한 크기의 아날로그 전압으로 변환하여 액추에이터에 가한다. 이 변환을 D/A 변환이라고 한다.

그림 6에 8비트의 D/A 변환의 역할을 나타낸다. 이 D/A 변환기는 직류 모터의 회전수를 바꿀 때 등에 사용된다. 모터의 회전수를 로터리 인코더 등으로 검출하여 피드백하는 제어도 있다.

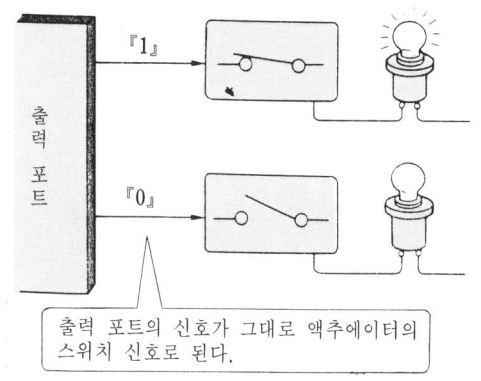

그림 4. 「1」, 「0」 신호에 의한 구동

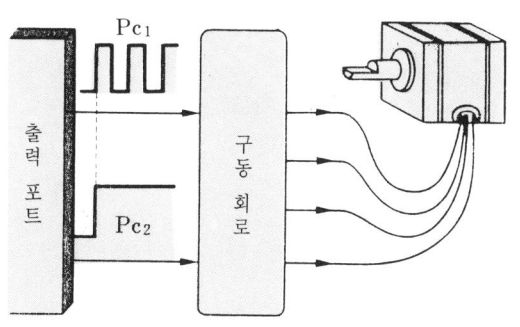

Pc_1은 축 회전을 위한 펄스수이고, Pc_2는 축의 회전 방향을 바꾸기 위한 펄스 신호

그림 5. 펄스 신호에 의한 구동

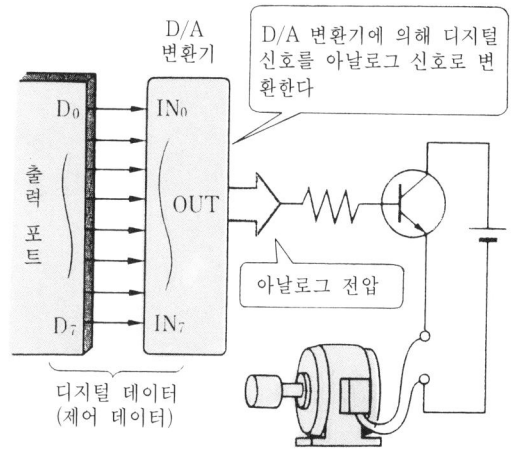

그림 6. D/A 변환의 역할

③ 릴레이 회로

릴레이란 오른쪽 그림과 같이 코일(권선)에 전류를 흐르게 하면 자력이 생기고 철편을 끌어당기는 전자석의 성질을 전기 접점의 스위치에 이용한 것을 말한다. 전자 계전기라고도 한다.

못에 에나멜 선을 감고 전지를 접속(전류를 흘려 보낸다)하면 작은 못(철편 등)을 끌어당긴다

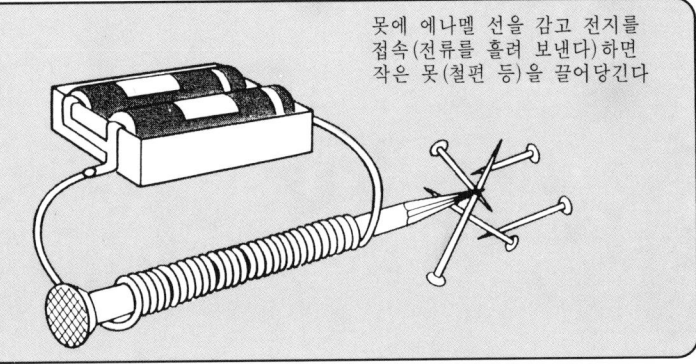

1. 액추에이터와 릴레이 회로

컴퓨터의 출력 신호 그 자체로 모터나 실린더 등의 액추에이터를 움직이도록 하기에는 역부족하다. 그래서 릴레이를 사용하여 인터페이스에서 받은 신호로 코일의 전류를 제어하여 외부 전원을 제어하는 방법이 많이 사용된다.

표 1. 액추에이터 구동 전원

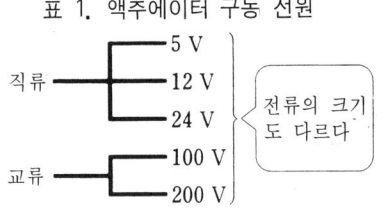

이 릴레이를 사용함으로써 전원의 종류가 다른 액추에이터를 제어할 수 있게 된다. 표 1에 흔히 사용되는 액추에이터 구동 전원의 종류를 나타낸다.

인터페이스 제어에서 릴레이 사용법은 중요한 기술의 하나이다. 이같이 기계적 접점 릴레이를 이용한 원리도와 그 특징을 그림 1에 나타낸다. 그림 1에 나타낸 액추에이터의 모터를 다른 액추에이터의 종

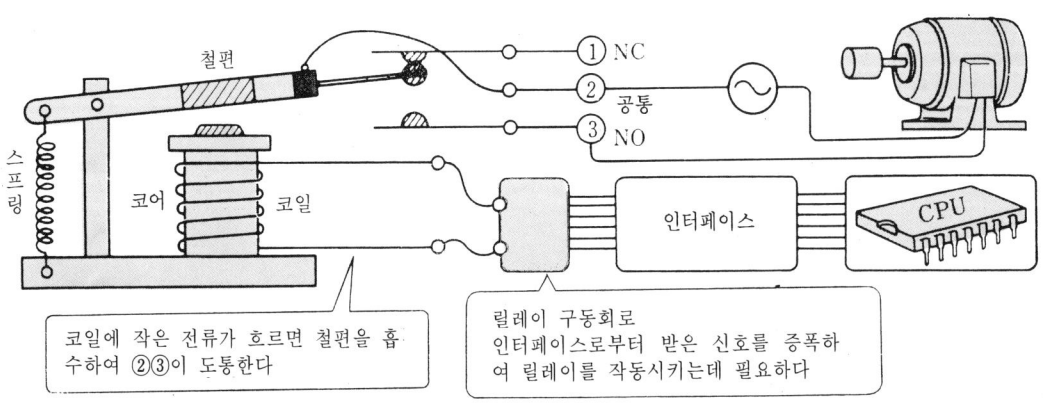

릴레이 회로의 특징

① 작은 전류(예를 들면 50mA)에 의해 릴레이를 작동시켜 대전류가 흐르는 액추에이터를 ON, OFF 할 수 있다.
② 직류(예를 들면 DC 5V)에 의해 교류(예를 들면 AC 110V)의 ON, OFF가 가능하다.
③ 1 입력 신호에 의해 몇 개의 액추에이터를 동시에 제어할 수 있다.
④ 프린트 기판에 실장할 수 있는 타입의 릴레이도 있다.

그림 1. 릴레이 구동의 원리와 그 특징

류, 예컨대 실린더나 솔레노이드 등으로 바꾸면 각각의 액추에이터를 ON, OFF 할 수 있다. 릴레이 회로는 이같이 액추에이터를 구동하기에 매우 편리한 것이다.

2. 릴레이의 응용

(1) 소형 전구의 점멸

그림 2는 릴레이를 사용한 2개의 액추에이터(여기서는 소형 전구의 점멸 예)를 구동하는 원리도이다. 컴퓨터로부터 받은 신호에 의해 전환되는 동작을 확인한다.

그림 3에 인터페이스 회로에 흔히 사용되는 프린트 기판용 릴레이의 구조를 나타낸다.

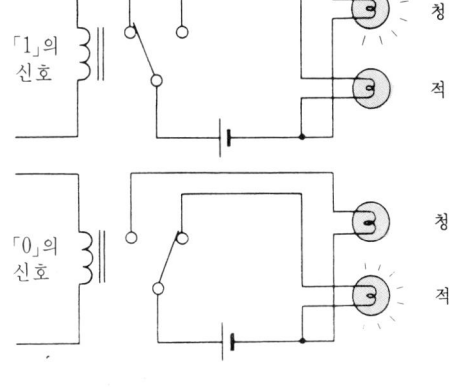

그림 2. 소형 전구의 릴레이 제어

이 릴레이는 2회로 2접점으로 불리우는 것으로 그림 3의 접점 1과 12에 컴퓨터에서 나온 신호가 들어가면 코일이 여자(勵磁) 되어 지금까지의 3과 5, 그리고 10과 8이 도통(導通)하고 있던 것이 바뀌어 3과 6 그리고 10과 7이 도통한다.

이같이 2회로 2접점의 릴레이에서는 하나의 신호로 2개의 액추에이터를 동시에 제어할 수 있다. 릴레이에는 여러가지 구조를 가진 것이 메이커에서 공급되고 있다. 메이커의 카탈로그를 참조한다. 또 지금까지 설명한 접점이 있는 릴레이(유접점)에 대해 IC화된 무접점 릴레이도 있다.

(2) 릴레이의 응용

그림 4에 릴레이를 사용한 구체적인 응용 예를 나타낸다.

① 직류 모터에 가해지는 전원의 극성을 2개의 접점에서 전환하여 회전 방향을 바꿀 수 있다.
② 램프에 가해지는 전압을 전환하여 밝기를 바꿀 수 있다.
③ 모터에 가해지는 전류의 크기를 바꿈으로써 모터의 회전수를 변화시킬 수 있다.

제어에 사용되는 릴레이는 프린트 기판에 실장하기 쉬운 IC 피치(2.5mm)가 많이 선택된다.

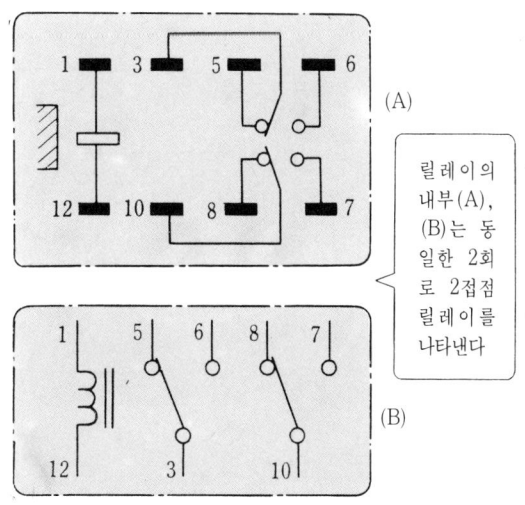

그림 3. 릴레이의 내부 회로 예

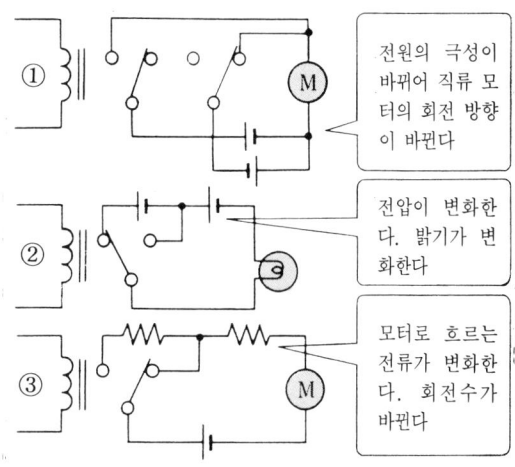

그림 4. 릴레이의 응용 회로 예

4 트랜지스터에 의한 구동 회로

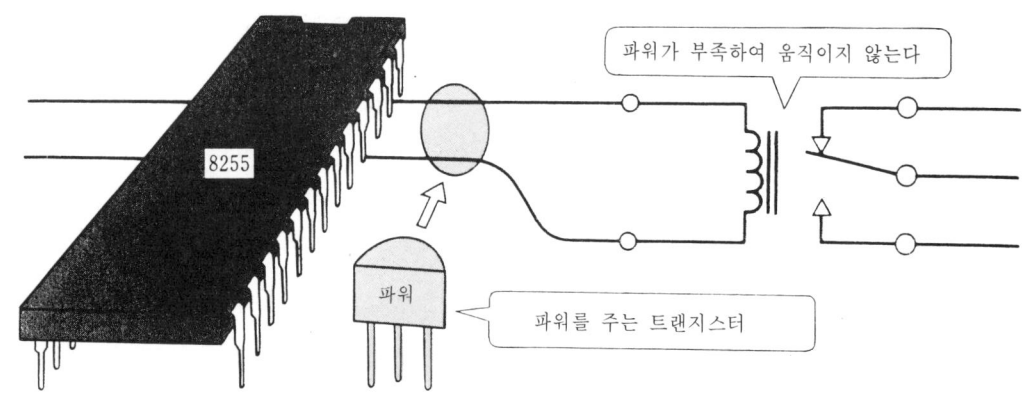

그림 1. 8255에서 나온 신호의 파워

1. 트랜지스터에 의한 액추에이터 구동

앞절에서 릴레이에 의한 액추에이터 구동에 대하여 설명하였다. 그러나 실제로 컴퓨터에서 나온 출력 신호에는 그림 1과 같이 릴레이를 구동하기 위한 파워가 부족하다. 그래서 트랜지스터가 지니는 전류 증폭 작용을 이용하여 릴레이를 작동시키기에 충분한 전류를 얻는 릴레이 구동 회로가 필요하다. 전류 증폭 작용이란 작은 신호 전류를 트랜지스터의 힘을 이용하여 큰 신호 전류로 바꾸는 것을 말한다.

그림 2에서는 베이스(B)와 이미터(E) 사이에 컴퓨터에서 나온 미약한 전류가 흐르면 컬렉터(C)와 이미터(E) 사이에 큰 전류가 흘러 릴레이의 작동 코일을 여자하고 릴레이를 ON시킬 수 있음을 나타낸다. 이같은 트랜지스터의 증폭 작용에 의해 액추에이터를 직접 구동시킬 수도 있다.

2. 트랜지스터의 전류 증폭률

그림 2와 같이 베이스 전류가 흐름으로써 컬렉터에서 이미터로 컬렉터 전류가 흐른다.

이때 증폭된 컬렉터 전류 I_C와 베이스 전류 I_B와의 비율을 전류 증폭률이라고 한다.

$$h_{FE} = \frac{I_C}{I_B}$$

이 전류 증폭률은 트랜지스터에 의해 수십 배에서 수천 배에 가까운 것이 있다. 그림 2에서 베이스 전류로 0.02mA를 흘렸을 때 컬렉터에 2mA가 흘렀다고 하면 이 때의 전류 증폭률은

$$h_{FE} = \frac{I_C}{I_B} = \frac{2}{0.02} = 100$$

이 된다. 증폭된 이 컬렉터 전류가 릴레이나 액추에이터로 흐른다.

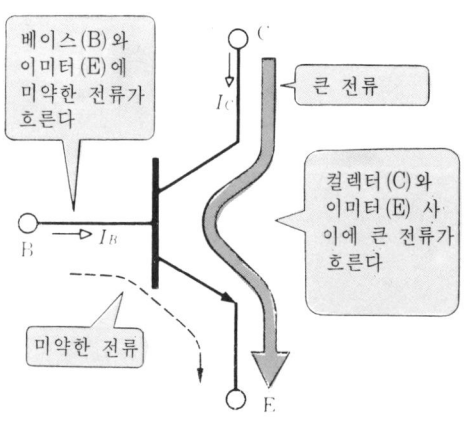

그림 2. 트랜지스터로 흐르는 전류

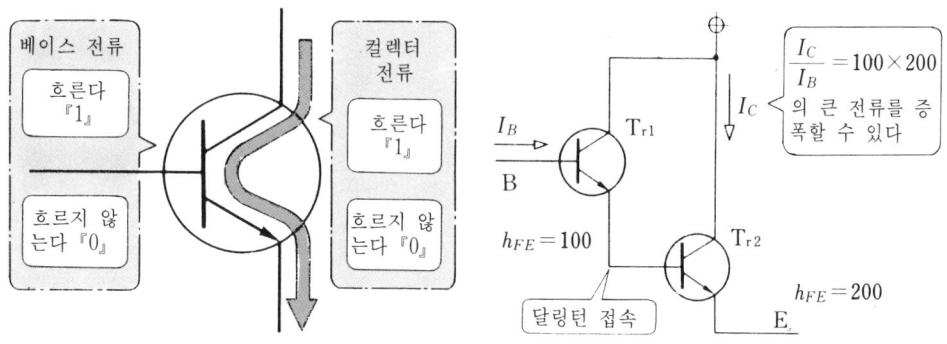

그림 3. 트랜지스터의 스위칭 작용

3. 트랜지스터의 스위칭 작용

증폭된 컬렉터 전류가 흐르거나 흐르지 않는 것은 베이스로 전류가 흐르는지의 여부에 의해 결정된다는 것을 알 수 있다(그림 3).

베이스 전류를 디지털적인 『0』, 『1』의 값으로 하면

베이스로 흐르는 전류   제로 『0』
컬렉터에는,   전류   제로 『0』
베이스로 흐르는 전류   0.02mA 『1』
컬렉터에는,   전류   2mA 『1』

과 같이 베이스 전류의 흐름이 컬렉터 전류의 흐름과 대응하고 있음을 알 수 있다. 이같은 트랜지스터의 기능을 스위칭 작용에 이용하고 있다.

4. 트랜지스터의 선택

일반적인 트랜지스터의 선정 순서를 그림 4의 플로 차트로 생각해 보자. 트랜지스터에는 그 종류에 따라 동작이 보증되고 있는 최대 정격이라는 것이 있다. 이같은 최대 정격 범위에서 액추에이터나 릴레이의 부하에 적당한 트랜지스터를 선택한다.

보통 트랜지스터에 걸리는 전압, 전류의 2~3배에 상당하는 정격을 선택한다. 실제로는 규격표를 보고 결정한다. 트랜지스터를 선정하면 그 트랜지스터의 전류 증폭률에서 베이스 전류가 어느 정도인가를 계산에 의해 조사한다. 베이스 전류가 적정한 크기가 아니면 인터페이스의 신호가 올바르게 출력되더라도 동작하지 않는다. 그럴 경우에는 필요에 따라 전류 증폭률이 큰 트랜지스터를 선택하거나 그림 3과 같은 달링턴(Darlington) 접속 등으로 베이스 전류를 적정하게 하는 방법을 취한다.

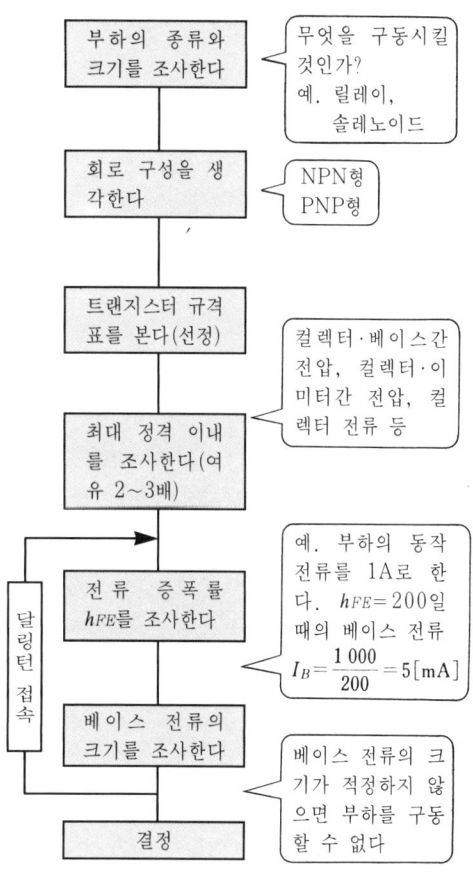

그림 4. 트랜지스터의 선정 순서

5 솔레노이드의 구동 회로

1. 솔레노이드의 동작 원리

솔레노이드는 그림 1과 같이 코일속의 가동 코어가 코일로 전류를 흘려보냄으로써 코일로 흡인되는 것을 이용한 액추에이터이다.

예를 들면 물체를 민다, 끈다, 누른다, 연다 등의 단순한 메커니즘의 기계적 직선 운동의 기구 부품으로서 사용되고 있다. 또 자동 판매기나 사무기기, 가전제품 등에도 조립되어 솔레노이드의 직선적인 움직임을 직접 이용하고 있다.

솔레노이드에는 직류 또는 교류에 의해 구동하는 타입이 있다.

일반적으로
직류 5V, 6V, 12V, 24V, 48V
교류 110V, 220V
의 정격 전압으로 구동한다.

같은 흡인력을 가진 솔레노이드에서 전압이 큰 타입은 코일로 흐르는 전류가 작아진다.

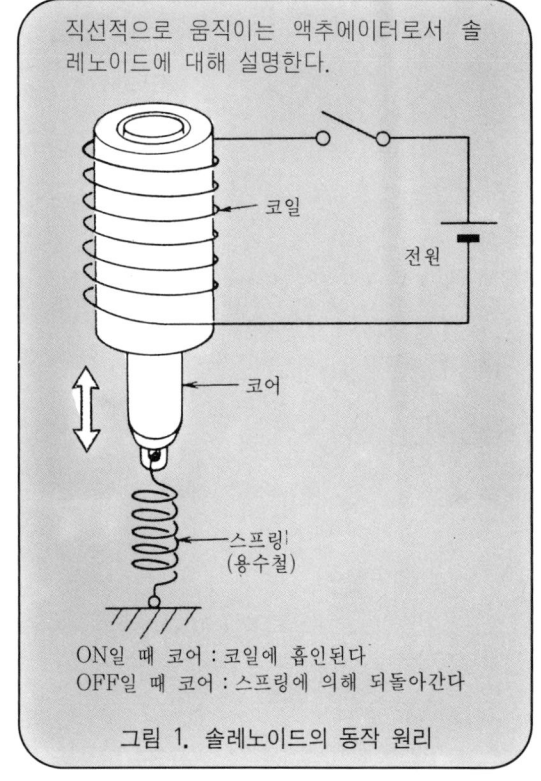

ON일 때 코어 : 코일에 흡인된다
OFF일 때 코어 : 스프링에 의해 되돌아간다

그림 1. 솔레노이드의 동작 원리

2. 솔레노이드 사용상의 포인트

(1) 흡인력

흡인력은 솔레노이드의 정격 중에서 가장 중요한 사항이다. 흡인력이 부족하면 그 솔레노이드의 기능이 작용하지 않을 뿐만 아니라 다른 메카트로닉스의 기구부 파괴로 이어진다. 부하의 크기는 솔레노이드의 흡인력 이하인 것이 필요하다.

중력 가속도
$$10\,[\text{kgf}] \fallingdotseq 10 \times 9.8 = 98\,[\text{N}]$$
뉴턴

부하의 크기에 여유를 생각한다

그림 2. 힘의 단위 환산

사용 상태에서는 전압의 저하나 코일의 온도 상승으로 인해 흡인력이 떨어진다. 그러므로 85% 통전시의 흡인력을 기준으로 삼도록 메이커에서 권장하고 있다. 카탈로그에서 이 흡인력을 [N]단위로 표시하고 있는데 우리에게 익숙해 있는 힘의 단위 [kgf]와의 관계를 그림 2에서 나타내고 있다. 솔레노이드의 흡인력은 2.94N(0.3kgf) 정도에서부터 98.1N(10kgf)의 큰 흡인력을 가진 솔레노이드도 있다. 또 정격 흡인력에 대해 부하가 없는 상태의 동작이나 부하가 30% 이하가 되는 경(輕)부하에서는 솔레노이드의 수명이 단축되므로 주의한다.

(2) 스트로크

솔레노이드를 선택함에 있어서 스트로크의 크기는 중요한 요소이다. 그림 3과 같이 스트로크가 커지면 흡인력은 급격히 저하된다. 그러므로 정격 스트로크 이내에서도 가능한 한 짧은 스트로크를 사용한

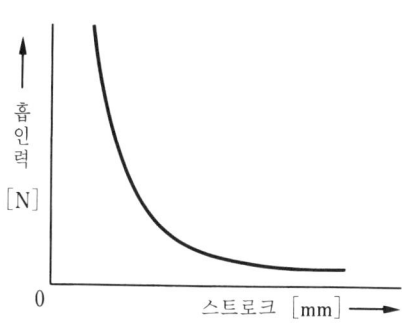

그림 3. 흡인력과 코어 스트로크와의 관계

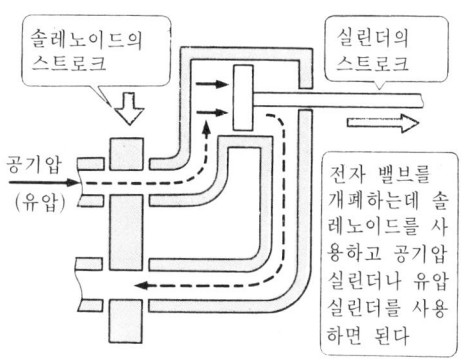

그림 4. 실린더와의 조합

다. 스트로크가 길어지면 코어가 정확하게 원상복귀되지 않거나 코일에 큰 전류가 흘러 고장의 원인이 된다.

스트로크가 필요할 경우에는 그림 4와 같이 레버나 실린더 등의 기계적인 기구를 조합하면 된다.

(3) 코어를 고정 코어에 밀착

그림 5와 같이 흡인할 때 코어가 고정 코어에 밀착하지 않으면 코일에 큰 전류가 흘러 파손의 원인이 된다. 고정 코어와 가동 코어의 면이 완전히 접촉하도록 장착한다.

3. 솔레노이드의 구동 회로

그림 6에 액추에이터로서 솔레노이드를 사용한 구동 회로 예를 나타낸다.

8255 포트로부터 출력되는 신호에 의해 릴레이가 작용하여 솔레노이드가 구동한다. 이 회로와 같이 릴레이 회로를 통함으로써 외부 전원으로부터 솔레노이드의 작동 전압에 알맞은 전원을 공급할 수 있다.

이 회로에 사용한 오므론社의 릴레이(G2VN-237P)에서는 접점 용량이 3A 정도이므로 그 범위 내에서 솔레노이드를 구동할 수 있다. 또 솔레노이드가 OFF일 때 고전압의 역기전력이 발생하여 트랜지스터나 IC를 파괴할 수도 있다. 그 보호 대책으로서 그림 7과 같이 솔레노이드 코일에 다이오드를 병렬로 넣어 둔다.

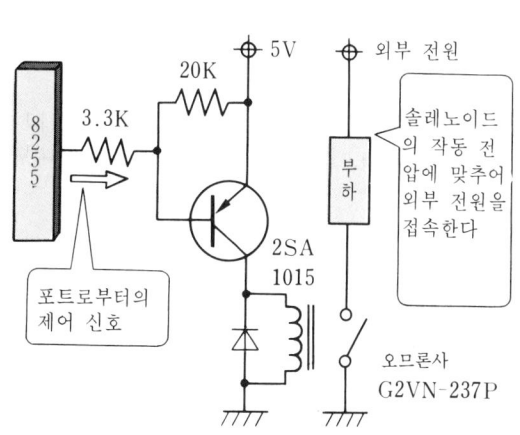

그림 6. 솔레노이드의 구동 회로

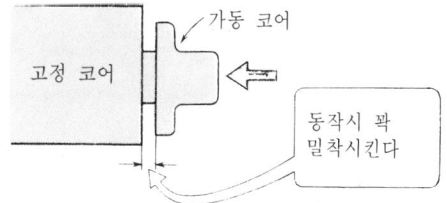

그림 5. 고정 코어와 가동 코어의 간격

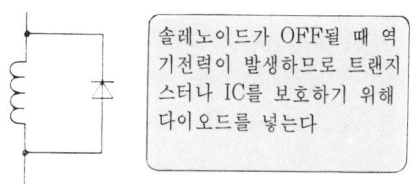

그림 7. 솔레노이드와 다이오드

6 스테핑 모터의 구동 회로

1. 스테핑 모터

스테핑 모터는 일반 모터와는 달리 코일에 전압을 가하는 정도로는 회전하지 않는다. 스테핑 모터는 펄스를 가함으로써 그 펄스분에 맞는 회전을 하는 모터이다. 따라서 펄스수에 의해 정확한 회전각을 제어할 수 있다.

예를 들면 그림 1과 같이 100펄스를 보냈을 때 모터축의 회전 각도를 180도로 하면 200펄스를 보냈을 때의 회전 각도는 360도가 된다. 이같이 회전 각도는 센서의 정보가 아니라 컴퓨터의 출력 신호에 의해 정확히 제어할 수 있다. 즉, 스테핑 모터는 컴퓨터 제어에 적합하다고 할 수 있다. 스테핑 모터의 가까운 예로는 프린터 인자 헤드의 구동용 모터에 사용되는 것이다. 워드프로세서 등의 인쇄에서는 그렇게 정확히 인자(印字)할 수 있는가 하고 감동할 경우가 있다. 이것 역시 스테핑 모터의 덕택이다.

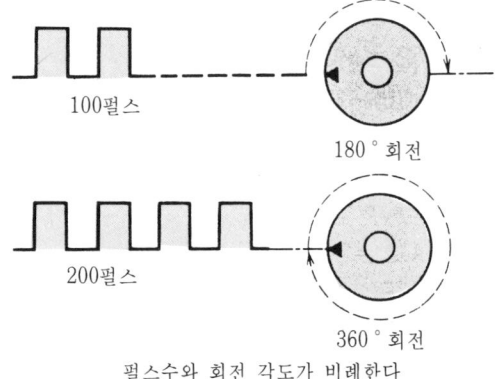

펄스수와 회전 각도가 비례한다

그림 1. 펄스수와 축의 회전 각도

2. 스테핑 모터의 원리

그림 2에 나타낸 코일 A에 전류를 흘려보내면 고정자는 N극이 되어 회전자(로터)의 S극을 끌어 당긴다. 그 다음에 코일 A의 전류를 멈추고 코일 B에 전류를 흘려보내면 코일 B에 생긴 N극은 회전자의 S극을 회전시켜 끌어 당긴다.

이같이 여자(勵磁)하는 코일을 차례로 회전시키면 거기에 따라 회전자가 돌아간다.

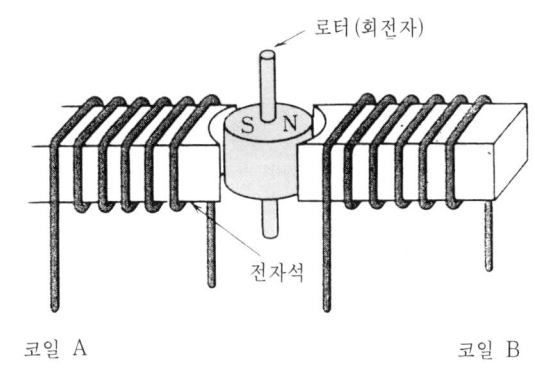

그림 2. 스테핑 모터의 구동 원리

3. 스테핑 모터의 특징

① 펄스수와 회전각이 정확하게 비례한다.
② 1스텝당 각도의 오차가 적다.
③ 모터의 정역전(正逆轉), 정지에 대한 응답이 좋다.
④ 디지털 신호의 출력 펄스로 제어할 수 있다(개방 루프 제어가 가능하다).
⑤ 스테핑 모터는 전압을 가하는 것만으로 자기유지력(브레이크)이 있다.

따라서 정지 위치를 유지할 수 있다. 이같은 특징을 살려 스테핑 모터는 컴퓨터 제어에 이용되고 있다.

4. 스테핑 모터의 구동 회로

스테핑 모터는 권선의 상수(相數)에 따라 2상, 3상, 4상, 5상 스테핑 모터가 있다.

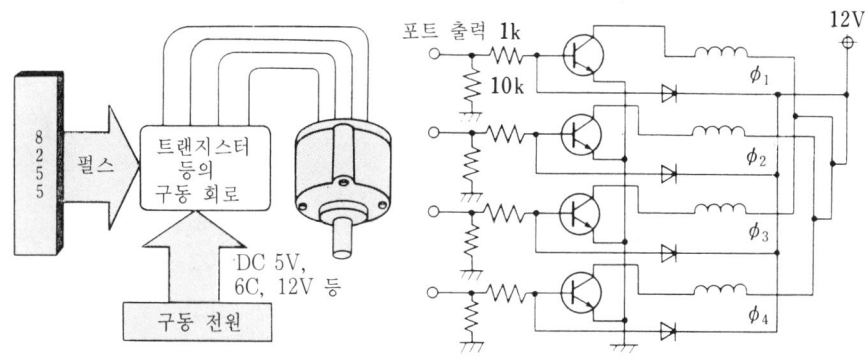

- 트랜지스터 2SD635 등 • 다이오드(서지 흡수용) 110V 1A 정도

그림 3. 기본 구동 구성도

스테핑 모터의 결점인 저속 회전시의 진동 현상을 억제하여 스텝각이 더 작은 분해 성능을 얻을 수 있는 5상 스테핑 모터를 이용할 것을 메이커에서는 권장하고 있다. 그림 3에 일반적으로 이용되고 있는 4상 스테핑 모터의 기본 구동 구성도를 나타낸다. 컴퓨터 등에 의해 제어 펄스가 주어지고 트랜지스터의 스위칭에 의해 코일로 흐르는 전류를 전환해 간다. 모터를 구동하기 위한 정격 전압은 DC 5V, 6V, 12V가 흔히 사용되고 있다. 정격 전압이 큰 것은 코일로 흐르는 전류가 작아진다.

5. 스테핑 모터 드라이버

그림 4와 같이 트랜지스터의 스테핑 모터 구동 회로와는 별도로 IC 타입의 패키지에 트랜지스터의 구동 회로가 4개 수납되어 있는 스테핑 모터 드라이버(트랜지스터 어레이)가 있다. 이같은 트랜지스터 어레이를 사용하면 구동 회로가 간단해진다. 그 예로서 미쓰비시(三菱)전기의 트랜지스터 어레이 M54532P가 있다.

6. 여자(勵磁) 방식

4상 스테핑 모터의 코일에 구동 펄스를 주는 방법에는 다음과 같은 3종류가 있다.

(1) 1상 여자: 4상 중 항상 코일 1상에만 전류를 흘려 스텝 이송을 하는 방법이다.

(2) 2상 여자: 4상 중 항상 코일 2상에만 전류를 흘려 스텝 이송을 하는 방법이다.

(3) 1-2상 여자: 1상 여자와 2상 여자를 번갈아 가며 여자시킨다. 스텝 각도가 1/2이 되어 각도 분할을 작게 할 때 적합하다. 그림 5에 2상 여자에 의해 구동 펄스를 주는 방식과 그 데이터를 나타낸다. 스테핑 모터의 회전 방향을 반대로 돌리고자 할 경우에는 프로그램에 의해 펄스를 주는 데이터의 순번을 역순으로 보낸다.

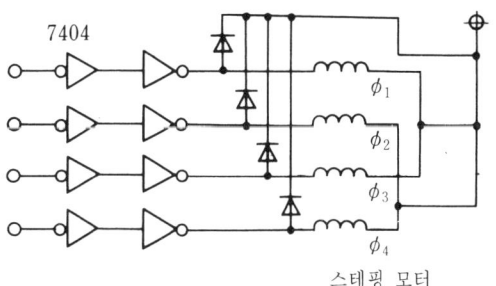

그림 4. 드라이버 미쓰비시 M54532P

그림 5. 2상 여자 방식의 구동 데이터

7 SSR(솔리드 스테이트 릴레이)의 구동 회로

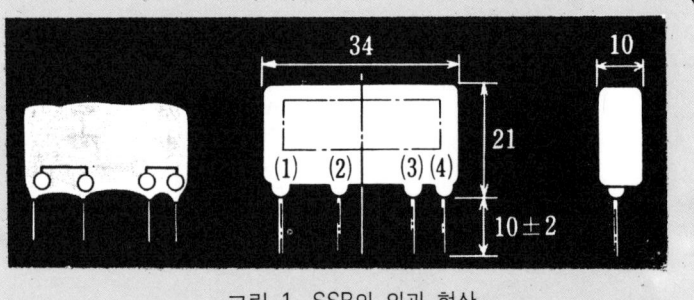

가정용 전원 110V를 컴퓨터 신호로 제어할 수 있게 함으로써 그 응용 범위가 단번에 넓어진다.
여기서는 반도체의 릴레이로서 흔히 사용되는 SSR(솔리드 스테이트 릴레이)에 대하여 설명한다.

그림 1. SSR의 외관 형상

1. 교류 110V의 제어

SSR에는 직류 제어용과 교류 제어용 릴레이가 있는데 일반적으로 교류 제어용을 SSR이라고 한다.

그림 1에 SSR의 외관을 나타낸다. 입력 단자(INPUT)에 조작 전압(5V, 12V, 24V)을 가하고 부하 전압(예:교류 75V~250V)을 출력 단자(LOAD)에 접속한다. 용도로는 기계적인 전자 릴레이와 동일하게 사용할 수 있다. 형상이 패키지화되어 있기 때문에 회로 구성을 간단하게 할 수 있다.

2. SSR의 내부 구조

지금까지 설명한 릴레이는 1차측이 전자 코일, 2차측이 유접점 회로로 구성되었다.

SSR은 그림 2와 같이 신호를 전달하는데 빛을 이용한 포토 커플러를 사용하고 있다. 그러므로 부하측의 ON, OFF시에 발생하는 노이즈 등을 완전히 절연할 수 있다. SSR의 동작은 입력측의 신호에 따라 발광 다이오드에 전류가 흐르면 빛을 발한다. 그 빛에 의해 포토 트랜지스터가 ON이 되어 출력 회로를 제어할 수 있다.

제로 크로스 회로란 그림 3과 같이 입력 신호가 ON일 때 교류 부하측이 그림 3과 같이 제로 전압 부근에서 트리거하여 트라이액을 ON시키기 위한 것을 말한다. OFF시에도 부하 전류의 제로 부근에서 트리거가 작용하여 OFF한다. 그러므로 제어 신호의 동작에 수반하는

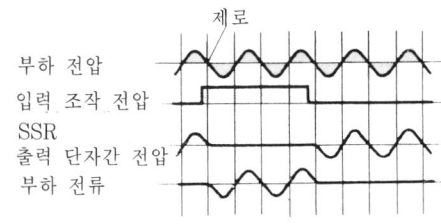

입력 조작 전압에 의해 부하 전압의 제로 부근에서 ON, OFF를 한다

그림 3. 제로 크로스 회로의 동작

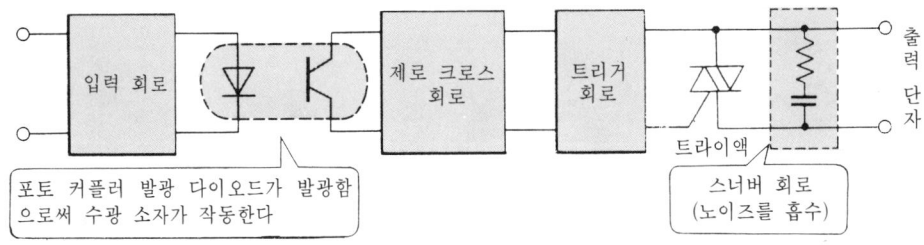

그림 2. SSR 신호의 전달

노이즈나 서지 전압의 영향을 작게 할 수 있다. 스너버 회로는 솔레노이드나 모터 등과 같이 유도 부하일 때 전압과 전류의 위상차 때문에 SSR에 걸리는 급격한 전압에 대한 보호 회로이다.

3. SSR 사용상의 주의

SSR은 컴퓨터의 신호에 의해 교류 110V, 220V를 직접 제어할 수 있다. 그러므로 교류 액추에이터를 제어함에 있어서는 이용 가치가 높다.

사용상 주의점은 다음과 같다.

① 교류 부하측에 큰 서지 전압이 걸릴 때에는 오동작을 막기 위해 배리스터(varistor)를 접속한다(그림 4).

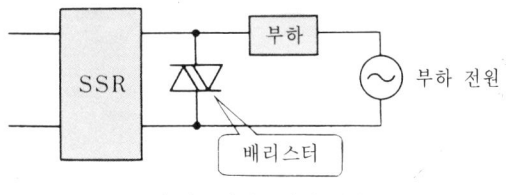

그림 4. 배리스터의 접속

② 용량이 작은 부하에는 부하에 병렬로 더미(dummy) 저항을 넣는다(그림 5).

③ 입력 신호 단자가 정해져 있으므로 틀리지 않도록 한다(극성 +, −).

④ SSR 주위의 온도에 주의한다.

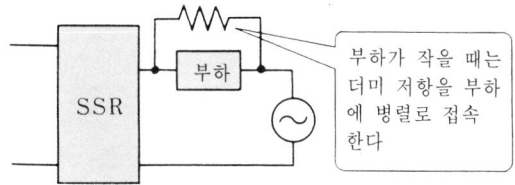

그림 5. 작은 부하의 더미 저항 설치

4. SSR의 구동 회로 예

(1) SSR의 구동 방법

그림 6에 SSR 구동 방법의 예를 나타낸다.

① TTL에서 보내는 신호에 의해 구동
② 트랜지스터 NPN형에 의해 구동
③ 트랜지스터 PNP형에 의해 구동

(2) SSR을 이용한 회로 예

그림 7에 SSR을 이용한 교류 부하 회로 예를 나타낸다. 또 부하에 전자 릴레이를 접속함으로써 파워가 큰 부하를 접속할 수 있다. 그림 7과 같이 교류 부하 회로에는 퓨즈를 넣는다.

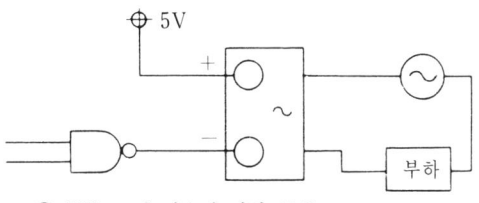

① TTL 로직 신호에 의한 구동

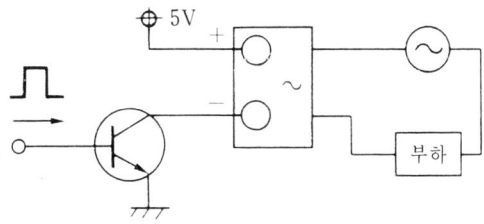

② NPN 트랜지스터에 의한 구동

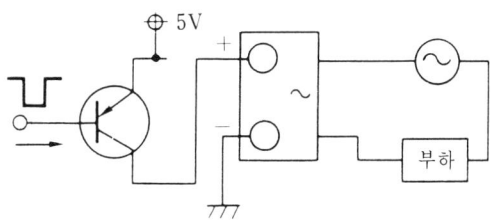

③ PNP 트랜지스터에 의한 구동

그림 6. SSR의 구동 방법

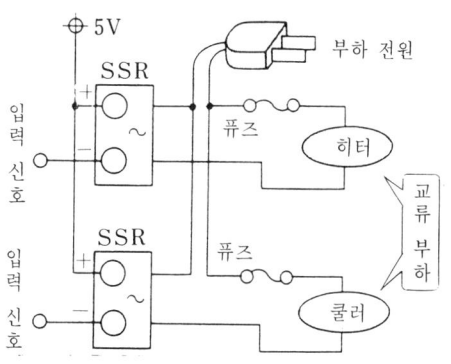

그림 7. 교류 부하 회로

도전 문제 Q

① 액추에이터란 무엇을 말하는가?
② 액추에이터의 기본적인 운동 2가지는 무엇인가?
③ 공기압 실린더의 공기 방향을 전환하는데 무엇이 사용되고 있는가?
④ 공기압 실린더에 대해 유압 실린더의 특징은 무엇인가?
⑤ 액추에이터의 구동 회로를 무엇이라고 부르는가?
⑥ 내부 인터페이스란 무엇인가?
⑦ 디지털 데이터를 아날로그 데이터로 변환하는 것을 무엇이라고 하는가?
⑧ 릴레이의 구동 전원에는 어떤 종류가 있는가?
⑨ 기계식 접점 대신 반도체를 이용한 IC화 릴레이를 무엇이라고 하는가?
⑩ 트랜지스터의 달링턴 회로란 무엇인가?
⑪ 솔레노이드의 동작 원리를 설명하여라.
⑫ 힘의 단위 [N]과 [kgf]와의 환산식을 나타내어라.
⑬ 솔레노이드의 흡인력과 스트로크에는 어떤 관계가 있는가?
⑭ 솔레노이드가 OFF일 때 발생하는 기전력을 무엇이라고 하는가?
⑮ ⑭의 기전력 대책에는 어떤 방법이 있는가?
⑯ 1펄스당 1.8도의 스테핑 모터로 90도 회전하려면 몇 펄스가 필요한가?
⑰ 스테핑 모터를 역전시키려면 어떤 구동 펄스를 주는가?
⑱ 스테핑 모터의 여자 방식에는 어떤 것이 있는가?
⑲ SSR이란 무엇의 약자인가?
⑳ 제로 크로스 회로란 무엇인가?
㉑ SSR에서 입력 신호의 전달에 무엇을 사용하고 있는가?

A

❶ 생략, 제 1절 참조 / ❷ 생략, 제 2절 참조 / ❸ 솔레노이드 / ❹ 유압의 힘을 전달하는 매체는 액체이다. 그 때문에 비압축성이 있다. 그래서 위치 제어를 할 수 있다 / ❺ 드라이버 회로 / ❻ 생략, 제 2절 참조 / ❼ D/A 변환 / ❽ DC 5V, 6V, 12V, AC 110V, 220V / ❾ 무접점 릴레이 / ❿ 제 4절 참조 / ⓫ 생략, 제 5절 참조 / ⓬ 10[kgf]=98[N] / ⓭ 스트로크가 커지면 흡인력은 급격히 저하된다 / ⓮ 역기전력 / ⓯ 코일에 병렬로 다이오드를 넣는다 / ⓰ 50펄스/ ⓱ 정회전의 역으로 펄스를 준다 / ⓲ 1상, 2상, 1-2상 / ⓳ 솔리드 스테이트 릴레이 / ⓴ 생략, 제 7절 참조 / ㉑ 포토 커플러

제 4 장
제어의 기초 지식

제어의 기본과 논리 회로의 기초

『제어』라는 단어에는 어딘지 모르게 굉장히 어려운 듯한 여운이 있다. 때문에 제어에 대한 학습을 기피하려는 것은 자연스러운 일일지도 모른다. 그러나 우리 주변에는 전기 세탁기 등의 가전제품은 물론 공장에서는 FA(Factory Automation), 오피스에서는 OA(Office Automation) 등이 도입되어 퍼지 제어나 마이크로 컴퓨터 제어라는 단어가 범람하고 있다. 앞으로 정보화 시대에는 시대의 요청을 배경으로 점점 새로운 기기가 개발되고 그것을 유효하게 활용하기 위한 제어 기술을 필요로 할 것이다.

블랙 박스화가 점점 진행되고 있는 이들 기기를 유효하게 활용하여 그 가치와 능력을 100% 활용할 수 있는 사용법이 나온다면 그야말로 훌륭한 일일 것이다.

이를 위해서는 제어 기술의 기본적인 지식을 배우는 것이 중요하다.

이번 장에서는 『제어』에서 익히기 어려운 제어 지식이나 논리 회로 등의 기본 지식을 실험 회로를 만들어 가면서 배우기로 한다. 이론을 머리로만 배우는 것은 여간 힘든 일이 아닐 수 없다. 여러분도 아무쪼록 이 장에서 배우는 IC군의 실험 장치를 만들어 제어의 기본을 배워 보자. 제어를 처음으로 배우는 사람에게 있어서 IC군은 논리 회로를 이해하는데 크게 도움이 될 것이다.

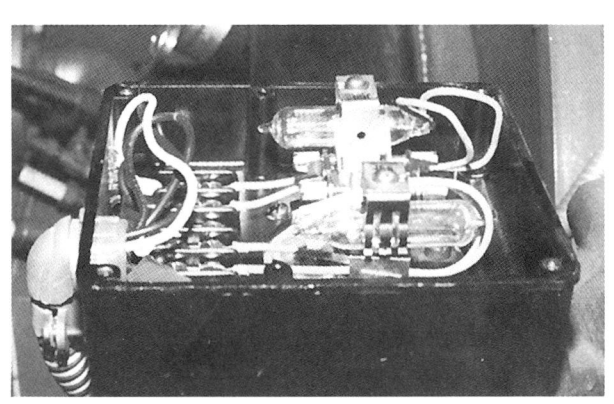

50   제 4 장   제어의 기초 지식

1 제어란

> 우선 『제어』란 어떤 것인가를 조사해 보자.

KS에서는 「어떤 목적에 적합하도록 대상이 되는 것에 필요한 조작을 가하는 것」이라고 되어 있다. 가까운 예를 생각해 보자.

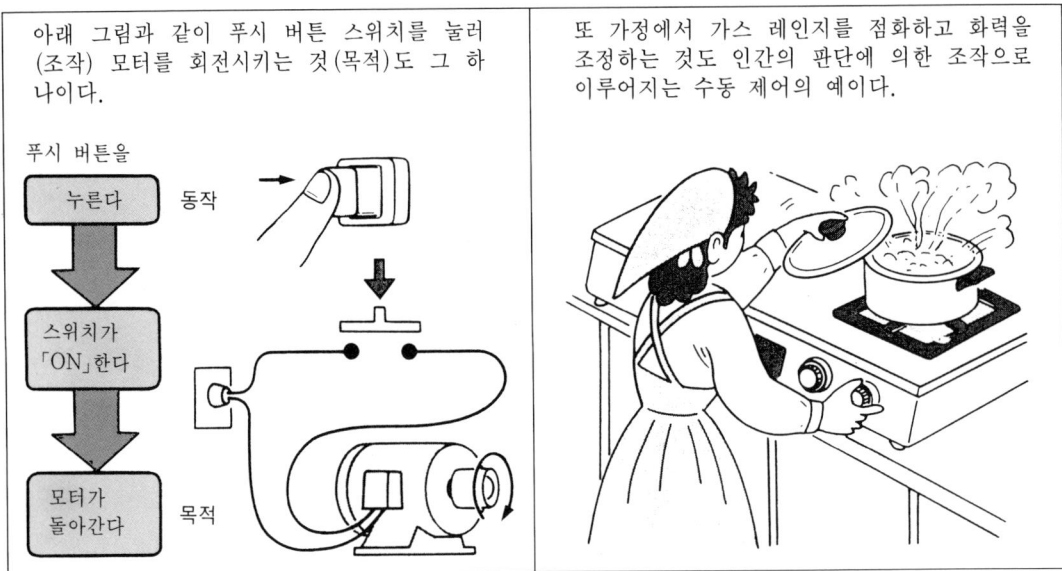

| 아래 그림과 같이 푸시 버튼 스위치를 눌러 (조작) 모터를 회전시키는 것(목적)도 그 하나이다. | 또 가정에서 가스 레인지를 점화하고 화력을 조정하는 것도 인간의 판단에 의한 조작으로 이루어지는 수동 제어의 예이다. |

이같이 생각하면 우리 주변에는 제어로 가득하다.

1. 자동 제어란

전기 냉장고의 온도를 예를 들어 생각해 보자.

냉장고 내의 온도가 상승하면 자동적으로 냉각용 모터의 스위치가 자동으로 켜지고 너무 내려가면 정지한다. 냉장고 내의 스위치 동작은 그림 1과 같이 서모스탯(thermostat)이라고 하는 제어부에 의해 자동적으로 ON, OFF가 반복된다.

이같이 제어 장치에 의해 자동으로 이루어지는 제어를 『자동 제어』라고 한다.

  * 서모스탯(예 : 바이메탈)

금속이나 액체의 열팽창 변화를 이용하여 접점이 개폐하는 기능을 갖고 있는 온도의 ON, OFF 제어용 소자이다. 전기 스토브, 다리미의 온도 제어에 사용되고 있다.

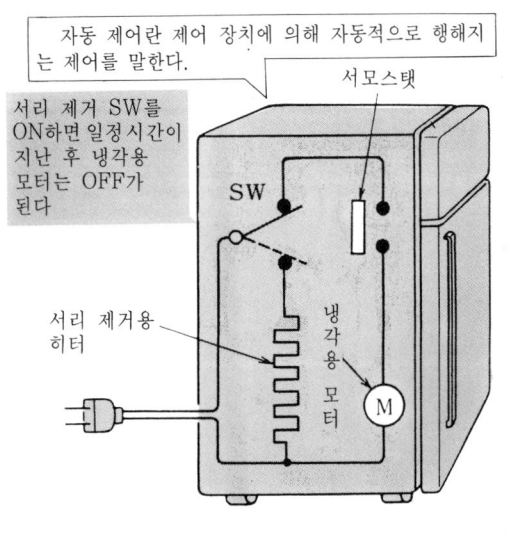

그림 1. 자동 제어란

바이메탈 : 열팽창률이 다른 2개의 금속편으로 구성되고 온도 변화에 따른 내부 변형의 차이로 금속편이 활처럼 굽음으로써 접점이 개폐한다.

2. 제어 방식

제어 방식은 크게 제어계가 열려 있는 시퀀스 제어와 제어계가 닫혀 있는 상태의 피드백 제어 두 가지로 나눌 수 있다.

(1) 시퀀스 제어

시퀀스 제어란「미리 정해진 순서에 따라 차례차례 단계적으로 조작을 진행해 가는 제어」를 말한다.

이 시퀀스(sequence)라는 단어는 영어로「순서」라는 의미가 있다. 그림 2와 같이 미리 전기, 물, 세제가 준비된 자동 전기 세탁기를 예로 생각해 보자.

더러워진 세탁물을 넣고 스위치를 ON하면 그림 2와 같이 급수, 세탁, 탈수, 헹굼 그리고 탈수를 다시 한번 한다.

이같이 미리 설정된 순서에 따라 이루어지는 제어를 말한다.

이밖에도 시퀀스 제어에는 주스 판매기, 교통 신호기, NC 공작 기계 등의 제어가 있다.

(2) 피드백 제어

피드백 제어란「장치나 기계의 어떤 양(제어량)을 목표량과 비교하고 이때 생긴 차이를 자동으로 수정하는 동작을 반복하는 제어」를 말한다.

증기기관의 발명으로 유명한 영국의 와트는 그림 3과 같은 조속기(정속(定速) 기구)를 사용하여 증기기관을 운전하였다고 한다.

조속기의 진자(pendulum)는 회전 속도에 의해 원심력이 작용하여 상하로 이동한다. 그 움직임이 증기를 보내는 트랩의 운동과 연동하여 증기량이 조정된다.

이같은 구조로 기계의 회전 속도를 조절할 수 있다. 그야말로 이 기능이 피드백 제어 그 자체이다.

이처럼 목표값에 비교하여 그 차이를 없애려고 하는 정정(訂正) 운동을 하는 제어를 피드백 제어라고 한다.

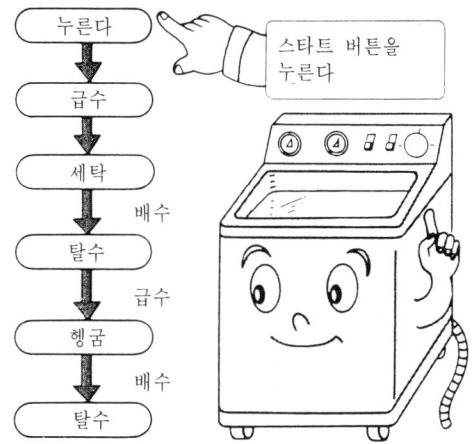

① 시퀀스 제어
(자동 판매기, 엘리베이터 등)
미리 정해진 순서에 따라 단계적으로 조작을 진행해 가는 제어이다.

「예」전기 자동 세탁기

누른다 → 스타트 버튼을 누른다
급수
세탁
탈수 (배수)
헹굼 (급수)
탈수 (배수)

그림 2. 시퀀스 제어의 예

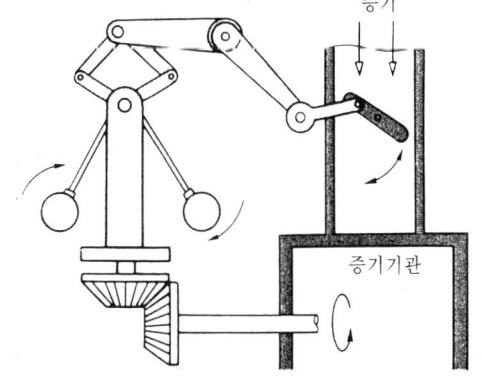

② 피드백 제어
(예. 전기 스토브의 온도 조절, 탱크로의 급수)
기계나 장치 등을 움직이기 위한 데이터량(이것을 제어량이라고 한다)을 목표량과 비교하고 이때 생긴 차이를 자동적으로 수정하는 동작을 반복하는 제어를 말한다.

「예」와트 조속기의 개념도

증기기관의 회전수가 빨라지면 진자는 원심력에 의해 상승하고 연동하여 트랩은 닫히는 방향으로 작용한다.

그림 3. 피드백 제어의 예

2 컴퓨터 제어란

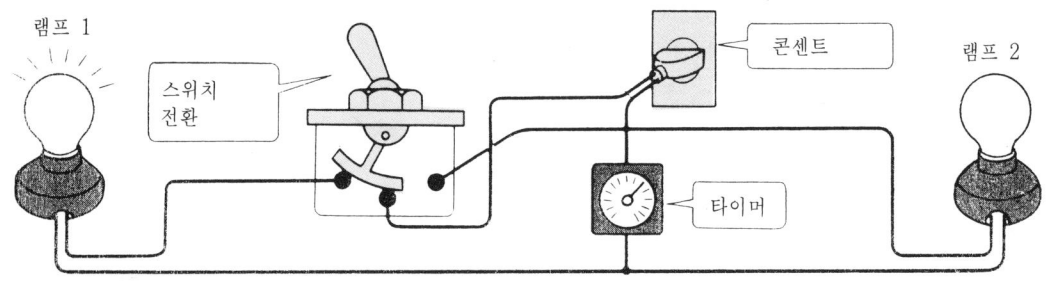

램프 1, 램프 2의 점멸 간격 등은 타이머를 이용한다.

그림 1. 전자 회로에 의한 제어

1. 컴퓨터 제어

지금까지 『자동 제어』로 대표되는 시퀀스 제어나 피드백 제어의 핵심 제어부는 릴레이 회로나 IC 회로 등의 전기·전자 회로로 구성되어 있었다. 이 제어부에 컴퓨터의 기능을 추가한 것이 컴퓨터 제어이다. 그림 1과 같이 램프 1과 램프 2의 교호(交互) 점멸을 생각해 보자.

전자 회로에 의한 교호 점멸 제어에서는 타이머로 점등 시간을 제어하고 스위치는 릴레이를 사용하여 전환한다. 컴퓨터를 사용하면 그림 2와 같이 스위치 동작과 타이머부를 컴퓨터가 대신한다. 그리고 프로그램을 변경함으로써 어느 램프가 점등하는가의 선택과 점등 시간을 정할 수 있다.

이와 같이 목적하는 대상의 구동부를 제어하는데 컴퓨터를 사용하는 것이 컴퓨터 제어이다.

제어에서는 이 예처럼 어떤 목적을 위해 필요한 동작을 시키는 것 외에 그 목적이 어떤 상태인가를 알 필요가 있다. 컴퓨터 제어에서는 이 제어 대상의 상태를 센서에 의해 신호로 얻을 수 있다. 이 신호는 컴퓨터 처리되고 제어 신호로 변환되어 액추에이터라고 하는 제어 기계에 동작 신호를 준다.

이미 배운 것처럼 『센서=sensor』란 인간의 눈, 귀, 촉각 등에 해당하는 것으로 빛, 압력, 변위 등의 물리량이나 화학량 등을 다음 처리에 적합한 신호로 변환하기 위한 소자를 말하며 검지기(檢知器)라고도 한다.

『액추에이터=actuator』란 전기나 유체 등의 에너지를 사용하여 기계적으로 움직이는 기기를 말한다. 그 예로 모터, 솔레노이드, 실린더 등이 있다.

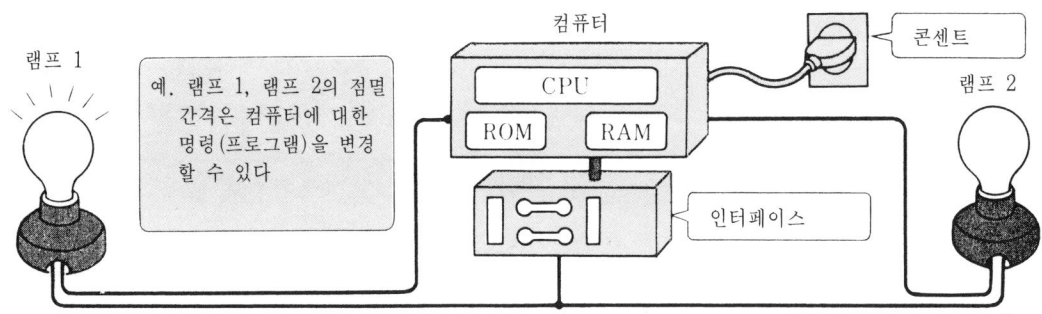

그림 2. 컴퓨터에 의한 제어

2. 컴퓨터 제어의 특징

컴퓨터 제어의 특징을 정리하면 다음과 같다.
- 프로그램을 바꿈으로써 제어 대상에 대해 유연하게(flexible) 대응할 수 있다.
- 제어 장치를 올바르게 컨트롤하려면 그 장치의 상태를 판단하는 기능이 필요하다. 이 기능을 센서의 입력 정보에서 얻고 컴퓨터에 의해 고정밀도의 자동 제어 운전을 할 수 있다.
- 컴퓨터 제어 장치는 소형·경량으로서, 구동하기 위한 소비 전력이 작게 든다.
- 온도, 먼지 등에 대한 내(耐)환경성이 비교적 있는 편이고 신뢰성이 있다.

그림 3에서는 컴퓨터 제어의 예로 열처리로(爐)의 제어를 나타낸다.
센서에서 얻은 정보로 히터 전원이 ON, OFF되고 노(爐)안이 일정한 온도로 조정된다.

3. 컴퓨터 제어의 구조

컴퓨터 제어의 구조가 어떻게 되어 있는지 그림 3에서 살펴 보기로 한다.
크게 다음과 같은 3요소로 나눌 수 있다.

(1) 컴퓨터부

컴퓨터부는 중앙 처리 장치(CPU), 기억 장치(메모리), 입출력 포트 등으로 구성되어 있다.
중앙 처리 장치는 컴퓨터의 심장부로 제어 장치와 연산 장치로 구성되어 있다.

(2) 인터페이스부

인터페이스부는 노(爐)내의 온도가 높다, 낮다 등의 정보를 컴퓨터가 처리할 수 있는 신호로 변환한다. 또 컴퓨터의 지령에 맞추어 히터 전원을 ON, OFF하는 신호로 바꾸어 준다.

(3) 입출력 장치부

입력 장치는 센서이며 노 내의 온도는 온도 검출 소자(열전쌍)에 의해 인터페이스에 입력된다. 컴퓨터의 신호에 의해 히터의 전원이 제어된다. 그림 3에서는 노 내의 온도 변화를 프린터로 기록하고 있다. 이 프린터도 출력 장치중 하나이다. 물론 디스플레이도 출력 장치이다.

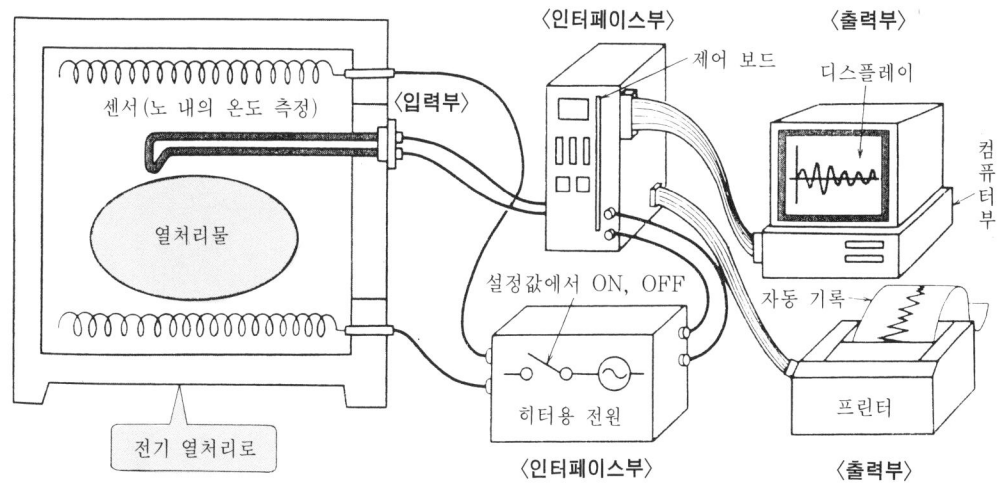

그림 3. 열처리로(爐)의 컴퓨터 제어

3 디지털 신호란

워드프로세서 등 퍼스널 컴퓨터의 소프트웨어를 이용하는데에는 컴퓨터의 내부 구조나 제어 명령어를 모르더라도 컴퓨터를 사용할 수 있다. 그러나 컴퓨터를 제어하려면 『컴퓨터가 취급하고 있는 언어』를 이해하고 있어야 한다. 여기서는 컴퓨터의 동작과 관련이 있는 『1』, 『0』의 디지털 신호에 대해 설명한다.

1. 컴퓨터가 다루는 수치

우리의 일상 생활에서는 『수』를 표시할 때 『10진법』을 사용한다. 그런데 전기 스위치의 상태를 나타낼 때에 관한 것을 생각해 보자.

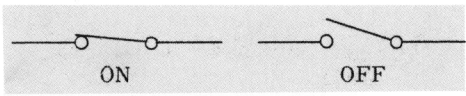

그림 1. 스위치 입력

그림 1과 같이 스위치는 『ON=넣기』, 『OFF=끊기』두 가지 상태밖에 없다. 이 상태를 다음과 같이 수로 표시하면 『ON=1, OFF=0』과 같이 된다. 이와 같이 2가지 상태를 『1』과 『0』을 사용하여 확실히 표현할 수 있으므로 이것을 신호가 『있다』, 『없다』라는 상태로 치환하여 생각하게 되었다.

즉, 컴퓨터가 다루는 수치는 이 『1』과 『0』의 2종류 뿐이다. 이 방법을 『2진법』이라고 한다.

2. 2값 신호

『0』과 『1』 등 2가지 상태를 나타내는 신호를 2값 신호라고 한다. 그림 2와 같이 전구의 점멸이나 전압의 크기 등 2값 신호에 의해 상태를 나타낼 수 있는 것은 여러가지가 있다. 컴퓨터에서 사용하는 정보의 최소 단위, 즉 1비트(2진수의 한 자릿수를 말한다)도 그 하나이다.

이같은 『1』과 『0』의 신호를 디지털 신호라고 한다.

3. 임계값

그림 3에 나타낸 전압에서 3.5V인 전압의 크기는 1과 0 중 어느 쪽이라고 판단할 수 있을까? 이 경우에는 그 상태의 종류에 따라 구분 기준을 미리 설정해 두고 『있다, 없다』를 판단한다. 그 기준이 되는 레벨을 『임계값(threshold)』이라고 한다. 예를 들면 그림 3에서는 임계값을 5V의 1/2인 2.5V

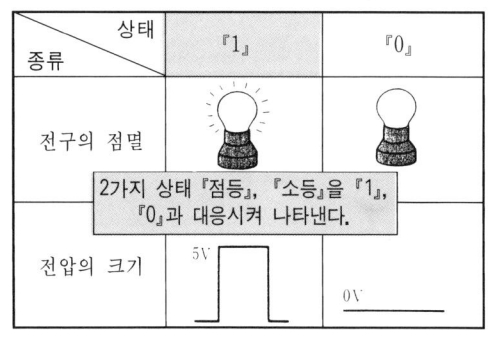

그림 2. 램프의 2값 신호

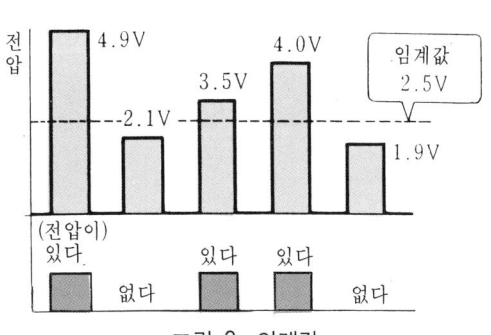

그림 3. 임계값

로 하였을 때의 판단을 나타낸다. 이 임계값의 크기는 디지털 신호에서 매우 중요한 요소이다.

디지털 회로에 흔히 사용되는 TTL에서는 임계값으로 한계 레벨의 경계 전압을 약 1.35V로 하고 그림 4와 같이 『약 2.7V 이상이 1』, 『약 0.5V 이하가 0』인 레벨로 하였다. 전압이 있는 상태를 『H』, 없는 상태를 『L』이라고도 한다.

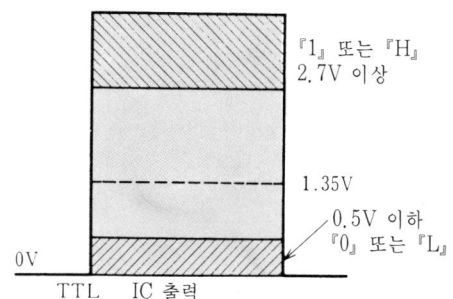

그림 4. 한계 레벨

4. 2진수와 10진수, 16진수

(1) 10진수에서 2진수로의 변환

「예」 10진수 13을 2진수로 변환

자릿수의 가중값	2^3 8	2^2 4	2^1 2	2^0 1
1 또는 0	1	1	0	1

8+4+1=13 $(13)_{10}$ = $(1101)_2$

그림 5. 2진수

위와 같이 10진수의 수를 차례차례로 나누고 나머지를 역으로 나열한다

그림 6. 2진수를 구하는 법

그림 5의 예와 같이 10진수가 2진수의 어느 자릿수를 포함하고 있는가를 구한다.

또 그림 6과 같이 10진수를 차례차례 2로 나누고 나머지를 역순으로 나열하더라도 구할 수 있다.

(2) 2진수에서 10진수로 변환

10진수에서 2진수로의 변환과 마찬가지로 주어진 2진수의 각 자릿수의 수(1, 0)에 그 『자릿수의 가중값 2^n』의 곱의 총합으로 구할 수 있다.

「예」 2진수 $(1101)_2$을 10진수로 변환

$$(1101)_2 = 1\times2^3+1\times2^2+0\times2^1+1\times2^0$$
$$=8+4+0+1$$
$$=(13)_{10}$$

(3) 16진수

16진수(수의 맨처음에 &H를 붙인다)는 0~9까지는 10진수와 같은 숫자를 사용한다. 10~15까지는 A~F의 영문자를 사용한다. 16진수는 2진수의 4비트를 한 자릿수로 나타낼 수 있기 때문에 4비트의 정보를 처리하는데 편리하다. 표 1에 10진수, 2진수, 16진수의 대응표를 나타낸다.

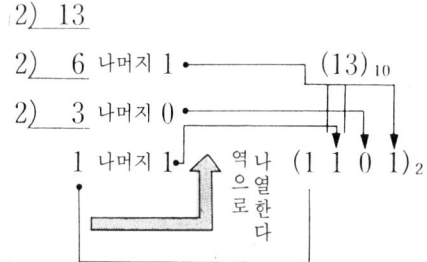

표 1. 10진수·2진수·16진수의 대응

10진수	2진수	16진수
0	0000	0
1	0001	1
2	0010	2
3	0011	3
4	0100	4
5	0101	5
6	0110	6
7	0111	7
8	1000	8
9	1001	9
10	1010	A
11	1011	B
12	1100	C
13	1101	D
14	1110	E
15	1111	F
16	10000	10
17	10001	11

(주) 여기서 A는 9에 1을 더한 값을 나타내는 1문자의 숫자, 또 B는 거기에 1을 더한 값을 나타내는 숫자를 의미하며 단순한 영문자는 아니다.

(예) $\&H4AD=4\times16^2+10\times16^1+13\times16^0$
$=1024+160+13=1197$

4 IC군(논리 회로 실험 장치)을 만드는 방법

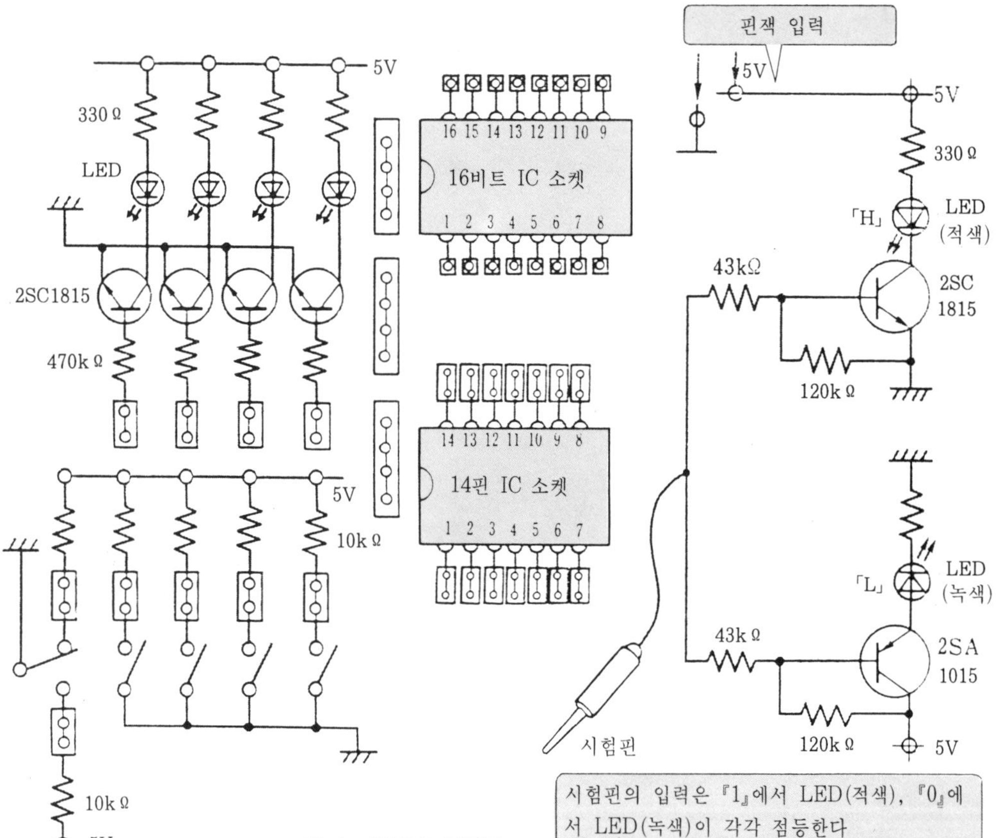

그림 1. IC군의 회로도

1. IC군(群)의 소개

컴퓨터 제어를 이해하기 위해서는 디지털 회로(논리 회로)에 대한 기초 지식이 필요하다.

여기서는 논리 회로의 실험 장치(이하 IC군이라 한다)를 만들고 그 안에서 논리 회로를 머리로 생각하면서 눈과 손, 즉 몸으로 익히기로 한다.

IC군은 논리 회로의 기본인 AND, OR, NOT의 각 회로를 TTL-IC(소켓에 끼워 넣는다)를 사용하고 각각의 단자를 리드선으로 접속하여 회로를 완성한 다음 논리의 동작을 LED의 점멸로 확인하면서 이해하는 실험 장치이다. 모두 알고 있는 논리 회로의 신호 동작도 실제로 손수 만든 실험 기구인 IC군을 사용함으로써 잘 이해할 수 있을 것이다.

예를 들면 7408(TTL IC)을 14핀 소켓에 장착한다.

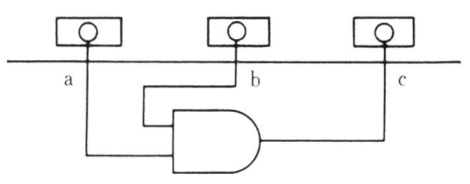

a, b의 핀구멍에 스위치의 입력(1, 0) 리드선을 접속한다. C의 핀구멍의 리드선을 LED 회로에 접속한다. 스위치 상태에 따른 논리를 이 LED에 의해 확인한다. 또 시험핀으로써 각 단자의 1, 0의 상태를 체크할 수 있다.

4 IC군(논리 회로 실험 장치)을 만드는 법

*   *   *

인터페이스를 사용한 회로의 제작에는 납땜 작업을 빼놓을 수 없다.
시작하기 전에 반드시 이 IC군의 논리 회로 실험 장치를 만들어 보기를 권한다.
그림 1에 IC군의 회로를 나타낸다.

2. 부품 리스트

기판	ICB-505		1장	전원 5V 커넥터		1개
트랜지스터	2SC 1815		5개	점프 리드선 12cm 정도		12개
	2SA 1015		1개	IC 피치 소켓	단열	50구멍
저항	330Ω		6개	IC 소켓	14핀	1개
	470kΩ		4개		16핀	1개
	120kΩ		2개	시험편		1개
	43kΩ		2개	IC 7408 소켓 부착		1개
	10kΩ		6개	IC 7432 소켓 부착		1개
LED	적색		2개	IC 7404 소켓 부착		1개
	녹색		5개	IC 7400 소켓 부착		1개
슬라이드 스위치			4개	IC 7402 소켓 부착		1개
푸시 스위치			1개	IC 7486 소켓 부착		1개

3. IC군을 만드는 방법

부품의 전체적인 배치는 사진 1과 같이 각각의 섹션으로 나누어 배치하면 된다.

전원 5V에서의 플러스선, 그라운드선의 배선은 기판 주위의 동선 프린트를 사용한다.

전원은 구입하기 쉬운 어댑터 커넥터를 사용하였는데 단(單)3 전지 4개의 홀더 전원을 사용하면 책상 위에서 실험하기가 편리하다. 자기가 사용하기에 편리한 쪽을 선택한다. 가능한 한 전원 입력 체크용 LED를 회로에 조립해 두면 편리하다. 실험이 제대로 되지 않을 때는 『전원이 접속되어 있지 않은』 일이 흔히 있다.

IC 14핀용, 16핀용 소켓의 5V와 GND 핀은 각각 배선해 둔다. IC 14핀용, 16핀용의 1번 핀이 같은 위치가 되도록 소켓의 노치 위치를 맞춘다. 그 노치에 맞추어 실험의 TTL-IC가 삽입된다. 두말할 것도 없지만 핀의 번호는 납땜면과 부품 부착면에서는 반대가 된다. 슬라이드 스위치의 방향은 스위치를 위에서 슬라이드시켰을 때 LED가 점등하도록 회로를 구성한다. IC 피치 소켓 단열(單列) 구멍 4개가 3군데 있다. 이 부품은 신호 중계용으로 사용하는데 하나의 신호를 몇 개로 분기(分岐)할 때 등에 이용한다. 로직 체크용 LED는 『H』, 『L』용이고 색으로 구별하는 편이 좋다.

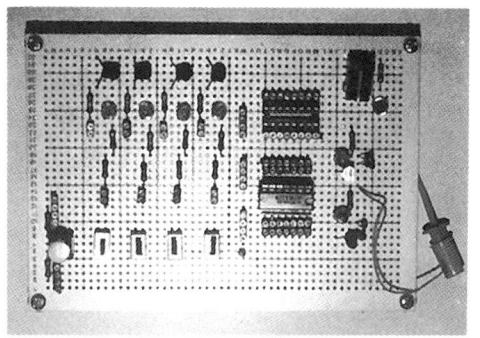

사진 1. IC군의 회로 배치

5 IC군의 실험(1) – AND 회로의 실험

AND 회로, OR 회로, NOT 회로에 대해 설명한다. 이들 3가지 회로는 모든 회로의 기본이다. 그 동작을 확실하게 이해하자.

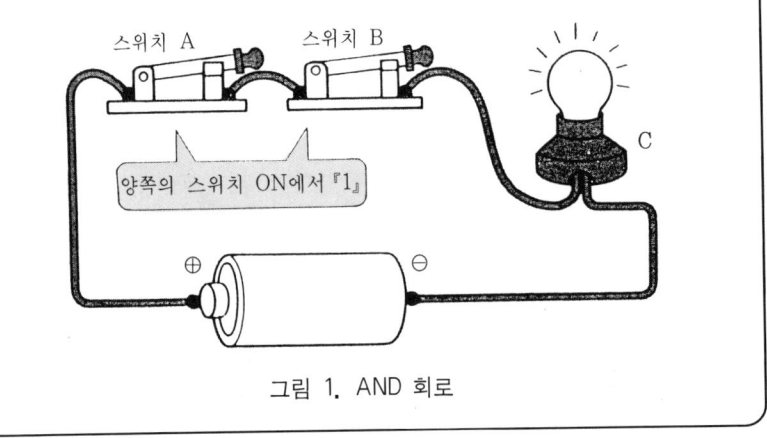

그림 1. AND 회로

1. AND 회로

그림 1에 나타낸 소형 전구의 점등 회로에서는 두 스위치가 모두 『ON』일 경우에만 소형 전구가 점등하는 회로이다. 그림 1과 같이 복수 입력이 있고 그 모두가 『1』인 경우에만 출력이 『1』이 되는 회로를 AND 회로라고 한다. 우리 주변에 있는 퍼스널 컴퓨터의 키로 생각해 보자. 예를 들면 다음과 같이 3개의 키를 동시에 눌렀을 때 어떤 의미(『1』이 된다)를 갖는 일이 있다. Windows를 조작하는 중에 종료하고자 할 때는 CTRL 키와 GRAF 키와 f.4 키를 동시에 누름으로써 (『1』=기능 유효)가 된다. 3입력 AND 회로의 예이다.

2. IC군에 의한 AND 회로 실험

IC 74LS08을 14핀 소켓에 끼워 넣는다.
7408은 2입력 AND 회로 4개로 구성되어 있다. 7번 핀 GND와 14번 핀을 전원에 접속함으로써 기능한다(그림 2).

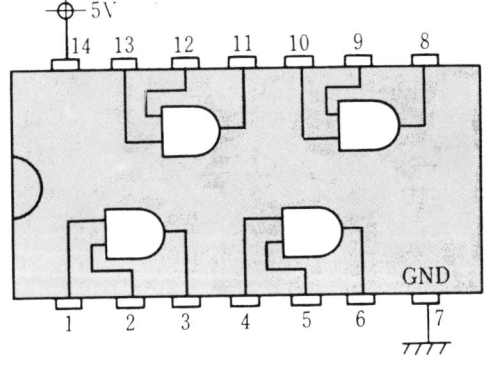

그림 2. 74LS08의 핀 배열

표 1. 진리값표

입력		출력
A	B	A·B→C
0	0	0
0	1	0
1	0	0
1	1	1

AND 논리 회로 기호

표 1은 2입력 AND 회로의 입력과 출력과의 관계를 나타내는 진리값표이다.

진리값표란 이와 같이 입력 조합의 조건과 대응하는 출력의 논리를 알기 쉽게 만든 표를 말하고 논리 회로를 생각할 때 매우 편리하다.

5V 전원을 커넥터에 꽂으면 전원 파일럿의 LED가 점등한다.

5 IC군의 실험(1) — AND 회로의 실험

그림 3과 같이 리드선으로 접속한다.
입력핀   A-IC 1번 핀
입력핀   B-IC 2번 핀
출력핀   C-IC 3번 핀 — LED

그림 4와 같이 IC의 핀발에 시험핀이 닿으면
스위치 ON일 때   (5V 접속=『1』)
스위치 OFF일 때 (0V GRD 접속=『0』)
일 때 로직 테스트의 LED가 각각
『1』일 때   적색
『0』일 때   녹색
과 같이 점등하여 신호 상태를 알 수 있다.

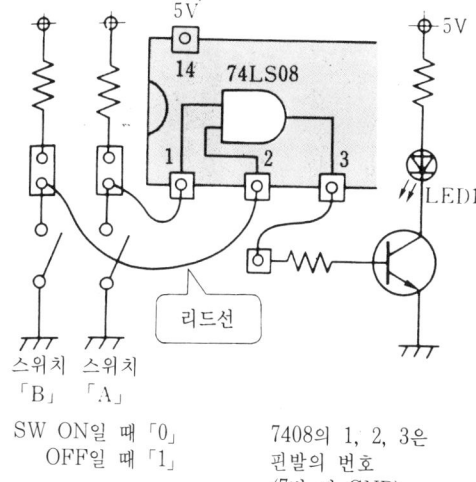

그림 3. IC군의 접속

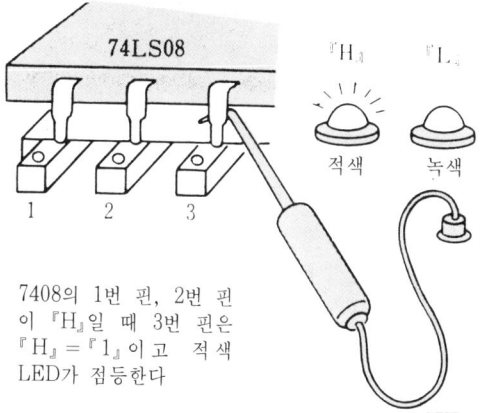

그림 4. 시험핀에 의한 로직 테스트

입력핀과 접속 상태를 올바르게 하여 LED로써 동작을 확인한다.

IC 3번 핀의 동작은 진리값표의 동작처럼 입력핀 1번과 입력핀 2번이 『1』일 때 출력핀도 『1』이 된다.

다른 조합에서도 IC군이 올바르게 기능하는가를 확인한다.

리드선에 의해 LED 회로에 접속하면 AND 회로의 작용에 의해 그림 5와 같이 트랜지스터가 동작하여 LED 1이 점등함을 알 수 있다.

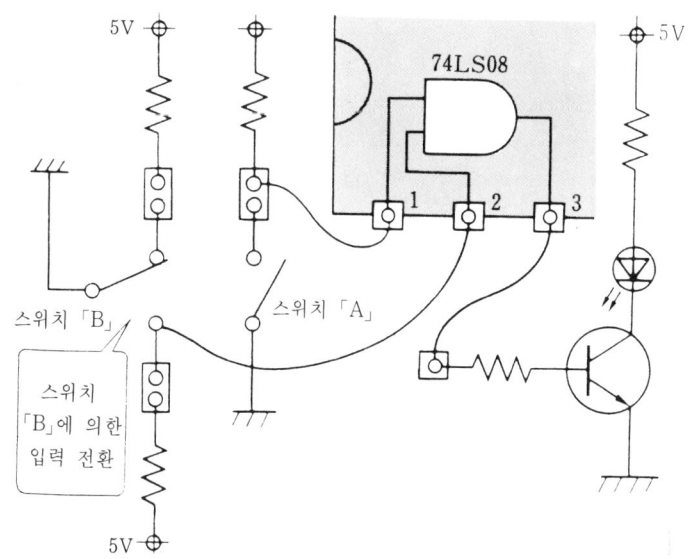

스위치 『A』를 『1』로 고정한다.

스위치 『B』는 한번 누를 때마다 ON, 『1』가 전환되는 스위치와 접속하면 진리값표는 다음과 같이 나타낸다.

A	B	C
1	0	0
1	1	1

스위치 『B』가 OFF일 때 출력 C가 『1』이 됨을 LED에 의해 연속해서 눈으로 확인할 수 있다.

그림 5. 푸시 버튼 스위치를 사용한 AND 회로

6 IC군의 실험(2) – OR 회로의 실험, NOT 회로의 실험

1. OR 회로

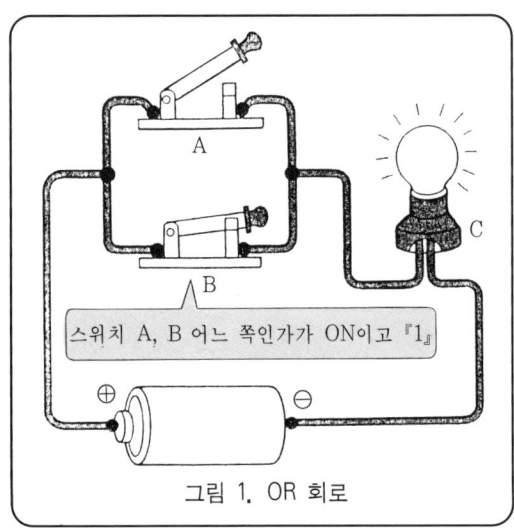

그림 1. OR 회로

그림 1에 나타낸 소형 전구의 점등 회로에서는 두 스위치 중 어느 것인가가 『ON』일 경우에만 소형 전구가 점등하는 회로이다. 물론 두 스위치가 『ON』일 때도 점등한다.

그림 1과 같이 복수 입력이 있고 그 어느 쪽인가 하나라도 『1』일 경우 출력이 『1』이 되는 회로를 OR 회로라고 한다. 바꾸어 말하면 『A든지 B든지……』 어느 하나라도 조건(이 경우에는 『1』)이 맞으면 출력을 할 수 있는 논리이다.

우리가 잘 알고 있는 직렬 접속, 병렬 접속이라는 말을 사용하면 OR 회로는 스위치의 병렬 접속, 그리고 앞 페이지에서 말한 AND 회로는 스위치의 직렬 접속과 동일해진다. 버스에서 하차를 알리는 푸시 버튼 스위치도 어느 것인가 하나를 누르면 운전자에게 하차를 알릴 수 있다.

이것이 우리 주변의 OR 회로 중의 한 예이다.

2. IC에 의한 OR 회로 실험

IC 74LS32를 14핀 소켓에 끼워 넣는다.

그림 2에 74LS32의 핀 배열을 나타낸다.

시험핀으로 로직 테스트 및 리드선을 접속하고 그림 3에 나타낸 OR 회로의 논리를 실험하여 확인한다.

표 1에 진리값표를 나타낸다.

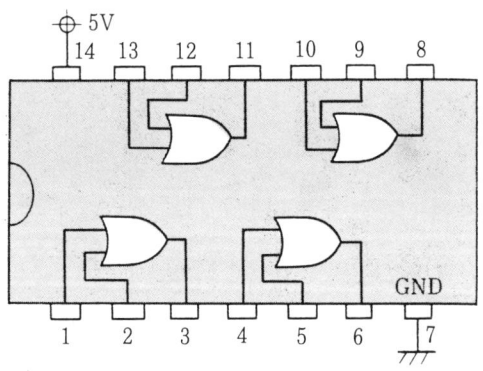

그림 2. 74LS32의 핀 배열

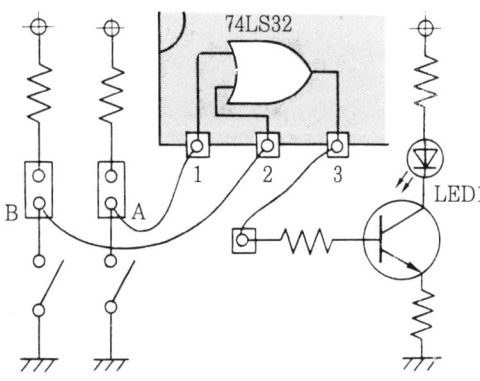

그림 3. OR 회로의 접속

표 1. 진리값표

입력		출력
A	B	A+B→C
0	0	0
0	1	1
1	0	1
1	1	1

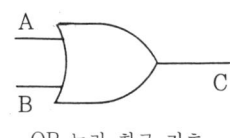

OR 논리 회로 기호

3. NOT 회로

NOT 회로는 부정이라는 의미 그대로 부정의 기능을 갖고 있다. 즉, 입력이 『1』일 때 출력은 『0』, 입력이 『0』일 때 출력은 『1』이 되는 논리 회로이다.

그림 4에 소형 전구의 NOT 회로를 나타낸다.

냉장고 안의 전구 점멸 기능이 이 NOT 회로에 해당한다. 냉장고의 문을 열었을 때 도어 스위치가 『0』, 냉장고의 전구는 『ON』. 냉장고의 문을 닫았을 때 도어 스위치가 『1』, 냉장고의 전구는 『OFF』.

그림 5와 같이 모터로 구동하는 릴레이 회로에서의 브레이크 접점 등에도 사용되고 있다.

NOT 회로는 IC를 사용한 인터페이스 회로에 흔히 사용된다. 그 이유는 신호를 반전하여 논리를 생각하는 편이 프로그램이나 액추에이터를 제어하는데 적합할 수 있기 때문이다. 또 입력 신호의 안정화를 목적으로 NOT 회로를 2개 직렬로 접속하는 일도 있다(반전의 반전으로 신호 상태는 원래 상태가 된다). NOT 회로는 인버터라고도 한다.

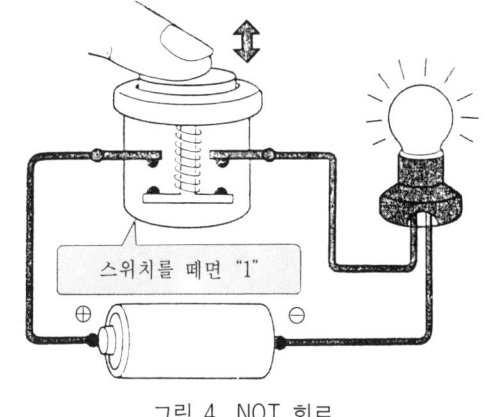

그림 4. NOT 회로

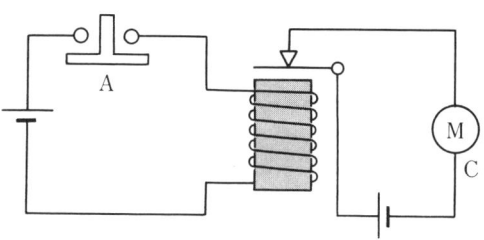

그림 5. 릴레이 회로의 브레이크 접점

4. IC에 의한 NOT 회로 실험

IC 74LS04를 14핀 소켓에 삽입한다. 그림 6에 74LS04의 핀 배열을 나타낸다. 1입력 1출력으로 된 6개의 NOT 회로 구성이다.

표 2에 진리값표를 나타낸다. 시험편으로 로직 테스트 및 리드선을 접속하고 그림 7과 같이 NOT 회로의 논리를 실험하여 확인한다. 스위치 A를 『ON』, 『OFF』하면 그 반전 상태가 LED의 점멸로 되어 출력된다. AND 회로, OR 회로, NOT 회로는 디지털 회로의 기본이 되는 회로이기 때문에 그 기본적인 사용법을 반드시 마스터하자.

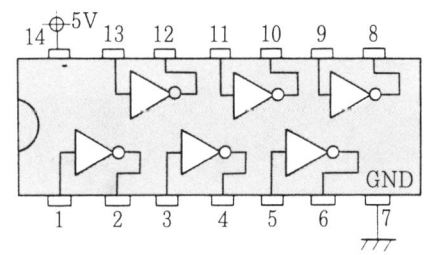

그림 6. 74LS04의 핀 배열

표 2. 진리값표

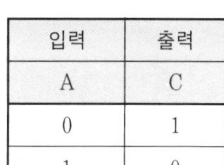

입력	출력
A	C
0	1
1	0

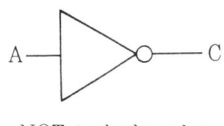

NOT 논리 회로 기호

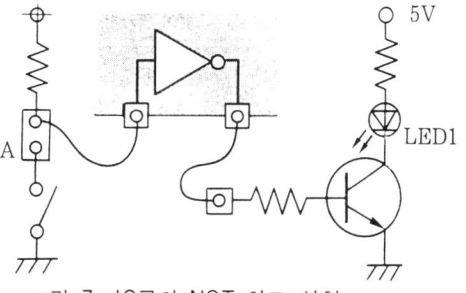

그림 7. IC군의 NOT 회로 실험

7 IC군의 실험(3) – NAND 회로의 실험, NOR 회로의 실험

1. 조합 IC 회로

조합 회로란 기본 논리 회로(이미 배운 AND, OR, NOT 회로를 말한다)를 몇 개 조합하여 목적하는 동작을 시키는 응용 회로를 말한다. 흔히 사용되는 조합 회로는 그 자체가 하나의 IC로 공급되고 있다. 여기서 말하는 NAND 회로도 그 하나의 예이다.

그러나 단순한 기본 논리 회로 IC를 조합하여 회로를 구성하는 것도 중요한 제어 기술 중 하나이다. 『IC군 실험』을 통해 동작의 움직임을 확인하기로 한다.

2. NAND 회로

그림 1과 같이 NAND 회로는 AND 회로에 NOT 회로를 연결한 것이다. 따라서 NAND 회로의 출력은 AND 회로의 NOT(부정)이 되므로 AND 회로와는 전혀 반대의 출력 결과가 된다.

이 신호의 흐름은 그림 2와 같이 도중의 게이트 『C』의 상태를 생각하면 잘 알 수 있다.

표 1에 진리값표를 나타낸다.

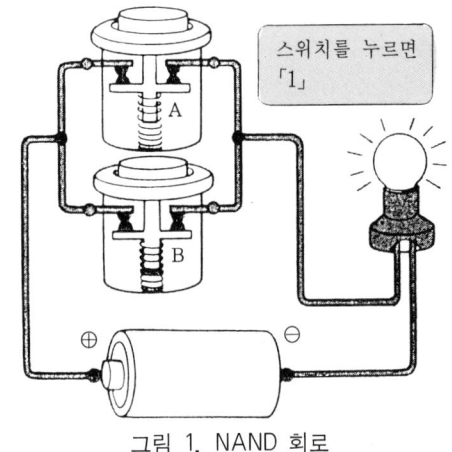

그림 1. NAND 회로

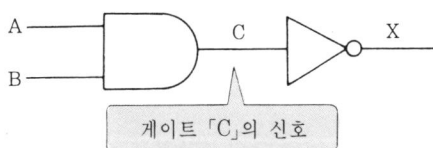

그림 2. NAND 회로의 게이트 「C」의 신호

3. IC군에 의한 NAND 회로의 실험

그림 3과 같이 IC 74LS08(AND)을 14핀 소켓에, 그리고 IC 74LS04(NOT)를 16핀 소켓에 1핀의 위치를 맞추어 각각 삽입한다.

IC 74LS04(NOT)는 14핀이므로 16핀 소켓의 나머지 7핀과 8핀을 리드선인 점퍼(jumper)선으로 접속하여 14핀 소켓으로 사용한다.

2입력 NAND 회로에 74LS00이 있다.

표 1. NAND 진리값표

입력		게이트	출력
A	B	C	X
0	0	0	1
0	1	0	1
1	0	0	1
1	1	1	0

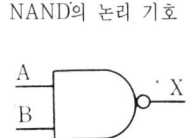

NAND의 논리 기호

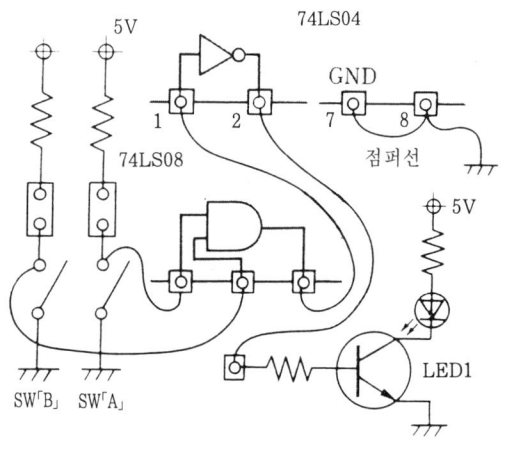

그림 3. NAND 조합 회로

7 IC군의 실험(3) - NAND 회로의 실험, NOR 회로의 실험

그림 4에 74LS00의 핀 배열을 나타낸다.

이 IC 입력핀의 신호가 모두 『1』이 되었을 때에만 출력은 『0』이 된다. 즉, NAND 회로는 입력 단자를 모두 공통으로 하면 NOT 회로가 된다.

이같이 논리 회로 IC는 논리의 조합을 생각함에 따라 여러가지 사용법이 있을 수 있다.

4. IC군에 의한 NOT 회로의 실험

IC 74LS00을 14핀 소켓에 삽입한다.

그림 5와 같이 1번 핀과 2번 핀을 점퍼선으로 접속하고 공통으로 하여 신호를 입력한다.

스위치의 신호로 출력 신호가 반전하여 NOT 회로가 되었음을 이해할 수 있다.

5. NOR 회로

NOR 회로는 그림 6과 같이 OR 회로에 NOT 회로를 연결한 것이다.

NOR 회로는 그림 7의 스위치 동작에서 알 수 있듯이 하나라도 『1』이 있으면 출력은 『0』이 되는 회로이다. 바꾸어 말하면 입력이 모두 『0』일 때 출력이 『1』이 되는 회로이다.

표 2에 진리값표를 나타낸다.

표 2. NOR 진리값표

입력		게이트	출력
A	B	C	X
0	0	0	1
0	1	1	0
1	0	1	0
1	1	1	0

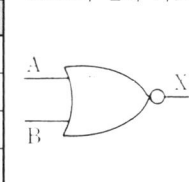

NOR의 논리 기호

6. IC군에 의한 NOR 회로의 실험

IC 74LS32를 14핀 소켓에, IC 74LS04를 16핀 소켓에 각각 삽입한다. 7번과 8번 핀은 점퍼선으로 연결한다.

NAND 회로의 실험과 같은 순서로 NOR 회로의 동작을 확인할 수 있다.

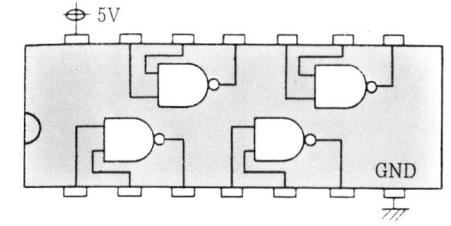

74LS00의 핀 배열

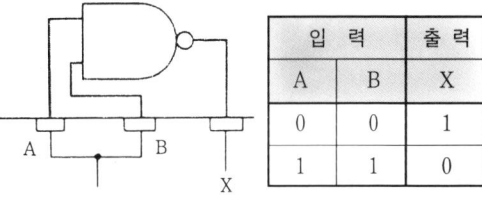

입력		출력
A	B	X
0	0	1
1	1	0

입력핀 A, B를 공통

그림 4. IC군에 의한 NOT 회로의 실험

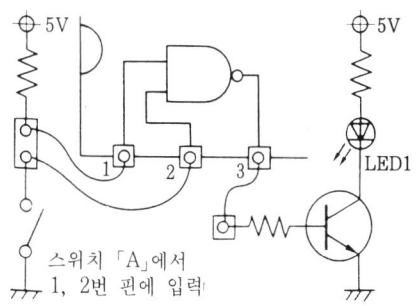

스위치 「A」에서 1, 2번 핀에 입력

그림 5. 74LS00의 NOT 회로

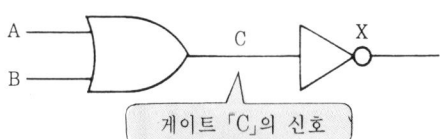

게이트 「C」의 신호

그림 6. NOR 회로의 게이트 「C」의 신호

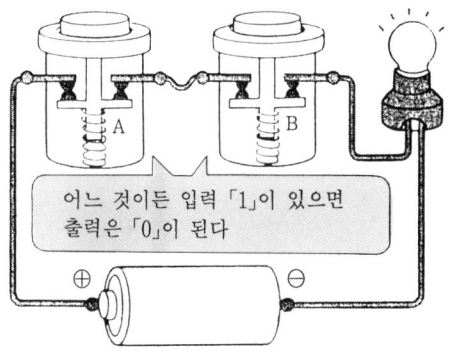

어느 것이든 입력 「1」이 있으면 출력은 「0」이 된다

그림 7. NOR 회로

도전 문제　Q

① 가전제품에서 마이크로 컴퓨터 제어 장치의 예를 들어라.
② FA란 무엇의 약자인가?
③ 자동 제어란 어떤 것인가?
④ 바이메탈이란 무엇인가?
⑤ 제어 방식을 두 가지로 분류하여라.
⑥ 조속기란 어떤 것인가?
⑦ 시퀀스 제어의 예를 들어라.
⑧ 컴퓨터 제어에서 제어의 흐름을 무엇으로 바꿀 수 있는가?
⑨ 컴퓨터 제어의 특징을 들어라.
⑩ 컴퓨터 제어의 구조를 설명하여라.
⑪ 2진수란 무엇인가?
⑫ 16진수란 무엇인가?
⑬ 10진수에서 『15』를 2진수와 16진수로 나타내어라.
⑭ 임계값이란 무엇인가?
⑮ TTL이란 무엇의 약자인가?
⑯ AND 회로란 어떤 회로인가?
⑰ OR 회로란 어떤 회로인가?
⑱ NOT 회로란 어떤 회로인가?
⑲ NAND 회로란 어떤 회로인가?
⑳ NOR 회로란 어떤 회로인가?

A

❶ 전기 밥솥, 에어컨, 냉장고 등 / ❷ Factory Automation / ❸ 제 1절 참조 / ❹ 열팽창률이 다른 2장의 금속을 맞붙인 것. 열변형한다 / ❺ 시퀀스 제어, 피드백 제어 / ❻ 제 1절 참조 / ❼ 교통 신호기, 전기 세탁기 / ❽ 프로그램을 변경한다 / ❾ 제 2절 참조 / ❿ 컴퓨터부, 인터페이스부, 입출력부로 구성된다 / ⓫ 수의 크기를 0과 1로 표시한다 / ⓬ 제 3절 참조 / ⓭ 2진수 1111　16진수 F / ⓮ 상태의 기준값이 되는 레벨을 말한다 / ⓯ Transistor Transistor Logic / ⓰ 2개 이상의 입력이 모두 1일 때만 출력 1을 만들고 다른 입력에 대해서는 0이 되도록 동작한다 / ⓱ 2개 이상의 입력에서 어느 것이나 0일 때만 0, 다른 경우에는 1을 출력한다 / ⓲ 입력 신호가 반전하여 출력된다 / ⓳ 어느 것인가의 신호가 0이면 1, 모두 1이면 출력은 0이 된다 / ⓴ 입력 신호가 모두 0일 때만 1을 출력한다

제 5 장
컴퓨터와 인터페이스

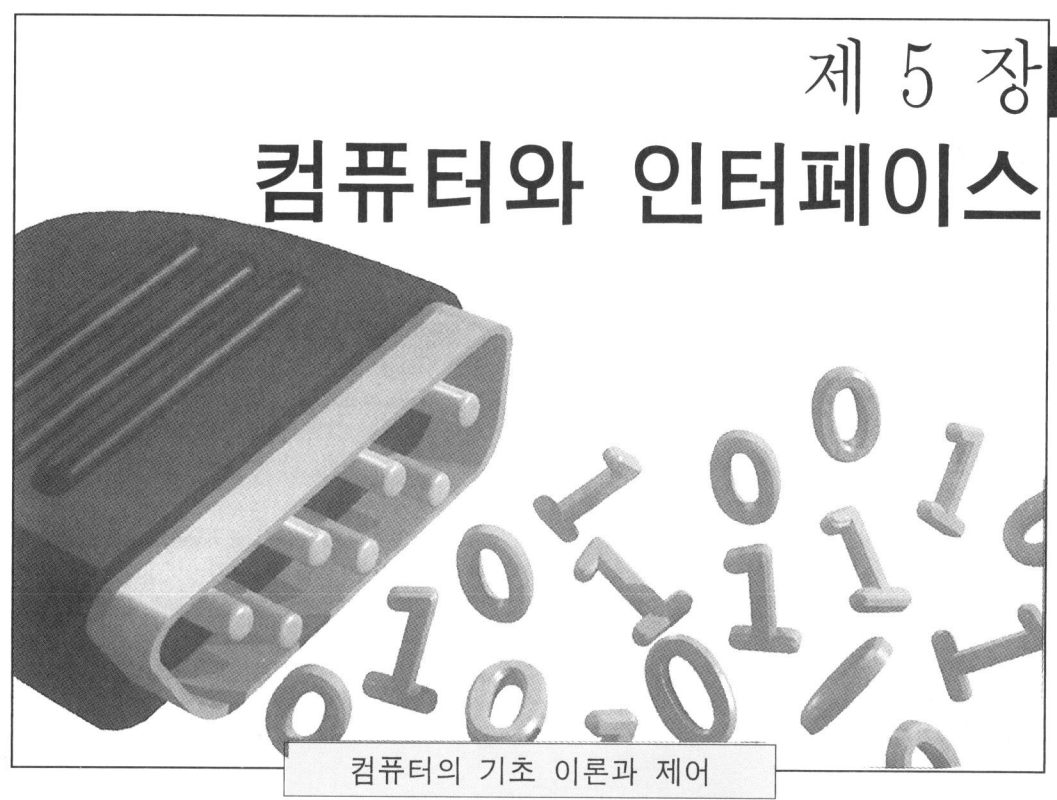

컴퓨터의 기초 이론과 제어

컴퓨터 제어를 배움에 있어 컴퓨터의 구성과 인터페이스에 대해 학습하기로 한다.

컴퓨터는 1941년 미국 아타나소프社의 ABC 기계가 최초인데 그 당시 무게는 톤 단위였다. 현재의 컴퓨터 무게는 매우 가볍고 작아졌다. 그 능력은 무게와 반비례하여 현저히 발달하게 되었다.

그리고 오늘날 컴퓨터는 워드프로세서나 게임 등에 사용되어 어른에서부터 아이들에 이르기까지 그 혜택을 누리고 있다. 또 손목시계, TV, 전기 밥솥, 혈압계, 자동차 등 우리 주변의 기계 모두라고 말할 정도로 컴퓨터가 사용되고 있다. 우리는 일상 생활 안에서 무의식 중에 컴퓨터를 사용하고 있다.

컴퓨터는 아주 작고 놀라운 능력이 있으며 가격이 저렴한 특징이 있고, 제어에는 결코 빼놓을 수 없게 되었다. 기계를 설계함에 있어 제어에 컴퓨터를 내장하지 않으면 사용자 요구에 대응할 수 없고 시대에 뒤쳐져 버릴 정도이다. 컴퓨터에 제어하고자 하는 기기를 접속하려면 인터페이스가 필요하다. 인터페이스란 경계면이라는 의미가 있고 접속하는 것끼리의 신호를 조정하여 신호의 전송을 원활하게 하는 장치이다.

퍼스널 컴퓨터에 인터페이스를 접속하려면 본체의 뒤쪽에 있는 확장 슬롯에 접속한다. 데이터 모선, 어드레스 모선, 제어 모선 등의 단자가 있으므로 필요에 따라 접속한다.

여기서는 병렬 8비트인 신호 전송용 8255 인터페이스를 사용하여 제어한다.

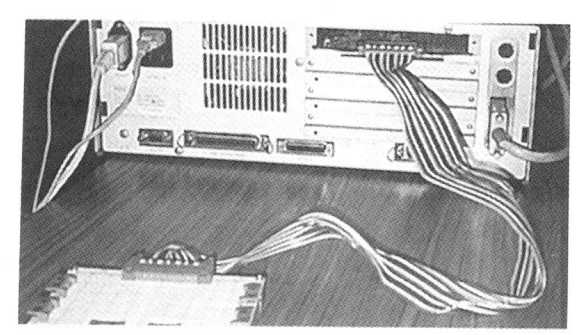

1 컴퓨터의 구성

> 컴퓨터 제어를 학습하기 전에 컴퓨터의 구성에 대해 간단히 설명한다. JIS(일본공업규격)에서는 컴퓨터의 구성 요소를 다음과 같이 분류하고 있다.

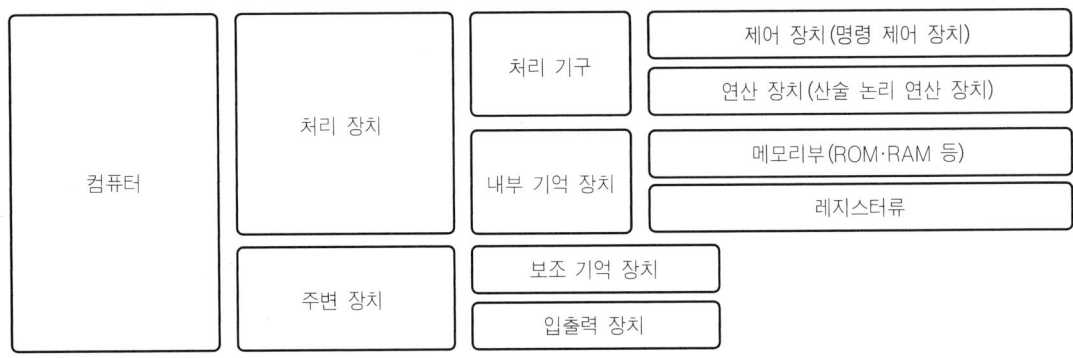

1. 처리 장치(프로세서 유닛)

인간으로 말하면 두뇌에 해당하는 장소로 처리 기구와 내부 기억 장치로 구성되어 있다(그림 1). 처리 기구는 중앙 처리 장치(CPU)라고도 하고 IC화한 것을 마이크로 프로세서(MPU)라고 한다. 처리 기구는 제어 장치와 연산 장치로 구성되며 모선(버스)으로 접속되어 있다.

① 제어 장치 — 글자 그대로 컴퓨터를 제어하는 장치이다. 내부 기억 장치에 들어있는 프로그램을 해석하고 그 해석에 따라 연산 장치 등 다른 장치에 적절한 명령을 내려 컴퓨터가 목적하는 일을 수행하게 한다.

② 연산 장치 — 연산 장치는 제어 장치의 명령에 따라 산술 연산(+, −, ×, ÷)이나 논리 연산(AND·OR 등) 그리고 판단 등 컴퓨터의 주요 일을 하는 곳이다.

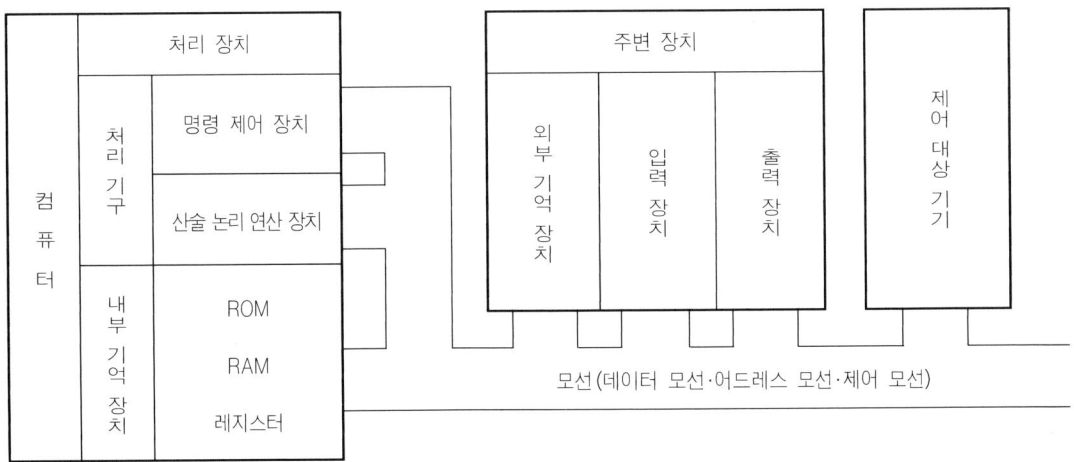

그림 1. 컴퓨터의 구성

③ 내부 기억 장치(주기억 장치) – 이것은 인간 두뇌의 기억하는 부분에 해당한다. 입출력 채널을 삽입하지 않고 액세스할 수 있는 기억 장치로서 많은 데이터를 기억할 수 있는 ROM(read-only memory, 판독 전용 메모리), RAM(random-access memory, 기록이나 판독을 할 수 있는 메모리) 그리고 1문자분이나 1비트분의 데이터를 일시적으로 기억하는 레지스터 등으로 구성되어 있다.

④ 모선(버스) – 모선은 여러 개의 장치들을 연결하는 신호선을 말한다.
- 데이터 모선 : 데이터를 전송하는 신호선이다. 데이터는 프로그램, 처리 데이터, 입출력 데이터 등
- 어드레스 모선 : 어드레스 데이터를 전송하는 신호선이다. 메모리 어드레스, IC 칩 어드레스 등
- 제어 모선 : 제어 신호를 전송하는 신호선이다. 각 장치를 작동시키기 위한 조작 신호 등

모선은 처리 장치 내부뿐만 아니라 외부의 주변 장치 등과 접속하여 데이터를 전송한다.

2. 주변 장치

컴퓨터가 실제로 일을 하는데 필요한 처리 장치 이외의 장치를 말하며 입출력 장치나 외부 기억 장치 등이 있다.

① 입출력 장치 – 컴퓨터와 인간 혹은 기기와 데이터를 주고받는 장치를 말한다.
- 데이터를 입력하는 키보드나 마우스 등의 입력 장치
- 데이터를 화상 형태로 나타내는 CRT(cathode ray tube, 브라운관)나 프린터 등의 출력 장치
- 기타 외부와 데이터를 주고받는 각종 인터페이스 등이 포함된다.

② 외부 기억 장치(보조 기억 장치) – 컴퓨터는 대량의 데이터를 처리하므로 그 데이터를 저장해 둘 곳이 필요하다. 하드 디스크 기억 장치나 플로피 디스크 기억 장치 등이 있다.

③ 제어 대상 기기 – 컴퓨터 제어의 대상 기기는 일반적으로 처리 장치의 각종 모선에서 인터페이스를 통해 접속한다.

※ PC 9801의 확장 슬롯 ※

퍼스널 컴퓨터로 제어할 경우에는 확장 슬롯의 각종 모선 단자를 활용한다. PC 9801계 퍼스널 컴퓨터의 확장 슬롯에는 안팎으로 합계 100개의 단자가 있고 16개의 데이터 모선, 24개의 어드레스 모선, 제어 모선, 전원선 등이 있다. 기종에 따라 모선의 기능이 달라지는 경우가 있으므로 시방서 등에서 확인하도록 한다(그림 1).

연습문제

1. 컴퓨터의 주요부에서 일반적으로 CPU로 되어 있는 부분을 우리말로 무엇이라고 하는가?
2. 컴퓨터 안팎에서 데이터를 전송하는 선을 무엇이라고 하는가?
3. 외부 기억 장치는 왜 필요한가?
4. 퍼스널 컴퓨터로 제어할 경우 퍼스널 컴퓨터의 어디에 접속하는가?

해답 ◈◈◈
1. 처리 기구(프로세서 유닛). 2. 모선(버스). 데이터 모선, 어드레스 모선, 제어 모선 등이 있다.
3. 대량의 데이터를 기억하고 보존하기 위해.
4. 퍼스널 컴퓨터의 뒤쪽에 있는 확장 슬롯에 접속하여 신호를 입출력한다.

2 컴퓨터의 신호(1)

컴퓨터의 각 장치 내외의 모선을 흐르는 신호는 고전압과 저전압 두 종류의 전기 신호이다. 고전압을 1, 저전압을 0 이라는 수치로 각각 나타낸다. 이 1과 0으로 표시하는 신호를 디지털 신호라고 하며 그 신호에 의해 움직이는 컴퓨터를 디지털 컴퓨터라고 한다. 오늘날 컴퓨터라고 하면 디지털 컴퓨터를 지칭한다. 데이터 모선, 어드레스 모선 또는 제어 모선 등 모든 모선은 1, 0의 디지털 신호를 전송한다.

1. 디지털 신호

신호에는 디지털 신호와 아날로그 신호가 있다. 디지털이란 손가락이라는 의미이고, 디지털 신호는 손꼽아 헤아리는 신호, 즉 정수(整數) 등과 같이 불연속적인 수치를 나타내는 신호라는 의미이다. 디지털 컴퓨터의 디지털 신호는 1과 0의 수치만 사용하고 입출력 데이터에서 프로그램까지 모든 데이터를 1, 0의 디지털 신호로 나타낸다.

컴퓨터는 『1』, 『0』의 두 가지 신호만 기본적으로 다룰 수 있다.

2. 데이터 모선

처리하는 데이터를 전송하는 것이 데이터 모선이다. 하나의 데이터 모선은 1, 0의 2종류의 데이터만 전송한다. 대량의 데이터를 취급하려면 동시 처리하는 신호 모선의 수를 늘린다. 4개의 신호 모선을 기본으로 데이터 모선이 8개, 16개, 32개, 64개인 각종 컴퓨터가 있고 모선 개수가 많은 쪽이 동시 처리하는 데이터가 많아진다. 데이터 모선이 16개인 컴퓨터를 16비트 컴퓨터라고 하고 32비트 컴퓨터는 32개의 데이터 모선으로 처리하고 있다.

❈ PC 9801 확장 슬롯의 경우 ❈

확장 슬롯의 데이터 모선 단자는 16비트 기종이든 32비트 기종이든 16개(16비트)이고 32비트 기종일 경우에는 하위 16비트의 데이터 모선이 나오고 있다. 외부 메모리의 증설 등으로 32비트가 필요할 경우에는 퍼스널 컴퓨터 내부에 32비트 데이터 모선의 단자가 있으므로 그 단자와 접속한다.

3. 어드레스 모선

메모리나 접속하는 각종 장치(LSI) 등의 번지(番地)인 어드레스 데이터를 전송하는 모선이다. 컴퓨터의 시스템이 커지면 사용하는 메모리나 장치류가 많아지고 번지의 수도 많아진다. 어드레스 모선의 수도 많아져 16개에서 32개의 모선을 사용하고 있다.

❈ PC 9801 확장 슬롯의 경우 ❈

24개의 어드레스 모선 단자가 있고 24비트의 어드레스 데이터를 전송할 수 있다. 입출력(I/O)용 어드레스는 하위 16비트가 유효하다. 퍼스널 컴퓨터 시스템 내부에서 사용하고 있는 번지가 많고 사용자가 사용할 수 있는 번지에 제한이 있으므로 매뉴얼을 보거나 메이커에 문의하여 확인하도록 한다.

4. 제어 모선

컴퓨터 안팎의 각 장치를 조작하는 신호나 장치의 상태를 알리는 신호 등 제어에 필요한 신호를 전송하는 신호선이다. 제어 모선은 리셋이나 인터럽트 등 각각 하나하나가 의미를 갖고 있다. 제어 모선은 전부 사용하는 것이 아니라 필요한 제어 신호만 사용한다. 제어 신호는 1의 신호, 즉 고전압(high) 신호가 의미를 갖는 것(정(正)논리 : Active·High)과 저전압(low) 신호가 의미를 갖는 것(부(負)논리 : Active·Low)이 있으므로 주의한다.

❈ PC 9801 확장 슬롯 ❈

제어 모선은 38개의 단자가 있고 필요에 따라 접속한다(그림 1). 또 기종에 따라 기능이 다른 단자가 있으므로 메이커에서 하드웨어 관계에 관한 자료 등을 가져와 정확한 정보를 토대로 사용해야 할 것이다.

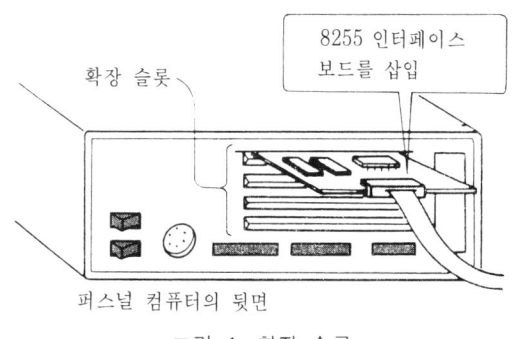

그림 1. 확장 슬롯

표 1. PC 9801 확장 슬롯 신호 일람표(예)

단자번호	신호명	방향	기능	단자번호	신호명	방향	기능	단자번호	신호명	방향	기능	단자번호	신호명	방향	기능
A 1	GND			B 1	GND			A26	AB201	〃	〃	B26	IR61	I	INT2
A 2	V1			B 2	V1			A27	AB211	〃	〃	B27	IR91	I	INT3(HD)
A 3	V2			B 3	V2			A28	AB221	〃	〃	B28	IR101	I	INT4(640KBFD)
A 4	AB001	IO	어드레스 패스	B 4	DB001	IO	데이터 패스	A29	AB231	〃	〃	B29	IR121	I	INT5
A 5	AB011	〃	〃	B 5	DB011	〃	〃	A30	INT0	O		B30	IR131	I	INT6(마우스)
A 6	AB021	〃	〃	B 6	DB021	〃	〃	A31	GND			B31	GND		
A 7	AB031	〃	〃	B 7	DB031	〃	〃	A32	IOCHK0	I	외부 NMI 커맨드	B32	-12V		
A 8	AB041	〃	〃	B 8	DB041	〃	〃	A33	IOR0	IO		B33	-12V		
A 9	AB051	〃	〃	B 9	DB051	〃	〃	A34	IOW0	〃	〃	B34	RESET0	O	RESET
A10	AB061	〃	〃	B10	DB061	〃	〃	A35	MRC0	〃	〃	B35	DACK00	O	5"HD
A11	GND			B11	GND			A36	MWC0	〃	〃	B36	DACK30	O	AUX
A12	AB071	IO	어드레스 패스	B12	DB071	IO	데이터 패스	A37	INTA0	IO		B37	DRQ00	I	5"HD
A13	AB081	〃	〃	B13	DB081	〃	〃	A38	NOWAIT0	I		B38	DRQ30	I	AUX
A14	AB091	〃	〃	B14	DB091	〃	〃	A39	SALEI	IO		B39	WORD0	I	
A15	AB101	〃	〃	B15	DB101	〃	〃	A40	MACS0	I		B40	EXHRQ10	I	
A16	AB111	〃	〃	B16	DB111	〃	〃	A41	GND			B41	GND		
A17	AB121	〃	〃	B17	DB121	〃	〃	A42	CPUENB10	IO		B42	EXHLA10	O	
A18	AB131	〃	〃	B18	DB131	〃	〃	A43	RFSH0	O	리프레시 신호	B43	DMATC0	O	END OF PROCESS
A19	AB141	〃	〃	B19	DB141	〃	〃	A44	BHE0	〃	〃	B44	NMI0	IO	
A20	AB151	〃	〃	B20	DB151	〃	〃	A45	IORDY1	I	준비 신호	B45	MWE0	IO	
A21	GND			B21	GND			A46	SCLK1	O	9.8304/7.9872MHz	B46	EXHLA20	O	
A22	AB161	IO	어드레스 패스	B22	+12V			A47	S18CLK1	O	307.2kHz	B47	EXHRQ20	I	
A23	AB171	〃	〃	B23	+12V			A48	POWER0	O	전원 확장 신호	B48	SBUSRQ1	O	
A24	AB181	〃	〃	B24	IR31	I	INT0	A49	+5V			B49	+5V		
A25	AB191	〃	〃	B25	IR51	I	INT1	A50	+5V			B50	+5V		

> **연습문제**
> 1. 컴퓨터에서 사용하는 신호는 아날로그 신호인가, 디지털 신호인가?
> 2. 컴퓨터에서 사용하는 신호는 전기적으로 어떤 것인가?
> 3. 32비트 컴퓨터의 데이터 모선은 몇 개 있는가?
> 4. PC 9801의 확장 슬롯 데이터 모선은 몇 개가 나와 있는가?

해답
1. 디지털 신호. 2. 직류 5V를 전원으로 하고 신호 전압은 "1"이 5V, "0"이 0V이다.
3. 32개. 4. 16개

3 컴퓨터의 신호(2)

컴퓨터의 안팎을 흐르는 신호는 실제로 전기 신호이다.
어떤 전기 신호가 어느 정도의 속도로 움직이고 있는지 조사해 보자.

1. 신호의 전기적 특성

컴퓨터 내의 모선을 흐르는 전기 신호는 5V의 직류이다. 컴퓨터에서 다루는 디지털 신호의 전압은 이미 설명한 것처럼 다음과 같다.

고전압의 신호는 5V,   저전압의 신호는 0V

각 전압값의 허용값는 TTLIC의 레벨에 맞추어져 있으나 사용하는 IC 등에 따라 값에 차이가 있다. 기준은 다음과 같다. 상세한 데이터는 퍼스널 컴퓨터의 하드웨어 관계 자료를 참조한다.

신호 전압의 허용값		신호 전류의 최대값	
입력 신호		입력 신호	
고전압의 신호=1	2.0~5V	1의 신호	$20\mu A$
저전압의 신호=0	0~0.8V	0의 신호	$-400\mu A$
출력 신호		출력 신호	
고전압의 신호=1	2.4~5V	1의 신호	$-0.4mA$
저전압의 신호=0	0~0.4V	0의 신호	$8mA$

(마이너스 전류는 IC 단자에서 나오는 전류를 의미한다)

컴퓨터 안팎에서 흐르는 신호 전류는 미소한 양임을 기억하기 바란다.

2. 전원

신호용 전원은 직류 5V를 사용한다. 신호의 전압 레벨은 그라운드(마이너스 전원)가 기준이므로 외부와 전압 레벨을 공통으로 하기 위해 그라운드끼리 접속하도록 한다. 전원이 다를 경우에도 공통된 신호를 사용할 때는 서로 전원의 그라운드를 접속한다. 단, 포토 커플러 등 절연형 신호 접속 방법을 사용할 경우에는 그라운드끼리 접속하지 않는다(그림 1). 최근에는 3V 전원을 사용한 마이크로 컴퓨터나 IC가 있으므로 확인하기 바란다.

3. 처리 속도

컴퓨터의 처리 시간은 컴퓨터가 갖고 있는 클록 주파수(머신 사이클)가 기준이 된다.

예를 들면 10MHz 클록일 경우 주기는 $1/10,000,000$(초) $=0.1(\mu s)$가 된다. 이것을 1 스테이트라고 하고 여기에 배수를 곱한 값이 처리 시간이 된다. 언어나 명령의 종류 등에 따라

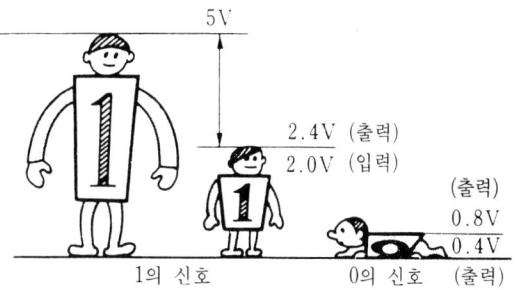

그림 1. 신호의 전압

달라지는데 수 μs에서 수백 μs 정도이다. 어셈블러 언어가 가장 빠르고 BASIC 언어는 1행씩 기계어로 번역하면서 실행하므로 시간이 걸린다. 컴퓨터와 외부 기기에서 처리 시간이 달라지므로 신호를 주고 받는 타이밍이 맞지 않으면 제대로 되지 않는다.

컴퓨터측 클록(시스템 클록)을 외부 기기측에 임포트하여 타이밍을 잡거나 제어 신호를 교환하거나 하여 데이터 신호를 주고 받는 방법 그리고 출력을 유지해 놓고 수신측 타이밍에 맞추는 방법이 있다.

❖ PC 9801 확장 슬롯의 경우 ❖

• 각 모선의 신호 전류는 외부 기기와의 접속선 길이가 어느 정도(약 500mm) 이상이면 잡음이나 감쇠(減衰) 등이 발생하여 신뢰성에 영향을 끼치므로 신호를 증폭할 필요가 있다.

• 클록 주파수는 기종에 따라 달라 8MHz에서 200MHz까지 있다. 또 두 종류의 클록을 가진 것도 있으므로 취급에 주의한다(그림 2).

• 전원 단자는 그라운드 단자가 8개, 5V 단자가 4개, +12V 단자가 2개, -12V 단자가 2개 준비되어 있다.

전류 용량은 인터페이스 등의 신호 전원에 사용할 정도로 1슬롯당 5V 전원에서 0.8A, 12V 전원에서 약 0.06A이다. 8개의 그라운드 단자는 상호 접속되고 공통이다(확인 필요).

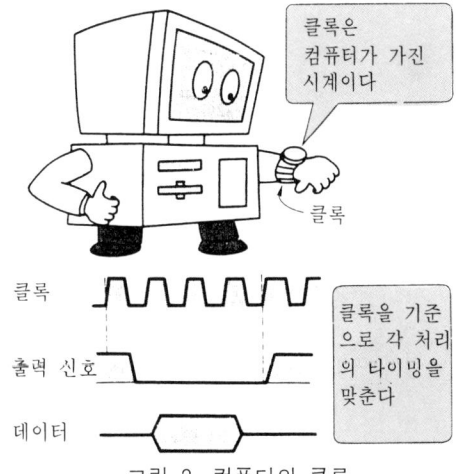

그림 2. 컴퓨터의 클록

연습문제

1. 신호의 전압 허용값은 입력 신호와 출력 신호에 차이가 있는데 그 이유는?
2. 신호 전류는 어느 정도인가?
3. 컴퓨터 처리 시간의 기준이 되는 것은 무엇인가?
4. PC 9801 확장 슬롯에서 나오는 전원의 용량은 대충 어느 정도인가?

해 답
1. 신호 전압의 허용폭은 입력 신호쪽을 넓게 잡아 받아들이기 쉽게 하고 있다.
2. 신호 전류는 mA에서 μA까지의 단위이다.
3. 컴퓨터가 갖고 있는 클록이 처리 시간의 기준이 된다.
4. 1슬롯당 전류 용량은 5V 전원에서 약 0.8A이고 12V에서 0.06A이다(단, 기종에 따라 다른 경우가 있으므로 확인이 필요하다).

4 인터페이스란

컴퓨터와 외부 기기를 접속할 경우에는 신호의 정합성을 도모하여야 한다. 컴퓨터와 외부 기기 사이에 넣어 조정하는 장치를 인터페이스라고 한다. 여기서는 인터페이스의 기능에 대하여 설명한다.

1. 전기적 조건의 조정

컴퓨터의 신호는 직류 5V이지만 외부 기기는 교류 110V와 220V, 직류 12V와 24V 등 여러가지 전기를 사용하고 있다. 전기의 종류와 전압, 전류 등을 조정할 필요가 있다(그림 1).

① 전압의 증폭과 변환 : 컴퓨터에서 출력되는 신호로 외부 기기를 작동시키기 위하여 교류 직류 변환이나 전압 변환 등은 각종 릴

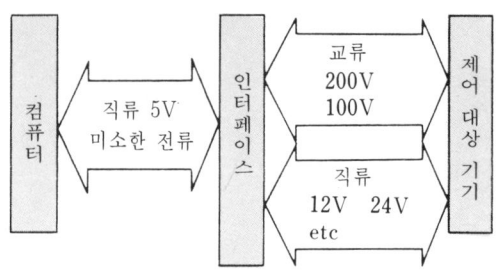

그림 1. 전기적 조건 조정

레이, 각종 트랜지스터, 트라이액 등을 사용하며 신호 전압으로 트랜지스터 등을 작동시켜 전압이 다른 직류와 교류로 변환한다. 또 센서 등 미소한 전압(mV 단위)의 변화는 연산 증폭기 등으로 증폭한다.

② 전류 증폭 : 컴퓨터에서 출력하는 신호 전류는 미소하므로 신호를 외부로 전송할 경우에는 신호 증폭용 IC(74LS245 등)이나 풀업 (pull-up) 회로 등으로 신호 전류를 증폭한다. 직류 전동기나 직류 전자 릴레이 등을 구동할 경우에는 트랜지스터 등을 사용하여 증폭한다.

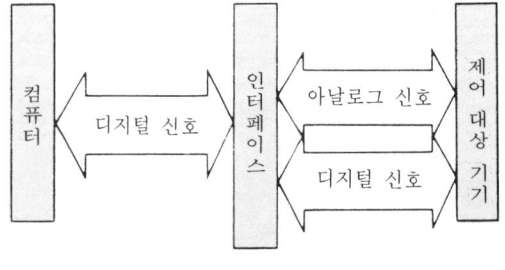

그림 2. 신호 변환

2. 신호 변환

① A-D(아날로그-디지털) 변환 : 컴퓨터는 계속적인 디지털 신호밖에 다룰 수 없으나 외부 기기에서는 연속적인 아날로그 신호를 취급하는 일도 많기 때문에 필요에 따라서 신호를 변환한다. 이것은 아날로그 신호를 디지털 신호로 변환하는 것이다. 센서 등의 아날로그 신호를 컴퓨터에 입력할 때 필요하다.

② D-A(디지털－아날로그) 변환 : 이것은 디지털 신호를 아날로그 신호로 변환하는 것이다. 전동기의 회전수를 연속적으로 제어하는 경우 등 컴퓨터에서 출력한 단속적 디지털 신호를 외부 기기에서 사용하는 연속적인 아날로그 신호로 변환한다.

③ 신호 파형의 정형 : 신호 파형을 필요한 파형으로 정형한다(그림 3).

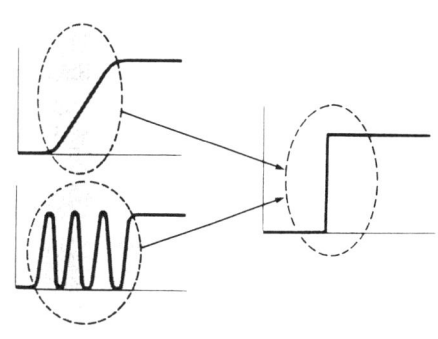

- HIGH, LOW(1·0)의 확실한 신호 전압 파형으로 정형하는 것이다. 컴퓨터와 디지털 IC의 입력 신호는 신호 전압이 허용 전압 이내가 아니면 HIGH, LOW를 판단할 수 없다. 그래서 전압이 연속적으로 변화하는 파형을 단속(斷續)적인 파형으로 정형한다. 또 진동 파형은 HIGH, LOW를 반복하는 신호이므로 부적당할 경우에는 진동을 제거한 파형으로 한다. 파형 정형에는 **적분 회로나 슈미트 트리거 회로** 등을 사용한다.

그림 3. 신호 파형의 정형

- 순시 입력 신호를 일정기간의 폭의 입력 파형으로 하거나 연속 입력 파형을 단시간 입력 파형으로 하려면 미분 회로나 적분 회로 등을 사용한다. 또 컴퓨터와 입력 기기에서 받는 순시 신호를 레지스터에서 일시 유지하였다가 일정기간의 폭의 파형으로 하는 방법도 있다.

3. 핸드셰이크

신호를 주고 받음에 있어 송신측과 수신측의 타이밍이 맞지 않으면 전송되지 않는다. 그러므로 제어 신호를 사용하여 「수신 준비 OK」→「이 신호는 유효하다」,「신호 수신중」→「신호 수신 완료」등을 주고 받아 신호를 전송한다. 이것을 **핸드셰이크**(Handshake)라고 한다.

4. 잡음 방지

컴퓨터의 신호는 미약한 전기때문에 안팎의 잡음에 영향을 받기 쉬우므로 잡음 방지에 특히 주의하여야 한다. 잡음 발생원에서 발생을 방지하고 영향을 받기 쉬운 IC 전원 부분에서 잡음을 흡수하는 등 잡음의 컴퓨터 진입 방지 등의 대책이 필요하다. 방지함에 있어서는 전원의 플러스 전원과 마이너스 전원(그라운드)에 콘덴서를 넣어 잡음을 흡수하는 방법과 신호선을 포토 커플러 등으로 접속하여 전기적으로 절연하는 방법 등이 있다. 단, 포토 커플러는 신호가 흐르는 방향이 한쪽 방향이므로 주의해야 한다.

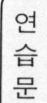
1. 인터페이스의 주요 일에는 어떤 것이 있는가?
2. A-D 변환이나 D-A 변환은 왜 필요한가?
3. 신호의 파형 정형은 왜 필요한가?
4. 핸드셰이크란 무엇인가?

해 답
1. 전압이나 전류의 증폭이나 변환, A-D와 D-A 등의 신호 변환이 있다.
2. 컴퓨터는 디지털 신호밖에 다룰 수 없기 때문이다.
3. 컴퓨터 등에서 다루는 신호를 허용전압 내의 파형으로 하기 위해서이다.
4. 데이터를 전송할 때 타이밍을 맞추기 위해 제어 신호를 주고 받는 일이다.

5 전송 규격과 범용 인터페이스

컴퓨터의 데이터를 전송하는 방법에는 범용성을 갖게 하기 위해 규격화되어 있는 것이 있다. 대표적인 것을 간단히 설명한다.

1. RS-232C 규격

RS-232C는 미국전자공업회(EIA)의 시리얼(직렬) 데이터를 전송하는 데이터 통신의 규격으로서, 일본공업규격(JIS)의 C6361에 거의 비슷한 것이 규격화되어 있다. 거의 모든 퍼스널 컴퓨터에 RS-232C 인터페이스가 표준 장비되어 있는 것처럼 대표적인 통신 규격이다.

제어에서는 컴퓨터와 제어 대상 기기와의 접속 거리가 길 경우 RS-232C가 사용되고 있다(그림 1).

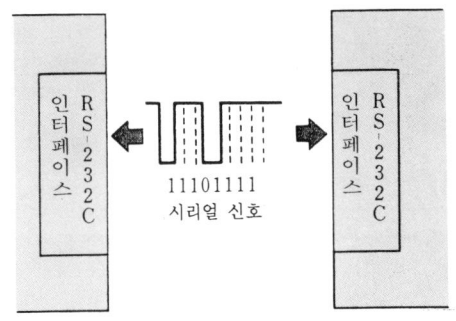

그림 1. RS-232C 인터페이스

RS-232C 인터페이스는 컴퓨터의 병렬 8비트 데이터를 직렬 8비트 데이터로 변환하여 송신용 케이블로 전송한다. 수신측은 전송된 직렬 8비트 데이터를 RS-232C 인터페이스에서 병렬 8비트 데이터로 변환하여 컴퓨터에 입력한다. 변환하는 IC는 8251이 많이 사용되고 있다. 전송 거리는 규격에 최대 15m라고 규정되어 있다. 실제로는 그 이상의 거리에서도 전송할 수 있으나 거리가 길어지면 신뢰성도 나빠진다. 더 긴 거리를 데이터 전송할 때는 RS422나 RS485 인터페이스를 사용한다.

2. GP-IB

컴퓨터와 계측 기기나 계측 기기 사이를 데이터 전송하기 위한 병렬 8비트 데이터 전송용 인터페이스이다. GP-IB는 미국 H·P社의 호칭명으로 미국전기학회(IEEE)가 IEEE-488 표준 버스로서 규격화하고 있다. 신호는 TTL 레벨이고 부이론을 취하고 있다. 신호선은 데이터 모선 8개, 핸드셰이크 모선 3개, 관리 모선 5개, 그라운드선 8개인 24개가 준비되어 있다(그림 2).

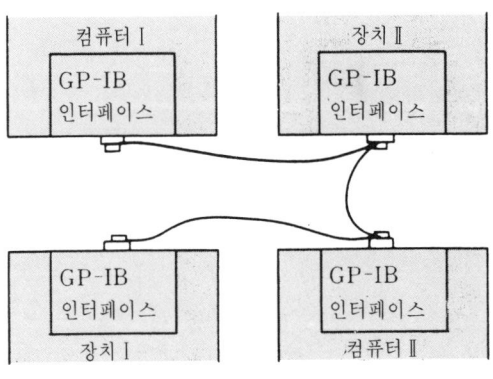

그림 2. GP-IB의 접속 예

컴퓨터에서 나오는 하나의 GP-IB 케이블은 각 기기를 경유하여 여러 개의 외부 기기를 접속할 수 있다. 전송 거리는 장치간에서 4m 이하이지만 장치를 경유하여 다른 장치로 전송할 수 있으므로 전송 케이블 길이의 합계가 20m까지로 규정되어 있다.

또 접속 장치 대수는 컴퓨터를 포함하여 최대 15대라고 규정되어 있다.

3. 주요 주변 인터페이스 IC

컴퓨터의 인터페이스를 만들 때 흔히 사용하는 주요 IC를 소개한다.

① 8251

이것은 프로그램에서 기능을 선택할 수 있는 직렬 데이터 통신용 IC이다. 8비트 병렬 데이터를 8비트의 직렬 데이터로 변환하여 송신 데이터를 출력하고 또 입력한 8비트 직렬 데이터의 수신 데이터를 8비트 병렬 데이터로 변환한다. RS-232C 인터페이스나 CRT 등의 인터페이스 등에 사용되고 있다.

② 8255

이것은 프로그램에서 기능을 선택할 수 있는 병렬 데이터 입출력 인터페이스 IC이다. 다음 장에서 상세하게 설명하겠다.

③ 8259

인터럽트 제어용 IC이다. 인터럽트 요구 입력 단자 8개를 갖고 프로그램에서 지정된 우선 순위에 따라 컴퓨터에 인터럽트를 요구한다. 인터럽트 요구 입력 단자의 우선 순위, 인터럽트 마스크(금지 조치), 벡터 어드레스 지정은 프로그램에서 한다. 우선 순위와 마스크는 프로그램에 의해 실시간으로 변경할 수 있다. 인터럽트란 컴퓨터가 프로그램에 따라 일을 하고 있을 때 외부에서 보내는 신호로 다른 일을 시킬 수 있음을 말한다. 여러 개의 인터럽트가 필요할 때 이 IC를 사용하여 인터럽트 요구 입력 단자에 우선 순위를 매겨 둔다.

④ A-D 변환 IC

센서 등에서의 아날로그 신호를 디지털 신호로 변환하는 회로에 사용하는 IC이다. 디지털 신호의 출력은 병렬 신호(Parallel)와 직렬 신호(Serial)가 있는데 병렬 신호가 일반적이다. 또 출력 디지털 신호는 8비트가 컴퓨터 제어에서 일반적으로 사용되고 있으나 분해능을 올리려면 비트 수가 많은 것을 사용한다. ADC 0808 등의 ADC 08** 시리즈(내셔널 세미컨덕터), AD 7574/7576(아날로그디바이시즈) 등 여러 가지 8비트 A-D 컨버터 IC가 있다.

연습문제
1. RS-232C란 어떤 규격인가?
2. GP-IB란 어떤 규격인가?
3. 8251은 어떤 기능을 가진 IC인가?
4. 8259는 어떤 기능을 가진 IC인가?

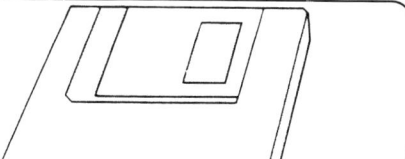

해답
1. 직렬 데이터를 전송하는 통신용 규격이다.
2. 병렬 데이터를 전송하는 계측 기기 통신용 규격. IEEE-488 표준 버스의 규격과 동일하다.
3. 병렬 8비트 데이터를 직렬 8비트 데이터로 변환하여 전송하는 데이터 통신용 IC이다.
4. 인터럽트 제어용 IC이다. 인터럽트 입력 단자 8개를 갖고 우선 순위에 따라 컴퓨터에 인터럽트를 요구한다.

6 신호와 프로그램

컴퓨터의 안팎으로 움직이고 있는 신호는 5V·0V의 전기 신호이다. 5V·0V를 1·0으로 고쳐 (101011100110)과 같은 디지털 신호로 프로그램을 짠다. 이것을 기계어라고 한다. 실제로 프로그램을 짤 때는 기계어가 아닌 인간의 언어에 가까운 표현법을 사용한 어셈블러 언어나 C언어 등을 사용한다.

1. 2진수→10진수→16진수

1·0의 두 수치로 큰 데이터를 표시하려면 자릿수가 많아지므로 2진수를 10진수나 16진수로 변환하여 사용한다.

	2진수
비트 3	0 0 0 0 0 0 0 0 1 1 1 1 1 1 1 1
비트 2	0 0 0 0 1 1 1 1 0 0 0 0 1 1 1 1
비트 1	0 0 1 1 0 0 1 1 0 0 1 1 0 0 1 1
비트 0	0 1 0 1 0 1 0 1 0 1 0 1 0 1 0 1
10진수	0 1 2 3 4 5 6 7 8 9 10 11 12 13 14 15
16진수	0 1 2 3 4 5 6 7 8 9 A B C D E F

① **2진법** : 1, 0의 두 수치를 사용하고 다 사용하면 자리올림을 하는 방법을 **2진기수법**(記數法)이라고 하며 수로 표시한 것을 **2진수**라고 한다. 2진수의 1자릿수를 **비트**라 한다.

② **16진법** : 0~9와 A~F까지 16종류의 수치를 사용하고 16종류를 전부 사용하였으면 자리올림을 하는 방법을 **16진법**이라고 하며 수로 표시한 것을 **16진수**라고 한다.

③ **2진수-10진수 변환** : 인간이 1, 0으로 프로그램을 짜기는 매우 어려우므로 2진수에 10진수를 순차적으로 끼워 맞춰 10진수로 표시한다. 그러면 다음과 같은 법칙이 성립한다. 이같이 16비트의 2진수를 5자릿수의 10진수로 나타낼 수 있다. 그러나 자릿수가 많아지면 변환 계산이 어려워지므로 다음과 같이 16진수로 변환하여 사용한다.

「비트가 1일 때의 10진수는 2비트 번호승이 되고 복수의 비트가 1일 경우에는 비트의 10진수 합이 10진수가 된다」

예를 들면

1자릿수째는 비트 번호 0이고 $2^0 = 1$
2자릿수째는 비트 번호 1이고 $2^1 = 2$
4자릿수째는 비트 번호 3이고 $2^3 = 8$
8자릿수째는 비트 번호 7이고 $2^7 = 128$
16자릿수째는 비트 번호 15이고 $2^{15} = 32,768$
32자릿수째는 비트 번호 31이고 $2^{31} = 2,147,483,648$
복수 자릿수가 1일 경우에는
4비트일 경우
$(1010)_2 = 2^3 + 2^1 = 8 + 2 = 10$
$(1111)_2 = 2^3 + 2^2 + 2^1 + 2^0 = 8 + 4 + 2 + 1 = 15$

8비트일 경우
$(10001011)_2 = 2^7 + 2^3 + 2^1 + 2^0$
$\quad = 128 + 8 + 2 + 1 = 139$
$(11111111)_2 = 2^7 + 2^6 + 2^5 + 2^4 + 2^3 + 2^2 + 2^1 + 2^0$
$\quad = 128 + 64 + 32 + 16 + 8 + 4 + 2 + 1 = 255$

16비트일 경우
$(1010110001110011)_2$
$\quad = 2^{15} + 2^{13} + 2^{11} + 2^{10} + 2^6 + 2^5 + 2^4 + 2 + 1$
$\quad = 32,768 + 8,192 + 2,048 + 1,024 + 64 + 32 +$
$\quad \; 16 + 2 + 1 = 44,147$

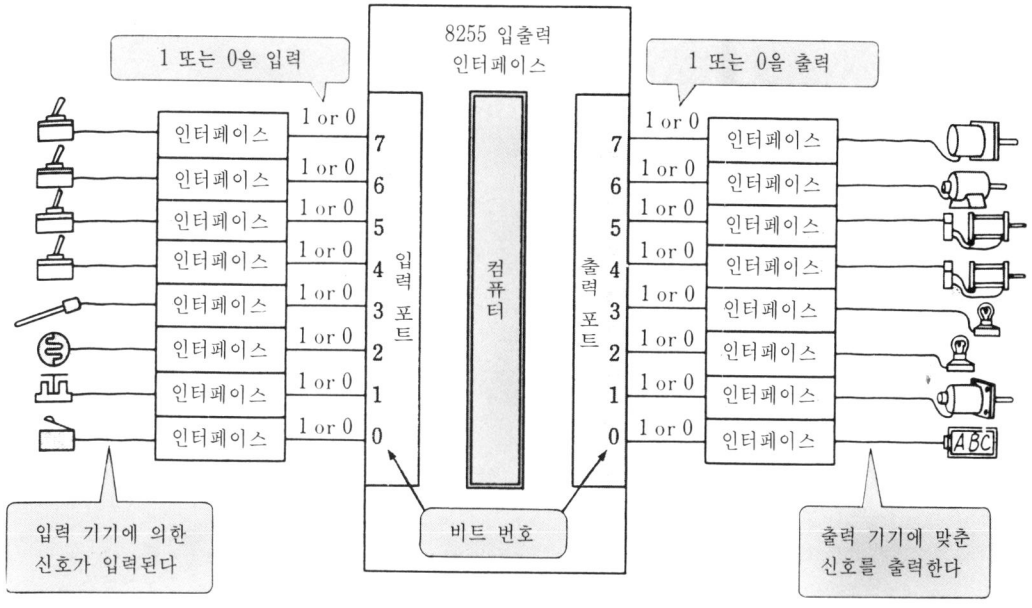

그림 1. 인터페이스와 신호

④ 2진수-16진수 변환 : 4비트의 2진수는 16종류의 1, 0으로 조합할 수 있다. 그래서 0~9의 수치와 A~F의 알파벳을 적용하여 16종류의 기호를 사용해서 2진수 4비트를 1자릿수의 16진수로 한다.

2진수의 예를 16진수로 변환해 본다.
- $(1010)_2 = 8+2 = 10 = (A)_{16}$
- $(10001011)_2 = (1000)_2 (1011)_2 = (8)(11) = (8B)_{16}$
- $(1010110001110011)_2 = (AC73)_{16}$

이같이 비트 수가 증가하면 16진수로 변환하는 편이 이해하기 쉬워진다.

비트 번호 0에서 3까지의 각 비트가 1일 때의 수치를 (1, 2), (4, 8)이라고 외워 두면 4비트마다 변환하는 것은 암산으로도 할 수 있다.

컴퓨터 제어일 경우에는 외부와 접속하는 데이터 모선 하나하나가 독립된 의미를 가져 1(5V)이나 0(0V)으로 명령 또는 판단한다.

프로그램으로 명령할 경우에는 8비트 또는 16비트의 1, 0을 모아 표시하므로 16진수쪽이 다루기 쉽다.

> 연습문제
> 1. 1·0을 규칙에 따라 수로 표시한 것을 무엇이라고 하는가?
> 2. 2진수를 16진수로 변환하는 것은 무엇을 위해 하는 것인가?
> 3. 각 비트가 1일 때 각각의 값은 어떻게 계산하는가?
> 4. $(10100101)_2$를 16진수로 나타내면 얼마가 되는가?

해 답

1. 2진수. 2. 큰 데이터를 2진수로 표시하면 자릿수가 많아져 판단하기 어려워지기 때문이다.
3. 2의 비트 번호승. 4. $(A5)_{16}$

7 제어에서 사용하는 주요 프로그램 언어

「컴퓨터에서 소프트웨어가 없으면 그저 상자일 뿐」이라고 할 정도로 소프트웨어=프로그램은 중요하다.
프로그램의 원형은 기계어인데 기계어로 프로그램을 만들기에는 무리가 있다. 컴퓨터의 각 기능을 알기쉬운 언어나 함수로 해서 프로그램을 짜는 시스템이 여러가지 있으며 컴퓨터를 작용시키는데 사용하는 언어를 프로그램 언어라고 한다.
프로그램 시스템은 프로그램 언어로 만들어진 프로그램을 기계어로 번역하고 전기 신호로 해서 메모리에 격납한다.

제어에서 취급하는 주요 프로그램 언어에는 어셈블러 언어, C언어, BASIC 언어 등이 있다. 여기서는 제어에서 사용하는 C언어에 대하여 간단히 설명한다.

1. 간단한 프로그램 예

여기서는 C언어에 대한 기본적인 해설은 생략하고 8255 입출력 인터페이스의 각 포트에 입출력하는 간단한 프로그램을 들어 설명한다. 퀵(quick) C로 기술(記述)하고 BASIC 언어로 같은 동작을 하는 프로그램을 첨부한다.

① 제어 동작 : A 포트의 비트 1과 6의 단자에 "1"이라는 신호가 입력되었을 때 B 포트의 비트 0과 7에서 "1"이라는 신호를 출력한다. 기타 입력 데이터일 때는 모든 비트에 "0"을 출력한다.

입력 데이터 : $(01000010)_2 = (42)_{16}$
출력 데이터 : $(10000001)_2 = (81)_{16}$
출력 데이터 : $(00000000)_2 = (0)_{16}$

② 프로그램 설명 : C언어는 함수로 프로그램이 구성된다. 또한 C언어에 의한 프로그램에는 BASIC과 같은 행번호를 붙이지 않지만 이 책에서는 설명의 형편

```
                C언어 프로그램
1     main ()
2     {
3         unsigned int id;
4         outp (0xd6, 0x90);
5         for(;;)
6         {
7             id=inp(0xd0);
8             if(id==0x42)
9             {
10                outp(0xd2, 0x81);
11            }
12            else
13            {
14                outp(0xd2, 0x0);
15            }
16        }
17    }
```

7 제어에서 사용하는 주요 프로그램 언어   79

상 행번호를 매겼다.
1. 함수명 : main( )은 메인 함수로서 2행째부터 7행째까지의 내용이다.
3. 변수 id를 +, -부호가 없는 16비트 정수형임을 선언한다. 입출력 데이터는 +, -의 부호가 필요 없고 16비트 모든 데이터를 사용한다. 명령 끝에는 ;를 붙인다.
4. outp( )는 출력 명령 함수이다. CW 레지스터(어드레스(D6)$_{16}$)에 CW 데이터 (90)$_{16}$을 출력하는 명령이다. 어드레스나 데이터는 10진수, 16진수, 변수라도 괜찮고 16진수일 경우에는 앞에 0x를 붙인다.
5. 무조건 for 문(루프 제어)이다. 조건이 없으므로 6행째와 16행째 사이의 명령을 무한정 반복한다(실제로는 루프를 벗어난 프로그램이 필요하다).
7. inp( )는 입력 명령 함수이다. 변수 id에 A 포트(어드레스(D0)$_{16}$)의 입력 데이터를 대입한다.
8. 조건 분기의 제어문이다. 변수 id의 값이 (42)$_{16}$과 같을 경우에는 9행째와 11행째 사이의 명령을 실행하고 기타일 경우에는 else 이하 12행째와 14행째 사이의 명령을 실행한다.
10, 14. 출력 명령 함수이며 B 포트(어드레스 (D2)$_{16}$)로 각각의 데이터를 출력한다.

③ BASIC 언어의 예 : C언어의 프로그램과 같은 동작을 BASIC 언어로 프로그램하면 오른쪽과 같다.

```
10  OUT   &HD 6, &H 90
20  I=INP (&HD 0)
30  IF  I=&H 42  THEN 40  ELSE 70
40  OUT   &HD 2, &H 81
50  GOTO  20
60  OUT   &HD 2, &H 0
70  GOTO  20
80  END
```

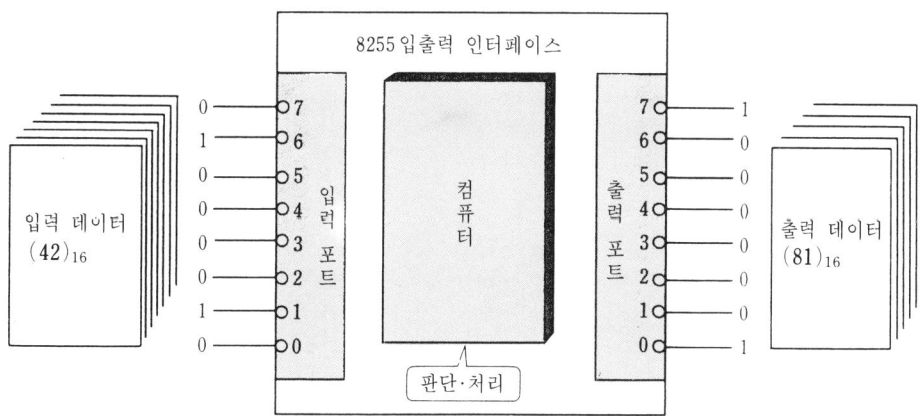

그림 1. 입력과 출력

연습문제
1. C언어로 16진수의 수치를 기술하려면 어떻게 하는가?
2. 데이터를 지정 출력 포트로 출력시키는 함수는 무엇인가?
3. 지정 입력 포트에서 데이터를 입력하는 함수는 무엇인가?
4. for(; ;)는 어떤 함수인가?

해 답
1. 앞에 0x를 붙인다. 2. outp( ) 함수. 3. inp( ) 함수. 입력 데이터를 변수에 대입한다.
4. 계속 조건이 없는 for문이며, {} 사이를 무한 루프로 실행한다.

제 5 장 컴퓨터와 인터페이스

도전 문제 Q

① 컴퓨터는 어떤 것으로 구성되어 있는가?
② 컴퓨터의 심장부로서 일반적으로 CPU라고 하는 곳을 무엇이라고 하는가?
③ 컴퓨터의 안팎에서 신호를 전송하는 선을 무엇이라고 하는가?
④ 컴퓨터가 다루는 신호는 어떤 신호인가?
⑤ 퍼스널 컴퓨터의 각종 모선과 외부를 접속하는 것에는 어떤 방법이 있는가?
⑥ PC 9801의 확장 슬롯의 데이터 모선은 몇 비트인가?
⑦ PC 9801의 확장 슬롯의 5V는 1슬롯당 몇 (A)를 취할 수 있는가?
⑧ 컴퓨터에서 다루는 디지털 신호의 전류는 어느 정도인가?
⑨ 컴퓨터의 처리 시간은 무엇에 기초하고 있는가?
⑩ 컴퓨터와 외부 기기와의 신호 조정을 하는 것을 무엇이라고 하는가?
⑪ 인터페이스가 하는 주된 일에는 어떤 것이 있는가?
⑫ 범용 데이터 전송 인터페이스 규격에는 어떤 것이 있는가?
⑬ 병렬 신호 전송용 인터페이스에 흔히 사용되는 IC에는 어떤 것이 있는가?
⑭ A-D 변환이란 무엇인가?
⑮ 디지털 신호를 수치로 나타내면 어떻게 되는가?
⑯ 제어에 사용되는 주요 언어에는 어떤 것이 있는가?
⑰ C언어로 16진수를 나타내려면 어떻게 하는가?
⑱ C언어로 변수를 사용할 경우에는 처음에 어떻게 하는가?

A

❶ 명령 제어 장치, 산술 논리 연산 장치, 기억 장치, 입출력 장치 등이다. / ❷ 처리 장치 또는 처리 기구라 하며 명령 제어 장치와 산술 논리 연산 장치로 구성된다. / ❸ 모선. 데이터 모선, 어드레스 모선, 제어 모선이 있다 / ❹ 전압이 5V와 0V인 디지털 신호이다. / ❺ 확장 슬롯에서 모선을 끌어내어 접속한다. / ❻ 16비트이다. 32비트 퍼스널 컴퓨터도 하위 16비트가 나와 있다. / ❼ 0.8A이다. 인터페이스 회로 등의 전원에 사용하는 정도이다. / ❽ TTL 레벨에 맞춰 있고 수 mA에서 수십 μA의 미소 전류이다. / ❾ 컴퓨터가 갖고 있는 클록 주파수이다. / ❿ 인터페이스라고 한다. / ⓫ 전류 증폭이나 교류 직류 변환 등 전기적 조건에 대한 조정이다. 또 A-D, D-A 변환 등의 신호 변환도 한다. / ⓬ RS-232C 규격, GP-IB 규격 등이다. / ⓭ 8255이다. / ⓮ 아날로그 신호를 디지털 신호로 변환하는 일이다. / ⓯ 전기 신호 5V를 1, 0V를 0으로 표시한다. 또 10진수나 16진수로 나타낸다. / ⓰ 어셈블러 언어, C언어, BASIC 언어 등이다. / ⓱ 수치 앞에 0x를 붙인다. / ⓲ 형식 선언을 해 둔다.

제 6 장
입출력 기기와 인터페이스

인터페이스를 능숙하게 만드는 방법

 모터 등을 기동시킬 경우, 사람은 손가락으로 스위치를 조작하여 모터를 기동시키고 기계가 정상적으로 움직이고 있는지 눈으로 보고 귀로 음을 들어서 기계의 상황을 판단한다.
 그러면 컴퓨터는 어떻게 해서 접점을 작동하거나 모터를 기동하거나 램프를 켜거나 주변 상황을 검지하는 것일까?
 이 장에서는 컴퓨터 제어의 기초로서 스위치나 센서의 신호를 컴퓨터에 입력하거나 기계를 조작하기 위해 신호를 출력하거나 하는 방법 및 컴퓨터의 기본적인 입출력 기기, 그것에 관련된 인터페이스 등에 대하여 학습한다.
 컴퓨터의 가 모선에는 입출력 기기를 직접 접속하는 것이 아니라 이미 배운 것처럼 인터페이스를 사이에 두고 접속한다. 여기서는 8255 입출력 인터페이스를 개재시켜 각 입출력 기기 전용 인터페이스에 접속하는 방법을 통해 학습한다.
 8255 입출력 인터페이스는 3개의 입출력 포트를 갖고 상황에 따라 사용 조건을 프로그램으로 바꿀 수 있어 일반적으로 널리 사용되고 있다. 이와 같은 인터페이스를 이해하기 위해서는 보드 제작에서부터 프로그램에 의한 최종 체크에 이르기까지 작업한다.
 또 컴퓨터에 신호를 입력하는 스위치나 센서 및 신호를 출력하여 모터 등의 액추에이터나 표시등을 작동하기 위한 인터페이스 등 퍼스널 컴퓨터로 다룰 수 있는 간단한 입출력 기기의 인터페이스 보드를 제작할 수 있도록 인터페이스의 기본적인 사항에 대해 학습한다.

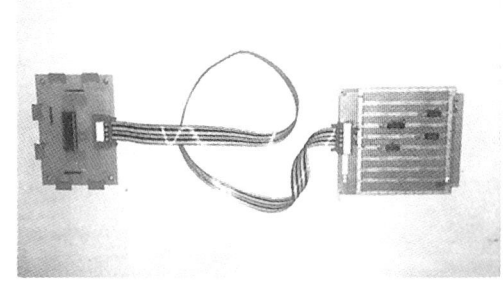

1 8255 입출력 인터페이스 단자와 사용법 모드

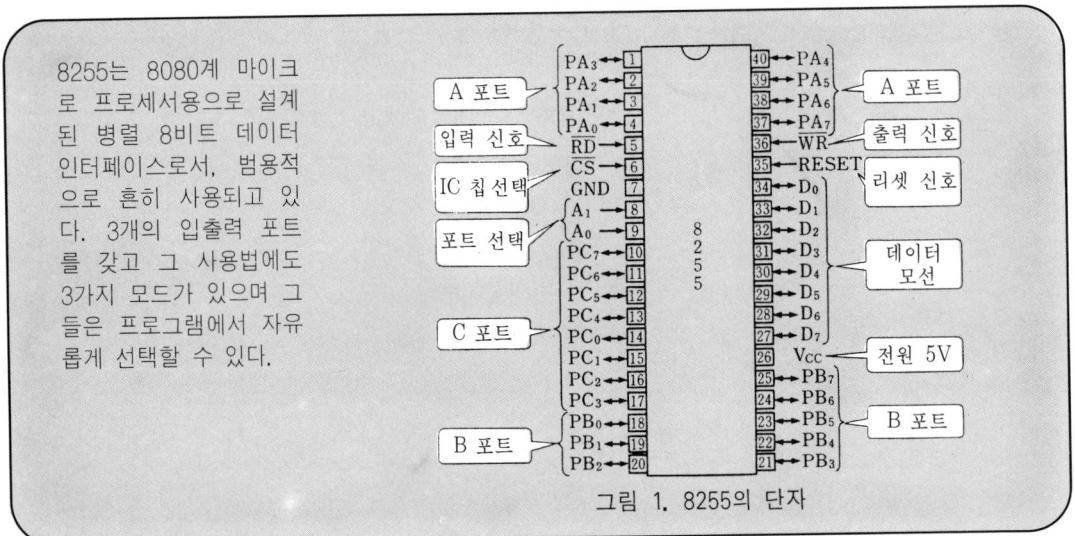

8255는 8080계 마이크로 프로세서용으로 설계된 병렬 8비트 데이터 인터페이스로서, 범용적으로 흔히 사용되고 있다. 3개의 입출력 포트를 갖고 그 사용법에도 3가지 모드가 있으며 그들은 프로그램에서 자유롭게 선택할 수 있다.

그림 1. 8255의 단자

1. 8255 IC 단자

이 IC 단자는 총 40개이다. 신호 레벨은 TTL 레벨에 맞추어 있고 IC 전원은 직류 5V이다(그림 1).

① 데이터 모선 접속 단자($D_0 \sim D_7$의 8개)

    컴퓨터측의 8비트 데이터 모선과 접속하여 데이터를 전송하는 8개의 단자이다.

② 칩 선택 단자(CS)

    8255 IC 칩을 선택하는 신호를 입력하는 단자이다. "0"의 신호로 작동한다.

③ 포트 어드레스 단자($A_0 \cdot A_1$의 2개)

    포트와 CW 레지스터를 선택하는 신호가 입력되는 단자이다.

④ 데이터 판독 신호 단자(RD)

    입력 명령이 나오면 이 단자에 "0"의 신호가 들어오고 지정된 포트의 입력 데이터가 데이터 모선을 통해 컴퓨터로 전송된다.

⑤ 데이터 기록 신호 단자(WR)

    출력 명령이 나오면 이 단자에 "0"의 신호가 들어오고 컴퓨터에서 출력된 데이터를 지정된 출력 포트로 출력한다.

⑥ 리셋 단자(RESET)

    이 단자에 "1"의 신호가 들어오면 IC 내의 레지스터가 소거된다. ① ~ ⑥의 단자는 컴퓨터측과 접속한다.

⑦ 전원 단자($V_{cc} \cdot$ GND)

    IC 구동 전원으로 플러스 전원(V_{cc}) 단자와 그라운드(GND) 단자가 있다. 또 V_{cc} 단자는 직류 5V이고 최대 사용 전원 전류는 120mA이다. 전원과 접속할 경우에는 전압의 안정성이나 잡음 등에 대한 주의가 필요하다. 또 신호의 전압 레벨을 맞추기 위해 컴퓨터나 외부 기기와의 그라운드끼리 접속해야 한다. 단, 절연형 접속일 경우에는 하지 않는다.
⑧ 입출력 포트 단자
  A 포트(PA0~PA7), B 포트(PB0~PB7), C 포트(PC0~PC7)의 각 8비트 합계 24개의 데이터 입출력용 단자이다. C 포트는 제어 신호 단자로서 사용되는 경우도 있다.

2. 포트 사용법

포트 사용법에는 모드 0, 모드 1, 모드 2의 3가지 사용법이 있다. 사용법을 선택할 때는 CW(Control Word)를 설정하고 그것을 8255 IC의 CW 레지스터에 출력한다.

(1) 모드 0

기본적인 사용법이다. A 포트, B 포트, C 포트 3개의 포트를 입력용 또는 출력용으로 설정한다. 하나의 포트를 입출력 양용으로는 사용할 수 없다. C 포트는 상위와 하위로 4비트씩 나누어 사용할 수 있다. 출력 데이터는 포트 레지스터에 유지(latch)되었다가 다음 출력 데이터가 올 때까지 출력한다. 입력 데이터는 유지되지 않는다.

(2) 모드 1

일방향 핸드셰이크 모드이다. 데이터 전송에서 제어 신호를 주고 받으며 데이터를 입출력할 타이밍을 잡는다(그림 2).

A 포트와 B 포트를 입력용 또는 출력용으로 설정하고 C 포트의 PC0~PC2의 3비트를 A 포트의 제어 신호, PC3~PC7을 B 포트의 제어 신호로서 사용한다(그림 3).

(3) 모드 2

쌍방향 핸드셰이크 모드이다. A 포트를 입출력 포트로서 사용하고 C 포트 위에서부터 5비트를 제어 신호로서 사용한다(그림 4).

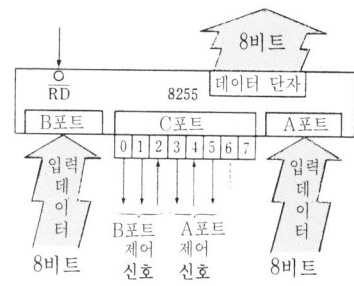

그림 2. 모드 1 입력의 예

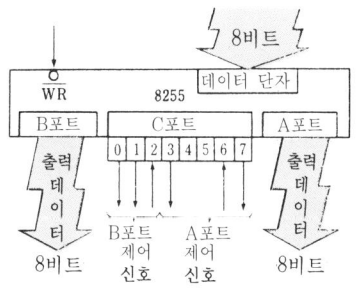

그림 3. 모드 1 출력의 예

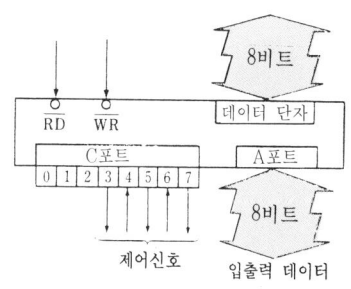

그림 4. 모드 2 입출력의 예

연습문제
1. 8255 IC의 전원은 몇 V인가?
2. 컴퓨터측과 접속하는 데이터 모선은 몇 개인가?
3. 모드 0으로 포트에서 데이터를 출력하였을 경우 다음 데이터가 출력될 때까지 포트 단자의 상태는 어떻게 되어 있는가?
4. 모드 1의 핸드셰이크 제어 신호는 어느 포트에서부터 나오고 있는가?

해답
1. 직류 5V이고 최대 전원 전류는 대충 120mA 정도이다. 2. 병렬 8비트 데이터를 주고 받으므로 단자는 8개 있다.
3. 출력 포트에서는 데이터가 유지되고 있다가 다음 데이터가 출력될 때까지 그 데이터가 출력되고 있는 상태이다.
4. C포트이다.

2 8255 입출력 인터페이스 보드를 만들어 보자(1)

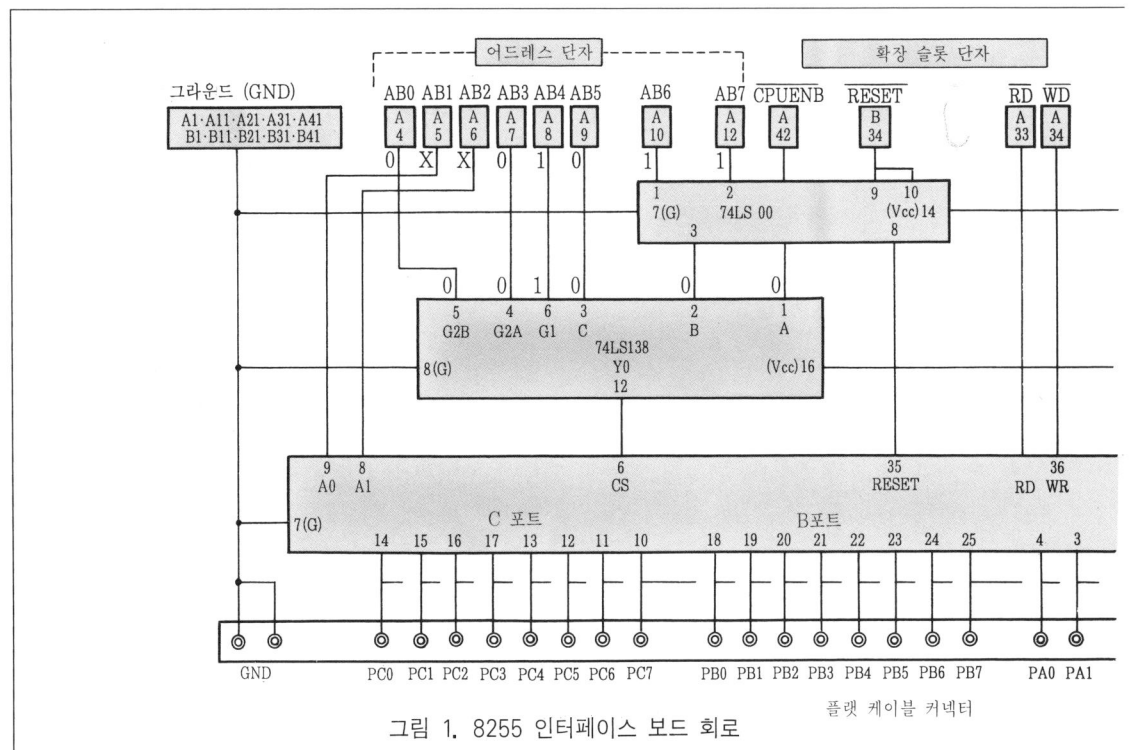

그림 1. 8255 인터페이스 보드 회로

1. 퍼스널 컴퓨터와의 접속 조건

(1) 데이터 모선은 확장 슬롯의 데이터 모선 단자의 하위 8비트에서부터 잡는다.

(2) 어드레스 모선은 확장 슬롯의 어드레스 모선 단자의 하위 8비트에서부터 잡는다. 하위 8비트의 데이터를 사용하므로 어드레스는 짝수 번지가 되고 사용자가 사용할 수 있는 어드레스부터 다음과 같이 설정한다.

A 포트 : $(D0)_{16} = (11010000)_2$
B 포트 : $(D2)_{16} = (11010010)_2$
C 포트 : $(D4)_{16} = (11010100)_2$
CW 레지스터 : $(D6)_{16} = (11010110)_2$

> PC 9801 퍼스널 컴퓨터의 확장 슬롯에 삽입하는 8255 보드, 외부 기기와 접속하는 입출력 포트용 보드를 만들고 두 보드를 28개 선의 플랫 케이블로 접속한다.

표 1

확장 단자	디코더 회로 단자
A 42 (CPUENB)	1 (A)
A 12 (AB 7) ┐ ⟨NAND 회로⟩	
A 10 (AB 6) ┘	2 (B)
A 9 (AB 5)	3 (C)
A 8 (AB 4)	6 (G1)
A 7 (AB 3)	4 (G2A)
A 4 (AB 0)	5 (G2B)

2. 8255 보드

PC 9801 확장 슬롯 전용 유니버설 프린트 기판에 8255, 디코더 회로 IC, NAND 회로 IC 등을 실장(實裝) 배선한다.

2 8255 입출력 인터페이스 보드를 만들어 보자(1)

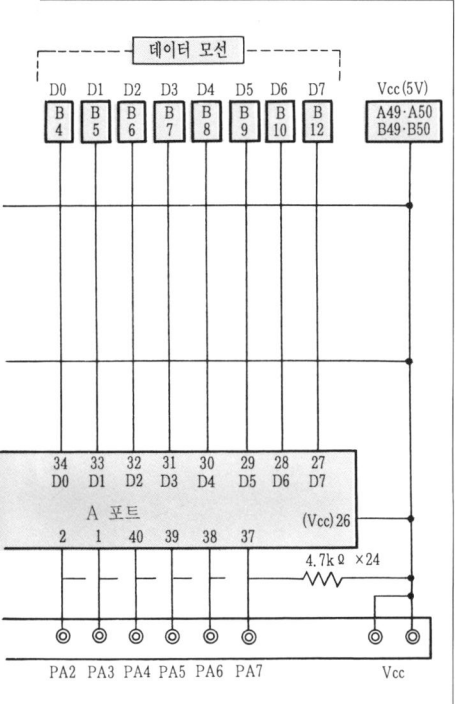

① 어드레스 관계의 접속 : 확장 슬롯의 어드레스 모선의 하위 8비트 중 포트를 선택하여 어드레스를 지정할 때 변화하는 AB1과 AB2의 단자를 8255측의 포트 선택용 단자 A0, A1에 접속한다.

 어드레스 모선의 나머지 하위 6비트와 CPUENB 신호를 디코더 회로(74LS138)와 NAND 회로(74LS00)를 사용하여 표 1과 같이 접속한다. 그리고 디코더 회로의 출력 단자 Y0를 8255측의 CS 단자(Low Active)에 접속한다. 포트 어드레스가 $(11010XX0)_2$이고 CPUENB 신호가 "0"일 때, 디코더 회로의 출력 단자 Y0의 출력 신호가 "0"이 되고 CS 단자에 입력되어 8255IC를 구동시킨다. CPUENB 신호는 처리 기구(프로세서)가 데이터 모선을 사용하고 있는지의 여부를 보는 제어 신호이다.

② 데이터 모선의 접속 : 확장 슬롯 16비트 데이터 모선의 하위 8비트를 8255의 8비트 데이터 모선 단자에 접속한다.

③ 리셋 신호의 접속 : 컴퓨터측의 리셋 신호는 로 액티브(Low Active)이지만 8255측 리셋 신호는 하이 액티브(High Active)이므로 리셋 단자끼리 접속하려면 그 사이에 반전 회로(①의 NAND 회로)를 넣는다.

④ WR 단자·RD 단자의 접속 : 확장 슬롯의 IOR 단자와 8255의 RD 단자를 접속하고 IOW 단자와 WR 단자를 접속한다.

⑤ 전원의 접속 : IC의 전원은 확장 슬롯의 전원을 사용한다. 5V 전원의 4개 단자와 그라운드의 10개 단자는 각각 기판에서 하나로 한다. 잡음을 방지하기 위해 각 IC 전원 단자의 부근과 확장 슬롯 접속 단자의 전원 부근에 콘덴서를 넣는다.

⑥ 포트 데이터 모선(그림 1) : 8255이 가 입출력 포트 단자는 외부의 입출력 포트용 보드에 접속하기 위한 플랫 케이블 커넥터에 접속한다. 전류를 증폭하기 위해 $4.7k\Omega$의 저항을 전원과 각 데이터 모선에 접속한다(Pull up).

⑦ 플랫 케이블 커넥터 단자 : 데이터 모선을 입출력 보드와 접속한다.

연습문제
1. 포트 어드레스는 왜 짝수 번호인가?
2. 확장 슬롯 어드레스 모선의 AB1, AB2를 왜 8255의 A0과 A1에 접속하는가?
3. CPUENB 신호를 왜 사용하는가?
4. 무엇 때문에 IC 전원 단자 사이 등에 콘덴서를 넣는가?

해 답
1. 32비트나 16비트의 데이터 모선에서부터 하위 8비트를 잡기 위함이다.
2. 짝수의 포트 어드레스를 2진수로 표시하면 A1과 A2의 값이 변화하기 때문이다.
3. 처리 기구의 명령으로 데이터 모선을 사용하고 있는가를 확인하기 위함이다.
4. 잡음을 흡수하기 위함이다.

3 8255 입출력 인터페이스 보드를 만들어 보자(2)

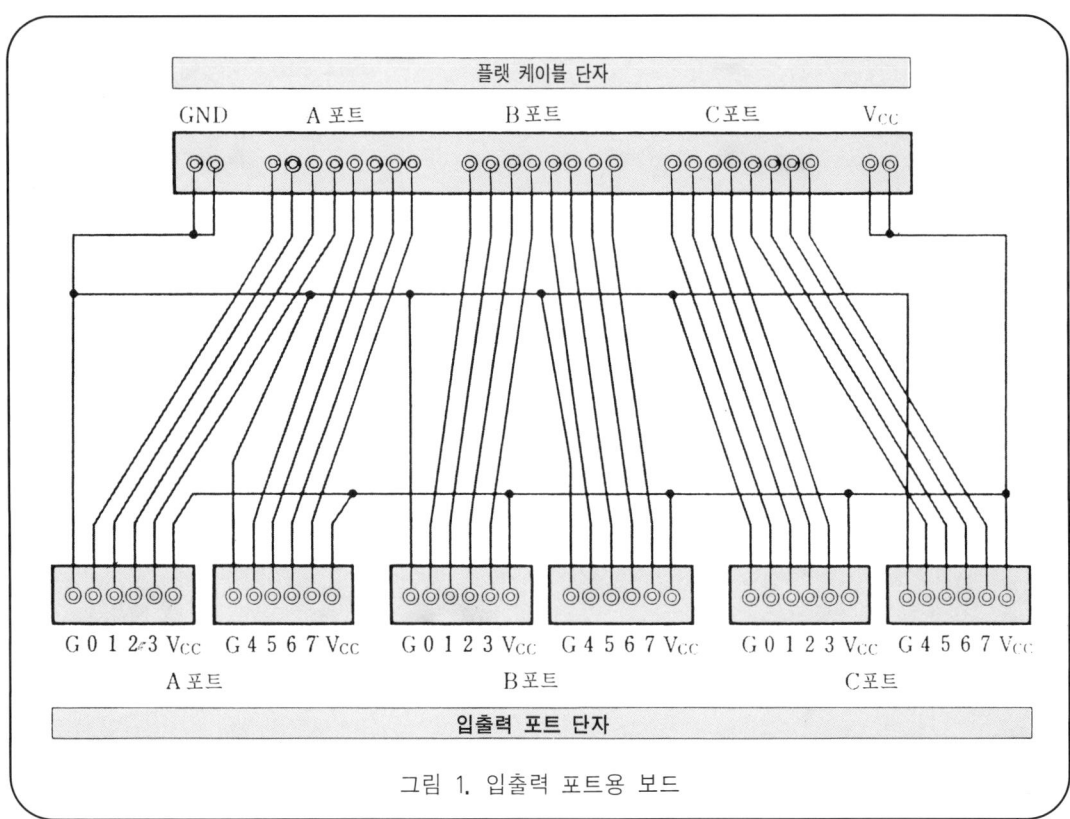

그림 1. 입출력 포트용 보드

1. 입출력 포트용 보드

외부 기기를 접속하는 A 포트, B 포트, C 포트의 입출력 커넥터를 가진 보드이다. 입출력 포트 커넥터는 상위와 하위로 나뉘고 하나의 커넥터는 포트 데이터 단자 4개, 5V 전원 단자, 그라운드 단자 총 6개의 단자로 구성되며 그림 1과 같이 배치되어 있다. 이 보드에서는 신호를 증폭하지 않으므로 포트 커넥터와 외부 기기와의 접속선은 가능한 한 짧게 한다. 만일 어느 정도의 길이를 필요로 한다면 증폭 회로를 붙이도록 한다. 5V 전원은 하나의 확장 슬롯으로 최대 약 0.8A까지만 잡을 수 있다.

이 전원은 제어 회로의 전원 또는 신호 증폭용 전원에 사용하고 외부 기기의 전원은 별도로 준비하는 것이 좋다. 잡음 흡수용 콘덴서를 플랫 케이블 커넥터측 전원 사이에 넣는다.

2. 8255 입출력 보드의 체크

제작한 8255 입출력 보드가 올바르게 작동하는지의 여부를 체크하지 않으면 사용할 수 없다. 혹시라도 잘못된 배선으로 퍼스널 컴퓨터를 고장내 버리면 큰일이다.

① 납땜의 체크

확대경 등을 사용하여 납땜 상태나 다른 단자와의 접촉 등을 체크한다. 접속 불량인 납땜은 다시 한다.

② 단락(短絡)의 체크

전자 부품 단자나 배선의 단락을 체크한다. 사방에 흩어진 납이 단락의 원인인 경우는 눈에 안띄는 경우가 많으므로 주의한다. 특히 전원과의 단락에 대해서는 면밀히 체크한다. 전원은 5V뿐만 아니라 12V도 있다.

③ 배선 체크

배선도대로 배선되어 있는지 테스터 등을 사용하여 체크한다. 귀찮고 끈기가 필요하지만 반드시 하도록 한다. 특히 IC 단자 번호를 착각하거나 극성(極性)이 틀리지 않도록 주의한다.

④ 삽입 단자면 체크

확장 슬롯에 삽입하는 단자면이 땜납으로 부풀어 오르지는 않았는지, 기름 등으로 더러워져 있지는 않은지를 체크하고 청소 등을 하여 편평하고 깨끗한 단자면을 유지한다. 이것은 신호의 절연 불량이나 잡음의 원인이 되므로 반드시 안팎 양면을 체크한다.

⑤ 프로그램에 의한 기능 체크

퍼스널 컴퓨터 확장 슬롯에 장착하여 프로그램으로 입출력을 체크한다. A, B, C의 각 포트에 $(0)_{16}$에서 $(FF)_{16}$까지 순차적으로 출력하고 그 때의 포트 데이터를 입력하여 출력한 데이터와 비교한다. 전부 동일하면 정상적으로 기능하고 있다고 판단할 수 있다. 또 각 포트에 8비트 LED나 스위치 등의 입출력 기기를 접속하고 체크하는 편이 좋을 것이다.

체크 프로그램

```
/* 8255 인터페이스 보드의 하드웨어 체크 */
#include<stdio.h>
main ()
{
    unsigned int a, aid, bid, cid, od;
    printf ("\x1b[2j");
    outp (0xd6, 0x80);
    for(od=0x0; od<=0xff; od+=0x1)
    {
        outp(0xd0, od);aid=inp(0xd0);
        outp(0xd2, od);bid=inp(0xd2);
        outp(0xd3, od);cid=inp(0xd3);
        printf("출력%x\n", od);
        printf("입력%x%x%x\n", aid, bid, cid);
        if(aid==od  bid=od  cid=od)
        {
        }
        else
        {
            printf("I/O에러\t");
            goto brk;
        }
    }
    printf("\nOK\n");
brk:;
}
```

연습문제

1. 입출력 포트용 보드에서 신호를 증폭할 경우에는 어떤 회로를 사용하는가?
2. 잡음 흡수용 콘덴서는 어디에 넣는가?
3. 완성된 보드에 대해서는 어떤 체크가 필요한가?
4. 프로그램에 의한 체크는 무슨 기능을 체크하는가?

해답

1. 전원에서부터 저항을 통해 데이터 모선에 접속하는 풀업이 적당하다.
2. 플랫 케이블 커낵터의 전원 가까이에 접속한다.
3. 납땜이 완성된 모양, 단락(특히 전원과의), 오배선, 삽입 단자면 등을 체크한다.
4. 각 포트에 대한 입출력 체크이다.

4 8비트 LED 점등 회로

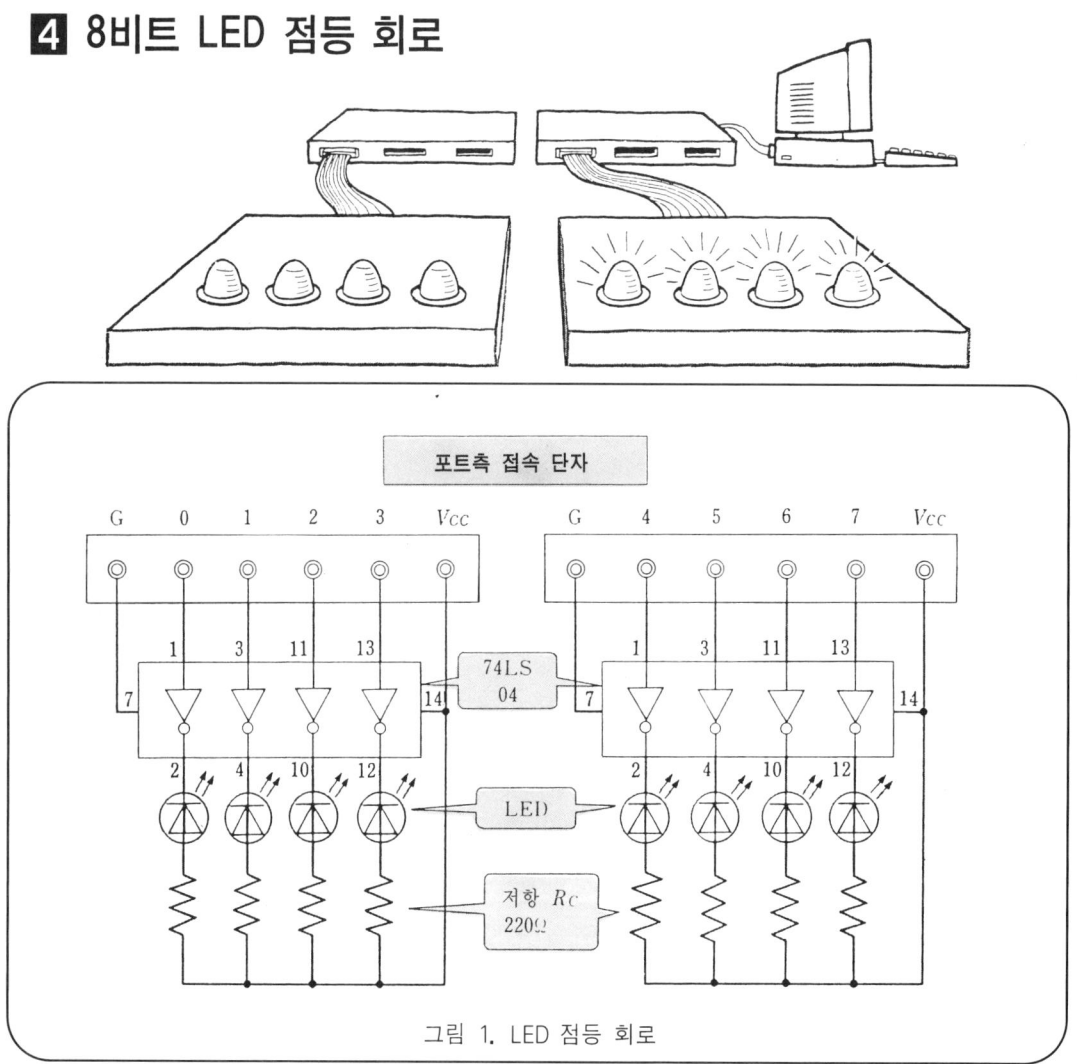

그림 1. LED 점등 회로

(1) 사용 LED의 주요 시방
TLR 113A(도시바) GaP 적색 발광
최대 순(順)전류 $I_F = 20 [mA]$
표준 순전압 $V_F = 2.1 [V]$
권장 동작 전류 $I_F = 10 \sim 15 [mA]$
광도(축상) $= 3.5 [mcd]$ ($I_F = 15 [mA]$)

> LED 점등 회로는 8비트 포트의 각 비트에서 출력하는 데이터를 확인하기 위해 사용한다. 우선 8255에서 보내는 신호로 LED를 점등시키는 회로를 생각한다.

(2) 신호 "1"일 때 출력 포트의 전류

8255 보드에서 신호가 "1"일 때의 출력 전류는 풀업에 의한 전류이며 약 1mA, 8255IC에서는 최대 4mA라고 보면 약 5mA이다.

그러나 LED를 점등시키려면 10~15mA 정도의 전류가 필요하므로 신호 전류에서는 직접 점등할 수 없다.

(3) 논리 회로 IC를 사용한 LED 회로(그림 1)

8255에서 보내는 신호로 전류를 ON·OFF하는 스위치에 논리 회로 IC를 사용한다.

5V 전원에서 전류 조정용 저항 R_c를 통해 LED의 양극(+) 단자에 접속하고 음극(−) 단자는 논리 회로 IC의 출력 단자에 접속한다. IC의 출력 신호가 "1"이면 단자 전압은 5V에서 전원 전압과 동일해져 전류가 흐르지 않는다. 출력 신호가 "0"이 되면 단자 전압이 0V에 가깝게 되고 전원에서부터 LED를 통하는 전류가 IC 내부를 통과하여 그라운드로 흘러 LED를 점등시킨다.

컴퓨터에서 보내는 신호로 논리 회로 IC를 작동시키므로 IC 입력 단자는 포트와 접속하는 커넥터의 데이터 단자와 접속한다. 컴퓨터에서 보내는 "1" 신호에 의해 출력 단자가 "0" 신호로 되는 반전 회로 IC를 사용하고 "0" 신호일 때 최대 20mA의 전류를 유입할 수 있는 74HC04를 사용한다. IC에는 반전 회로가 6개 들어 있으므로 4비트에서 1개, 8비트에서 2개의 IC를 사용한다.

저항 R_c는 LED에 흐르는 전류 I_F를 제한하는 저항으로 전류 I_F를 15mA로 가정하고 전원 전압 V_{CC}가 5V, 양극·음극간 전압 V_{ad}가 0.1V 그리고 LED의 발광 전압 V_F가 2.1V이면 저항 R_c의 값은

$V_{CC} = R_c \times I_F + V_F + V_{ad}$

$R_c = (V_{CC} - V_F - V_{ad})/I_F = (5-2.1-0.1)/0.015 = 187 [\Omega]$이 되는데 시판품 220 Ω을 사용하면 I_F는 13mA이다. IC에서 LED 점등 전류를 끝까지 흐르게 하지 않을 경우 등에는 트랜지스터를 사용하는 방법도 있다.

(4) 프로그램 설명

키보드로 입력한 16진수의 값대로 LED를 점등시키는 프로그램이다.

3. 변수 n을 부호 없는 정수형으로 선언한다.

4. CW 레지스터(어드레스 $(D6)_{16}$)에 CW 데이터 $(90)_{16}$을 출력하라는 명령이다. A 포트를 입력용, B·C 포트를 출력용으로 설정한다.

5. 6행째부터 10행째 사이를 무한 루프로 실행한다.

7. 화면에 「점등 데이터 n=」을 표시한다.

8. 키보드에서 점등 데이터를 16진수로 입력하면 변수 n에 들어간다.

9. 키 입력한 변수 n 내용을 B 포트(어드레스 $(D2)_{16}$)로 출력한다. 이 LED 점등 회로는 출력 연습을 하는데 매우 편리한 회로이다.

간단한 점등 프로그램

C언어에 의한 프로그램에는 행번호를 붙이지 않지만 설명 관계상 들어가 있다.

```
1    main ()
2    {
3        unsigned int n;
4        outp(0xd6, 0x90);
5        for(; ;)
6        {
7            printf("점등 데이터 n=");
8            scanf("%x", &n);
9            outp(0xd2, n)
10       }
11   }
```

연습문제

1. LED를 점등시키려면 어느 정도의 전류가 필요한가? 신호 전류로 점등할 수 있는가?
2. LED가 발광하는 전압은 어느 정도인가?
3. LED 점등 회로의 저항은 무엇을 위함인가?
4. LED 점등 회로의 반전 회로의 역할은 무엇인가?

해답

1. 종류에 따라 다르지만 약 10~20mA 정도. 2. 종류에 따라 다르지만 약 2V 전후.
3. LED로 흐르는 전류를 제한하기 위해. 4. LED로 흐르는 전류를 ON·OFF한다.

5 스위치용 인터페이스 회로

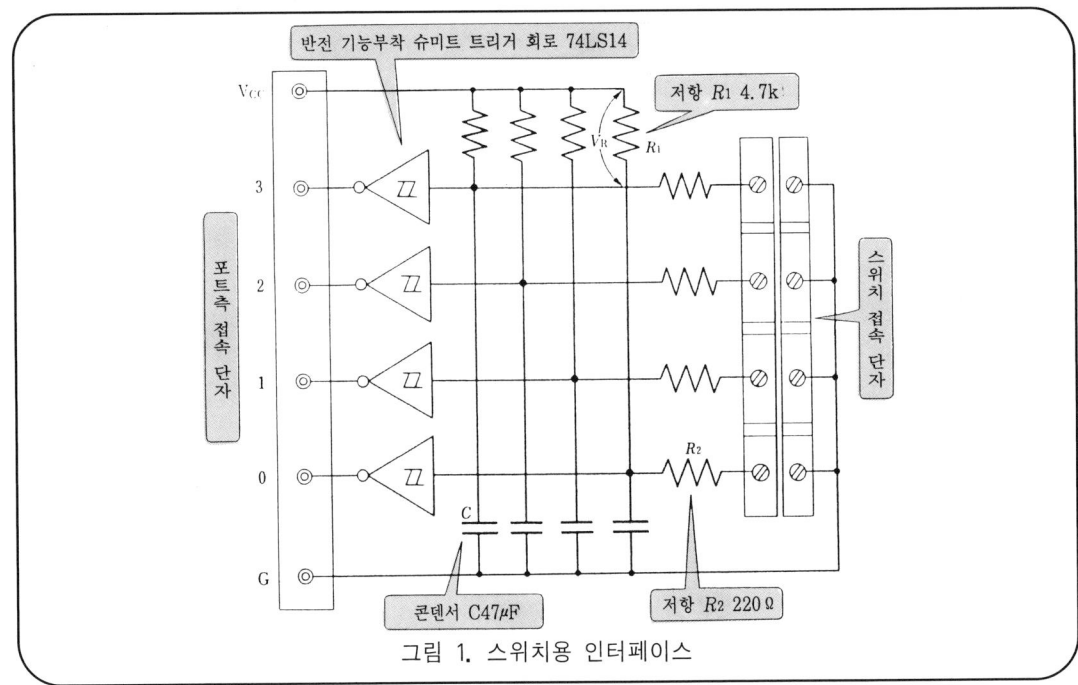

그림 1. 스위치용 인터페이스

> 스위치용 인터페이스 회로란 스위치에 의한 입력 신호를 컴퓨터가 처리할 수 있는 신호로 바꾸는 입력 회로이다.

1. 채터링

푸시 버튼 스위치나 리밋 스위치 등 스프링에 의한 복귀 기능이 있는 접점에서는 닫기 시작이나 열기 시작에서 약 10ms 사이에 ON·OFF를 반복하는 **채터링**이 발생한다. 채터링의 영향을 없애려면 신호 파형의 채터링 부분을 회로에서 정형하는 방법과 프로그램에서 고려하는 방법이 있다.

스위치용 인터페이스는 파형 정형 회로에서 채터링을 없애 깨끗한 파형으로 형을 정돈한다.

파형 정형 회로에는 각종 회로가 있는데 여기서는 진동 파형을 완만한 파형으로 하는 적분 회로와 전압의 고저(高低)가 확실한 파형으로 하는 슈미트 트리거 회로로 구성된 회로를 학습한다.

2. 적분 회로

저항 R_1과 R_2, 콘덴서 C, 접점으로 구성되고 채터링의 파형을 완만한 파형으로 한다.

① 접점을 연다

전류는 전원에서 저항 R_1을 통해 콘덴서 C로 흘러 서서히 a점의 전압을 올린다. 그때 채터링은 흡수되면서 완만한 파형이 된다. 포화 전압의 63%가 되는 시간을 **시정수(時定數)**라고 하며 저항 R_1과 콘덴서 용량 C의 곱이 된다. 시정수를 채터링 시간 이상이 되도록 저항값과 콘덴서 용량을 정한다. 콘덴서가 포화되면 전류는 IC로 흘러든다. 그 전류는 $I_{IH}=0.02[mA]$로 매우 작고 저항 R_1에 의한 전압 강하 V_R도 작아져 IC 입력 단자의 전압은 전원 전압에 가깝고 "1" 신호의 전압이 된다.

② 접점이 닫힌다

그라운드에 연결되어 5V 전원에서의 전류는 저항 R_1과 R_2를 통해 그라운드로 흐른다. 콘덴서에서 방출되는 전류가 전원의 전류에 가해짐으로써 채터링 파형이 완만한 파형이 된다. 방출이 끝났을 때 IC 입력 단자의 전압이 "0"의 허용 전압 이내가 되도록 저항 R_1과 저항 R_2의 값을 정한다. 저항 R_1과 R_2의 비가 전압비가 된다.

③ 시정수

저항 R_1에서 콘덴서로의 입출 전류를 제한하고 콘덴서가 포화하는 시간을 콘덴서 용량과 저항값으로 조정한다. 포화 전압의 약 63%의 전압이 되는 시간을 시정수 τ로 한다는 것은 이미 배웠는데 전류가 유출될 경우에도 포화 전압의 약 37%가 되는 시간이 시정수로 된다.

시정수 τ를 채터링 시간 이상이 되도록 콘덴서 용량과 저항값을 계산한다.

시정수 τ를 10ms(0.01s)로 하면

$\tau = C \times R = 0.01$

$C = \tau \div R = 0.01 \div R$

유입일 때 R_1을 4.7kΩ이라고 하면

$C = 0.01 \div 4,700 = 2.1 [\mu F]$

유출일 때 R_2를 220Ω이라고 하면

$C = 0.01 \div 220 = 45.5 [\mu F]$

큰 쪽의 값으로 47μF인 시판용 콘덴서를 사용한다.

3. 슈미트 트리거 회로

전압이 완만하게 변화하는 입력 신호에서 전압이 상승할 때 1.6V 이상은 "1" 신호를 출력하고, 하강하는 전압일 때 0.6V 이하는 "0" 신호를 출력하여 전압의 고저가 확실한 신호로 만든다. 또 접점이 닫혔을 때는 "1", 열렸을 때는 "0" 신호를 출력하도록 신호 반전의 기능을 갖게 한 74LS14의 IC를 사용한다.

4. 접속 단자

4비트분의 스위치 인터페이스로 한다. 컴퓨터측과는 입력 포트의 4비트 신호 단자, 5V 전원, 그라운드의 합계 6개의 커넥터로 접속한다. 5V 전원은 스위치와 IC의 전원에 사용한다. 스위치측의 접속은 나사 고정식 커넥터로 하고 저항 R_2측 접속 단자와 그라운드측 접속 단자를 한 쌍으로 하여 4개소 만든다.

연습문제

1. 채터링이란 무엇인가?
2. 채터링 파형을 수정하는 회로에는 어떤 것이 있는가?
3. 콘덴서의 시정수란 무엇인가?
4. 슈미트 트리거 회로는 어떤 일을 하는가?

해답

1. 단시간에 신호 전압이 고저를 반복하면서 진동하는 것.
2. 채터링 파형을 수정하는 주요 방법으로는 적분 회로와 슈미트 트리거 회로를 사용하는 방법이 있다.
3. 포화 전압의 63% 전압이 되는 시간   4. 완만한 파형을 고저가 확실한 파형으로 바꾼다.

6 전자 릴레이의 인터페이스

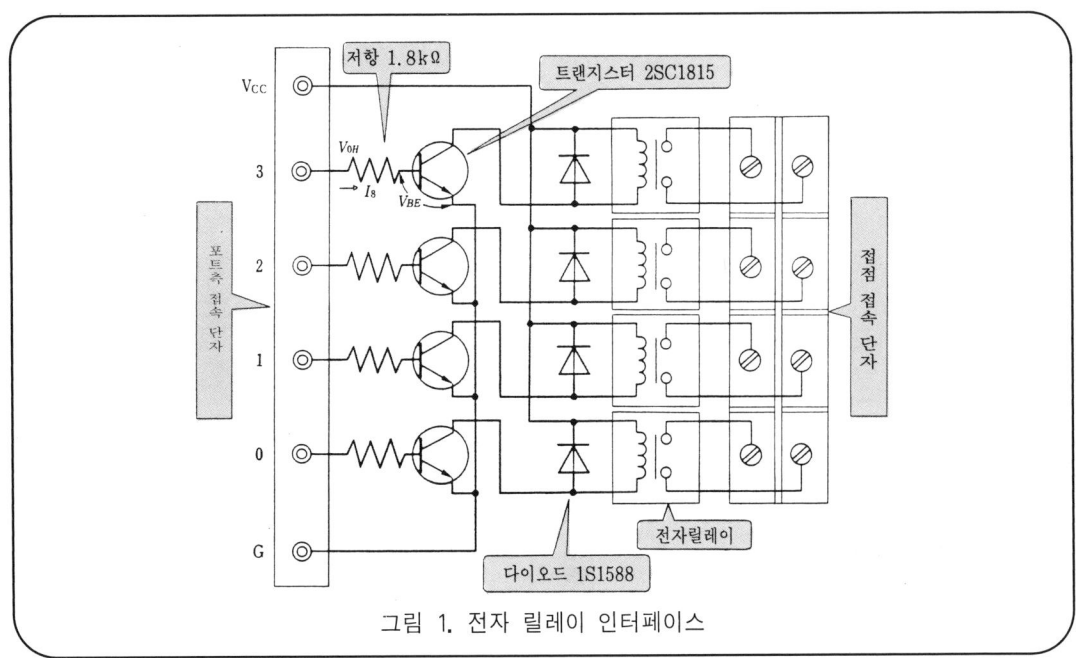

그림 1. 전자 릴레이 인터페이스

1. 사용 부품의 주요 시방

(1) 전자 릴레이의 시방

HB2-DC5(마쓰시다)

코일 정격 : 직류 전압 5V   여자 전류 72mA

접점 시방 : C접점-2개

   정격 용량   2A-125V AC 2A-30V DC

   작동 시간/복귀 시간 약 5ms

   최대 조작 빈도 20회/초

> 컴퓨터의 출력 신호로 전자 릴레이를 작동시키고 릴레이의 접점에서 별도의 전원을 ON·OFF하여 제어 대상 기기를 제어하는 인터페이스이다. 4비트 신호용을 만든다.

(2) 트랜지스터 시방

2SC1815(NPN형) GR 타입

최대 정격 : 컬렉터·베이스간 전압 60V

   컬렉터·이미터간 전압 50V

   컬렉터 전류   150mA

직류 전류 증폭률 GR : 200~400

(3) 다이오드

1S1588(도시바)

역방향 전압 V_R 30V

평균 정류 전류 I_o 120mA

(4) 구동 전원

퍼스널 컴퓨터 확장 슬롯의 5V 전원을 사용한다. 전류는 최대 800mA를 취할 수 있으므로 예정된 4개의 전자 릴레이를 동시에 동작시킬 수 있다.

2. 회로

(1) 전자 릴레이 회로

트랜지스터를 조작하여 릴레이의 전자석 코일로 전류를 흘려 보내는 회로이다.

5V 전원→릴레이의 코일→트랜지스터의 컬렉터·이미터→그라운드와 접속하고 코일 단자간과 병렬로 역기전력(서지 전압) 흡수용 다이오드를 역방향으로 붙인다.

(2) 신호 회로

커넥터의 데이터 단자에서 보호용 저항 R을 통해 트랜지스터의 베이스에 접속한다.

컬렉터 전류 I_C가 최대 150mA로 흐르기 때문에 직류 전류 증폭률 $h_{fe}=200$에 의해 최대 베이스 전류 I_B를 산출하면 0.75mA가 된다.

이 베이스 전류 I_B에 의한 저항 R의 전압이 하강된 후 베이스 전압이 작동 전압(0.7V) 이상이 되도록 저항값 R을 정한다.

$I_B = I_C / h_{fe} = 150 [\text{mA}] \div 200 = 0.75 [\text{mA}]$

$R = (V_{OH} - V_{BE}) / I_B$

$\quad = (2.4[\text{V}] - 0.7[\text{V}]) \div 0.75[\text{mA}]$

$\quad = 2,267 [\Omega]$

저항 R은 조금 작은 시판용 1.8kΩ으로 한다. V_{OH}는 "1"의 출력 전압의 최소에서 계산한다.

(3) 단자

릴레이 접점의 a 접점 단자는 나사 고정식 커넥터에 접속하고 외부 접점 단자로 한다.

3. 간단한 작동 프로그램

A 포트에 8비트 스위치 입력 회로를 접속하고 B 포트의 하위 4비트에 전자 릴레이 인터페이스를 접속한다. 하위 4비트의 스위치를 누르면 동일한 비트 번호의 릴레이가 작동하는 프로그램을 만든다. 비트 번호 7의 스위치를 누르면 프로그램이 정지한다.

```
1   main ()
2   {
3       unsigned int i;
4       outp(0xd6, 0x90);
5       for(; ;)
6       {
7           i=inp(0xd0);
8           if(i==128)
9           {
10              break;
11          }
12          else if(j<=)
13          {
14              outp(0xd2, i)
15          }
16      }
17  }
```

연습문제

1. 전자 릴레이의 코일과 다이오드를 병렬로 접속하는 것은 무엇 때문인가?
2. 트랜지스터를 작동시키는데 필요한 베이스 전압은 몇 V인가?
3. 트랜지스터의 베이스 앞에 저항을 넣는 것은 무엇 때문인가?

해답

1. 역기전력(서지 전압)을 흡수하기 위해서이다.
2. 0.7V 이상이다.   3. 트랜지스터를 보호하기 위해서이다.

7 소형 직류 모터의 인터페이스

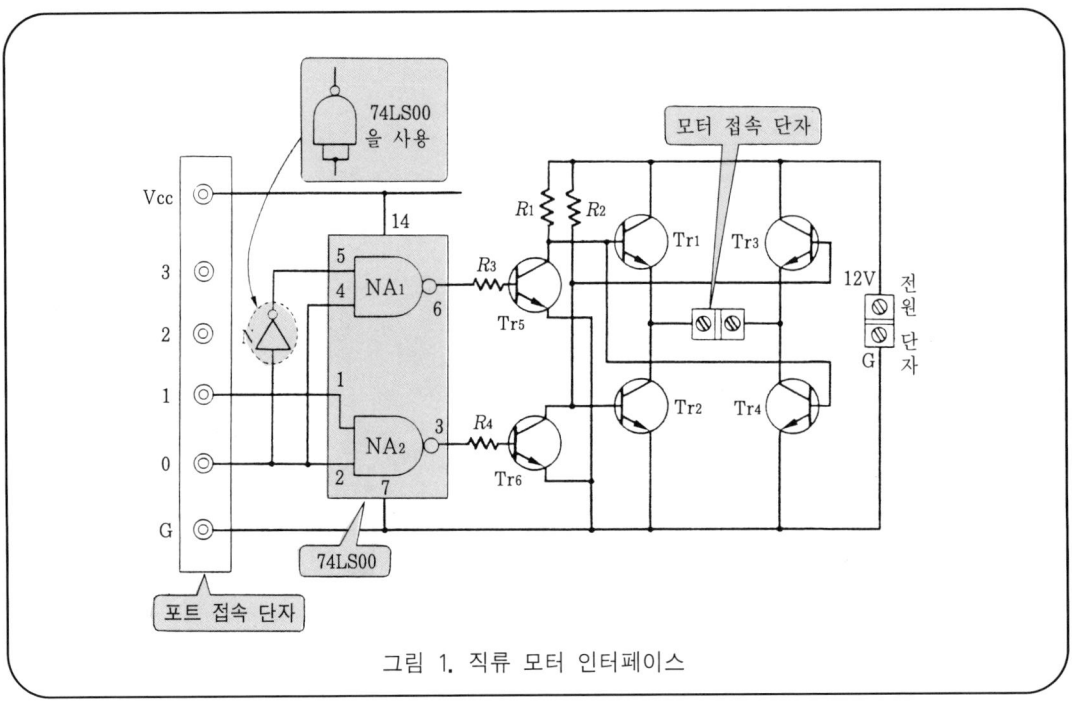

그림 1. 직류 모터 인터페이스

접속하는 소형 직류 모터는 정격 전압을 직류 12V, 정격 전류 : 500mA로 한다.

> 컴퓨터에서의 회전 방향과 기동 정지라는 2가지 신호에 의해 소형 직류 모터의 정역전(正逆轉)과 정지를 제어하는 인터페이스를 만든다.

1. 회로

(1) 컴퓨터와의 접속

컴퓨터측과는 6핀의 커넥터로 접속한다. 회전 방향과 기동 정지의 두 신호 모선과 전원(5V와 그라운드)의 4개를 접속하고 나머지 2개는 무접속으로 한다. 커넥터의 전원 단자간에 잡음 흡수용 콘덴서 ($47\mu F$, $0.01\mu F$)를 붙인다.

(2) 모터 및 모터 전원과의 접속

나사식 커넥터로 모터의 케이블 단자를 접속한다. 모터의 12V 전원은 전용 전원을 사용하고 나사식 커넥터로 접속한다.

(3) 제어 회로

포트 접속 단자의 비트 0단자(기동 정지 신호)와 비트 1단자(회전 방향 신호)는 제어용 트랜지스터 Tr_5, Tr_6의 베이스까지 그림 1과 같이 접속한다. NOT 회로 N은 회전 방향 신호가 0일 때 NAND 회로 NA_1에 1의 신호를 입력시키기 위함이다. 제어용 트랜지스터 Tr_5, Tr_6를 사용하여 12V 전원과 접속하고 컬렉터측에서 신호를 취하는 것은 다음과 같은 이유 때문이다.

- NAND 회로의 출력 신호가 0일 때 제어용 트랜지스터를 작동시킨다.
- 모터가 구동용 트랜지스터 Tr_1, Tr_3와 이미터 접속이기 때문에 모터의 구동 전압을 12V로 하기

위하여 베이스 전압을 12V로 한다.
(4) 구동 회로
4개의 구동용 트랜지스터 Tr_1, Tr_2, Tr_3, Tr_4, 모터 접속 단자, 전원 단자를 그림 1과 같이 접속한다.

2. 트랜지스터의 선정

구동용 트랜지스터 : 모터의 정격 전류는 0.5A이나 기동 전류를 고려하여 최대 컬렉터 전류 I_c를 3A 이상으로 한다.

직류 전류 증폭률 h_{FE}는 베이스 전류 I_b를 0.002A로 하면 다음과 같이 계산한다.

$$h_{FE} = \frac{I_c}{I_b} = \frac{3}{0.002} = 1,500$$

최대 컬렉터 전류가 7A, 직류 전류 증폭률 h_{FE}가 2,000에서 구동용 트랜지스터 2SD633을 사용한다.

제어용 트랜지스터 : 최대 컬렉터 전류 I_c는 구동용 트랜지스터의 베이스 전류의 2배인 0.004A, 제어용 트랜지스터의 베이스 전류 I_b는 NAND 회로 IC가 1일 때 출력 전류는 0.0004A이기 때문에 직류 전류 증폭률 h_{FE}는 다음과 같이 계산한다.

$$h_{FE} = \frac{I_c}{I_b} = \frac{0.004}{0.0004} = 10$$

최대 컬렉터 전류가 0.15A, 직류 전류 증폭률 h_{FE}가 80 이상에서 흔히 사용되고 있는 2SC1815를 사용한다. 이상적인 트랜지스터를 선정하려면 일정한 경험이 필요하다. 시행착오를 반복하면서 선택해 나간다.

3. 동작

(1) 정지 : 비트 0에 정지 신호 0이 입력되면 두 NAND 회로의 출력이 1이 되고 2개의 제어용 트랜지스터가 작용하면 전(全) 구동용 트랜지스터가 정지하여 모터에서는 전류가 흐르지 않는다.

(2) 정회전 기동 : 비트 0에 기동 신호 1이, 비트 1에 정회전 신호 1이 각각 입력되면 NAND 회로 NA2의 출력은 0이 되어 구동용 트랜지스터 Tr_2와 Tr_3가 작용하여 모터가 정회전으로 기동한다.

(3) 역회전 기동 : 비트 0에 기동 신호 1이, 비트 1에 역회전 신호 0이 각각 입력되면 NOT 회로 N에서 1이 되고 NAND 회로 NA1에 입력되고 그 출력이 0이 되어 구동용 트랜지스터 Tr_1과 Tr_4가 작용하여 모터가 역회전으로 기동한다.

연습문제
1. 커넥터의 전원 단자간에 잡음 흡수용 콘덴서를 접속하는 것은 무엇 때문인가?
2. NOT 회로는 무슨 일을 하는가?
3. 제어 트랜지스터 Tr_5, Tr_6의 사용 목적은 무엇인가?
4. 직류 모터의 구동 회로에 트랜지스터 4개를 사용하고 있는 이유는 무엇인가?

해답
1. 전원 단자 앞에서 잡음을 흡수하여 컴퓨터나 입출력 인터페이스로 들어가는 것을 막는다.
2. 신호를 반전하는 작용이다.   3. 신호 변환과 전압 변환이다.
4. 전류가 흐르는 방향을 바꾸어 회전 방향을 바꾸기 위함이다.

| 도전 문제 | Q |

① 8255는 직렬 8비트와 병렬 8비트 중 어느 쪽의 데이터 전송용 인터페이스인가?

② 8255는 몇 개의 입출력 포트를 갖고 있는가?

③ 8255를 사용하는 방법은 몇 가지가 있는가?

④ PC 9801 퍼스널 컴퓨터의 16비트 데이터 모선의 하위 8비트를 데이터로 사용할 경우 포트의 어드레스는 짝수와 홀수 중 어느 쪽인가?

⑤ A, B, C 포트가 짝수 어드레스 쪽일 때 어드레스를 2진수로 나타내면 변화하는 어드레스 모선의 비트는 어느 비트인가?

⑥ 8255의 CS 단자는 어떤 역할을 하는가?

⑦ 전원에서 저항을 통해 포트의 데이터 단자에 접속하는 것은 무엇 때문인가?

⑧ LED가 점등하는데 필요한 전압은 약 몇 V인가? 또 직류인가, 교류인가?

⑨ 왜 LED 점등 회로에서 반전(NOT) 회로 IC를 사용하는가?

⑩ 입출력 포트로 데이터를 출력시키는 명령은 C언어로 무엇인가?

⑪ 데이터를 입력하는 명령은 C언어로 무엇인가?

⑫ 컨트롤 워드(CW)란 무엇인가?

⑬ 채터링이란 무엇인가?

⑭ 슈미트 트리거 회로란 어떤 회로인가?

⑮ 전자 릴레이 회로에서 전자 코일에 병렬이고 역방향으로 장착하는 다이오드의 역할은 무엇인가?

⑯ 소형 직류 전동기의 인터페이스 회로에서 트랜지스터를 4개 사용하는 이유는 무엇인가?

| A |

❶ 병렬 8비트 데이터 전송용 인터페이스 / ❷ A 포트, B 포트, C 포트 3가지 / ❸ 모드 0, 모드 1, 모드 2의 3가지 / ❹ 짝수 / ❺ 비트 1과 비트 2 / ❻ CS는 칩 선택에 관한 것으로 0 신호가 들어가면 8255는 입출력 가능한 상태가 된다. / ❼ 데이터 신호의 전류 제한을 위해. 풀업이라고 한다. / ❽ 약 2V, 직류 / ❾ IC 내부로 유입되는 전류로 LED를 점등시키기 때문에 입력 신호의 "1"을 반전하여 출력 단자를 "0"으로 한다. / ❿ outp() : 퀵 C/ ⓫ inp() : 퀵 C / ⓬ 8255 인터페이스 IC 사용법 모드 설정이나 C 포트 각 비트의 세트·리셋을 나타내는 8비트의 데이터 / ⓭ 자동 복귀형 스위치를 누르려고 할 때나 떼려고 할 때 발생한다, 단시간의 ON·OFF 반복으로 인한 진동 파형 / ⓮ 어떤 전압을 경계로 입력 신호 전압을 "1" 신호와 "0" 신호로 나누어 출력하는 회로 / ⓯ 전자 코일의 전류를 차단할 때 발생하는 역기전력을 흡수하기 위함이다. / ⓰ 2개의 트랜지스터를 한 쌍으로 하여 어느 쪽인가를 작동함으로써 모터로 흐르는 전류의 방향을 바꾸어 회전 방향을 제어하기 위함이다.

제 7 장
간단한 제어 프로그램

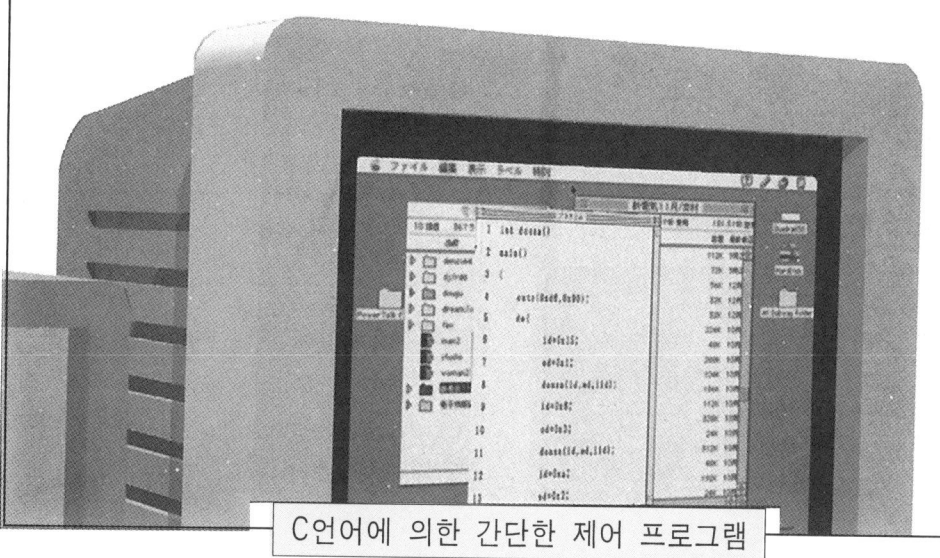

C언어에 의한 간단한 제어 프로그램

확장 슬롯에 입출력 기기와 인터페이스를 접속할 수 있으면 C언어로 제어 프로그램을 만들고 퍼스널 컴퓨터에 입력하여 여러가지로 제어해 보자.

「간단한 것부터 꾸준히 해 보자.」

솔직히 말해 C언어는 BASIC 언어에 비해 선뜻 착수하기 어려운 감이 든다. 변수의 형식 정의, 함수의 개념 등 초보자의 입장에서는 이해하기 어려운 점이 있다. 그러나 간단한 제어 프로그램으로 조건을 바꾸어 실행을 반복함으로써 요령을 익히면 점점 이해할 수 있게 된다. 기본적인 제어 프로그램을 함수형으로 해 두고 그들을 조합하여 복잡한 제어 프로그램을 짤 수 있다.

어려운 제어나 복잡한 제어를 그대로 염두에 두고 있으면 결코 손을 댈 수 없고 그것을 실행함에 있어서 곤란한 일이 많다.

우선은 스위치 입력 회로와 LED 점등 회로를 사용하여 여러가지 프로그램의 제작·실행을 반복하면서 요령을 터득하자.

예를 들면 모터의 제어 프로그램을 만들 경우 느닷없이 회전수나 회전 방향 등의 제어를 생각하지 말고 푸시 버튼 스위치를 누른 수를 세는 프로그램을 만들면 회전수를 세는 프로그램에 응용할 수 있다. 실행하는 경우에도 스위치 입력 회로 하나만 있으면 간단히 실행할 수 있다. 회전수를 변속하는 프로그램에 있어서도 LED를 점멸하는 프로그램으로 생각하면 실행도 간단하고 인간의 감각으로 체크할 수 있다.

여기서는 스위치 입력 회로, LED 점등 회로, 전자 릴레이 구동 회로 등과 같이 간단한 제어 프로그램을 만들어 본다. 또한 C언어에 의한 프로그램은 행번호를 붙이지 않지만 이 책에서는 설명의 편의상 행번호를 붙여 설명한다.

1 제어에서 사용하는 C언어의 기초 지식

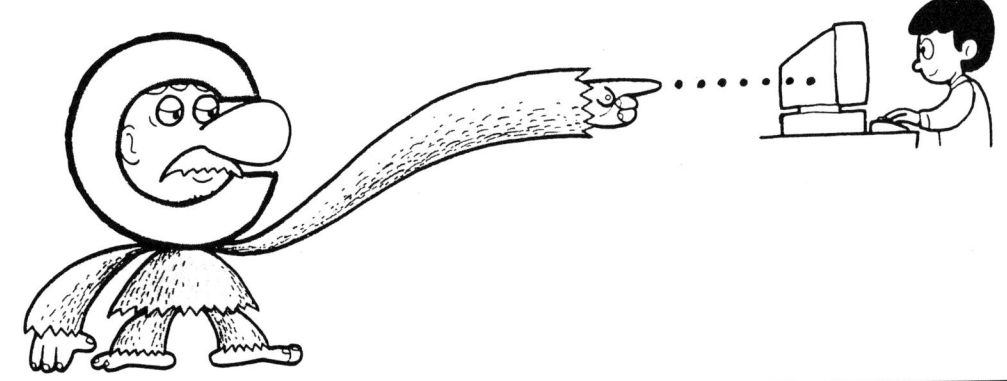

제어에서 흔히 사용되는 C언어의 기본에 대하여 간단히 설명한다.

1. 데이터

(1) 상수

상수에는 정수(整數), 실수(實數), 문자, 문자열 등이 있다.

① 정수 : 10진수, 16진수 등이 있다.
  - 10진수는 수치를 그대로 표현한다.
    예. 128, 1, 8, -32, -153
  - 16진수는 앞에 0x를 붙여서 표현한다.
    예. 0x10, 0xff, 0xa2
  제어에서는 16진수를 흔히 사용하므로 앞에 0x를 붙이는 것을 잊지 않도록 한다.

② 변수
  - 변수명은 영문자, 숫자, 언더라인( )을 사용하며 앞에 숫자를 사용하지 않고 8문자 이내로 표현한다. 전체적으로 일정한 법칙에 의해 이름을 붙이는 편이 이해하기 쉬울 것이다.
  - 제어에서는 부호없는 정수로 int형을 흔히 사용한다.
    선언 예 : unsigned int x;
  - +, -부호는 최상위 1비트를 부호 비트에 사용하므로 데이터는 1비트 적어지고 입출력 데이터 등은 무부호로 한다.
  - int형은 컴퓨터의 처리 기구(MPU)를 가장 효율적으로 처리할 수 있는 부호가 붙은 정수를 할당 하도록 되어 있다. 사용하는 퍼스널 컴퓨터에서 확인할 필요가 있다.

2. 입출력 명령

(1) 포트 출력

outp(어드레스, 데이터);
( ) 안에 출력처의 포트 어드레스와 출력 데이터를 10진수나 16진수로 기입한다.

예. outp(0xd6, 0x80) ; (D6)$_{16}$ 번지의 CW 레지스터에 CW 데이터(80)$_{16}$을 출력한다.
예. outp(0xd2, 255) ; (D2)$_{16}$ 번지의 포트에 데이터(255)$_{10}$을 출력한다.

(2) 포트 입력

x=inp(어드레스) ;

( )안에 표시된 어드레스 입력 포트에 입력된 데이터를 변수 x에 대입한다. 변수는 임의의 이름을 사용할 수 있다.

예. nyuryok=inp(0xd0) ; (D0)$_{16}$ 번지의 포트 입력 데이터를 변수 nyuryok에 대입한다.

3. 실행 제어

제어에서는 입력 조건에 따라 실행 내용을 정하거나 같은 처리를 반복하는 일이 많아 조건 분기나 루프 제어를 많이 사용한다.

(1) 조건 분기

스위치나 센서 등의 입력 데이터를 판단하여 처리를 결정함에 있어서는 if 문이나 switch 문 등을 그들의 특징에 맞추어 사용한다.

① if 문

   if ( ) { }

   if ( ) { } else { }

   if ( ) { } else if ( ) { } else { }

등의 방법을 사용할 수 있다.

( )안은 조건식을, { }안은 실행문을 쓴다. 조건식을 복수로 하여 판단하게 할 수도 있다.

예. if (조건식 1 ∥ 조건식 2)

   조건식 1 또는 조건식 2 중 어느 쪽인가가 성립한다면이라는 의미

예. if (조건식 1 && 조건식 2)

   조건식 1과 조건식 2가 성립한다면이라는 의미

② switch 문

   switch(식)의 식이 지정값마다 case 문을 사용하여 실행문을 처리할 수 있다. 식은 하나밖에 설정할 수 없다. case 문마다 break를 넣지 않으면 다음 실행문도 계속해서 실행한다. break를 넣으면 switch 문을 종료하고 switch 문 앞의 실행문을 처리한다.

(2) 루프 제어

조건식이 성립할 때까지 실행문을 반복하고자 할 경우에는 무한 루프와 판단문, while 문, do~while 문 등을 사용한다.

① 무한 루프

- for 문장의 3가지 조건식을 생략하면 무한 루프가 된다. for (;;) { }
- while 문장의 조건식을 0 이외의 수치로 하면 루프는 정지하지 않고 무한히 계속된다.
  while (1) { }

② 루프에서 도중 탈출

   판단문(if 문이나 switch 문)과 break 문 또는 goto 문으로 실시한다.

break문(文)은 루프를 탈출하여 다음 문을 실행하고, goto문은 지정 레이블의 문을 실행시킨다. 구조화상 goto 문은 많이 사용하지 않는 편이 좋다.

③ 루프 실행문 도중에 처리를 중지하고 루프를 다시 계속하고자 할 때는 판단문과 continue 문을 사용한다.

판단문에서 continue문을 실행하면 이하의 문은 실행하지 않고 for 문을 진행하여 맨 처음 실행문을 실시한다.

④ while 문과 do~while 문

2가지 문은 조건판단을 한 후 실행문을 실시할 것인가 아니면 실행문을 실시한 후 조건판단을 할 것인가의 차이이고 조건식이 성립하는 동안 루프를 반복하는 것은 동일하다.

while(조건식)의 조건식은 하나밖에 설정할 수 없으므로 IF 문과 같이 복잡한 판단은 할 수 없다. 그러나 IF 문에서 조건 판단을 반복하려면 다른 문의 기능을 빌려야 한다.

｜ while(조건식) ；의「；」은 꼭 붙인다.

*   *   *

스위치 입력 회로와 LED 점등 회로를 사용한 프로그램을 어느 정도 짤 수 있게 되었으면 역시 실제 기기를 사용한 제어 프로그램과 실행이 필요하다.

실제로 제어해 보면 이론에서는 생각하지 못했던 문제점이 생기기 마련이다.

제어 프로그램은 프로그램에 대한 지식뿐만 아니라 전기·전자에 관한 기초 지식이나 기계 등에 대한 지식도 필요하다. 프로그램에서 완전히 제어하지 못하고 하드웨어에서 해결하여야 하는 것도 있다.

연습문제

1. 10진수와 16진수의 기술상(記述上) 차이는 무엇인가?
2. 변수명을 붙이는 조건은 무엇인가?
3. while 문과 do~while 문의 차이는 무엇인가?
4. 루프에서 도중에 탈출하려면 무엇을 사용하는가?

해답

1. 10진수는 수치 그대로, 16진수는 0x를 붙여 기술한다.
2. 영문자, 숫자, 언더라인(_)을 사용하며 앞에 숫자는 사용하지 않고 8문자 이내에서 표현한다.
3. while()은 조건을 판단하고 나서 실행하고 do~while()은 샐행하고 나서 조건을 판단한다.
4. 판단문에서 break 문이나 goto 문을 사용한다.

2 8비트 LED의 점멸 프로그램

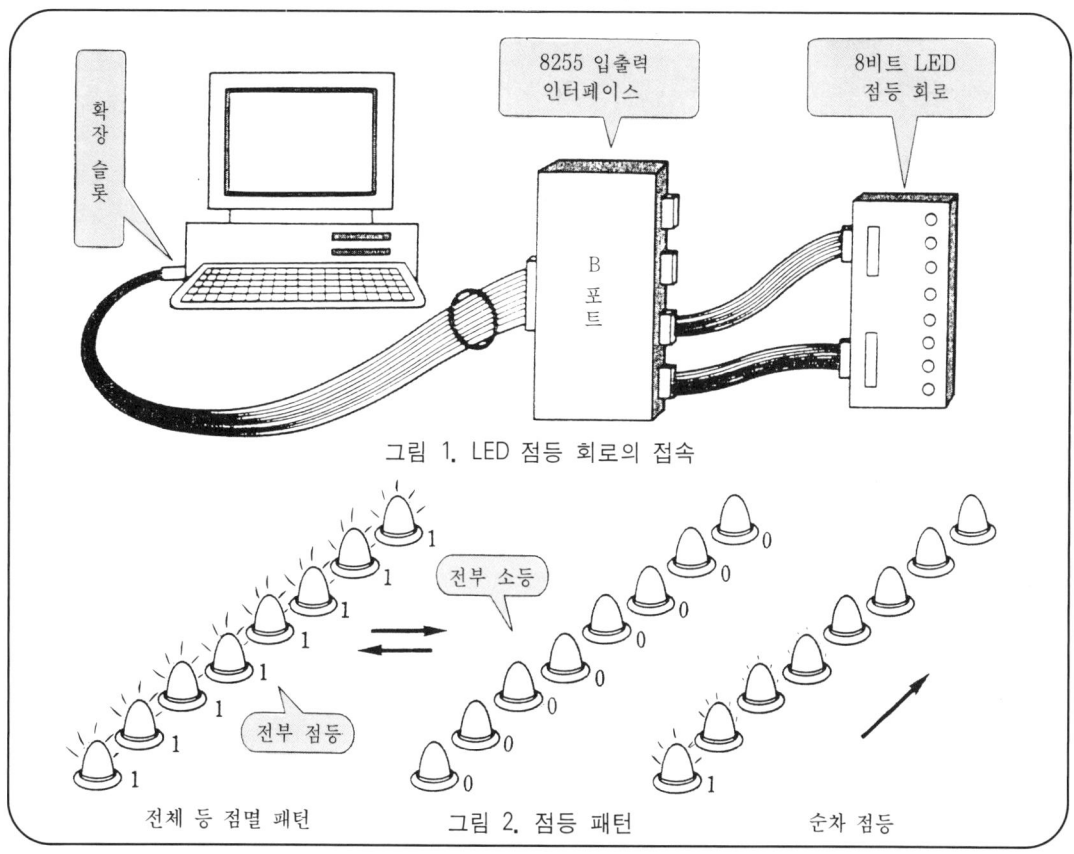

그림 1. LED 점등 회로의 접속

그림 2. 점등 패턴

8비트 LED 점등 회로를 8255 입출력 인터페이스의 B 포트에 접속하고 LED를 여러가지로 점등시켜 본다(그림 1).

1. 전체 등 점멸

전체 등이 점등과 소등을 1,000회 반복하는 간단한 프로그램을 만든다(그림 2).

(1) 데이터
CW 레지스터 번지 : $(D6)_{16}$
B 포트 번지 : $(D2)_{16}$
CW 데이터 : $(80)_{16}$
(전체 포트 출력용)
8비트 점등 데이터 : $(ff)_{16}$
8비트 소등 데이터 : $(0)_{16}$

(2) 프로그램 설명
3. 변수 i가 부호 없는 정수형임을 선언한다.

전체 등 점멸 프로그램

```
1   main ()
2   {
3       unsigned int i;
4       outp (0xd6, 0x80);
5       for(i=1;i<=1000;i++)
6       {
7           outp (0xd2, 0xff);
8           for (i=1;i<=30000;i++);
9           outp (0xd2, 0x0);
10          for(i=1;i<=30000;i++);
11      }
12  }
```

4. CW 데이터 (80)₁₆을 CW 레지스터에 출력하고 3개의 포트를 출력용으로 설정한다.

5. 1,000회 반복하는 for 문을 설정한다(7~10 사이의 명령을 반복한다).

7. 모두 점등시키는 데이터(ff)₁₆을 B 포트로 출력한다.

8. 점등 시간을 길게 하기 위해 아무것도 하지 않는 for 문을 사용하여 포트에서의 출력이 유지되는 시간을 길게 한다. 반복 횟수로 유지 시간이 결정된다.

9. 전체를 소등시키는 데이터 (0)₁₆을 B 포트로 출력한다.

(주) 컴퓨터의 처리 시간은 매우 빨라 μs 단위의 간격으로 점멸한다. 인간은 10Hz에서 20Hz 정도까지밖에 점멸을 판단할 수 없으므로 8과 10의 for 문으로 점멸 시간을 길게 하여 판단할 수 있는 점멸로 한다.

2. 일방향 점멸 프로그램

비트 0에서 비트 7의 LED를 하나씩 순번으로 점멸하고 그것을 1,000회 반복하는 프로그램을 만든다.

(1) 프로그램의 설명

8. 변수 od에 (1)₁₆을 대입한다.

9. 비트 0에서부터 비트 7까지 차례로 점멸시키는 for 문을 설정한다(11~14사이의 명령을 데이터를 대신하여 8회 반복한다).

14. 변수 od의 내용을 1비트 좌측으로 비켜 놓는다.

3. 왕복 점등의 반복

일방향 점멸 프로그램의 15와 16 사이에 다음의 비트 6에서 비트 1로 역순으로 점등하는 프로그램을 추가하면 왕복 점등을 한다.

일방향 점멸 프로그램

```
1   main ()
2   {
3       unsigned int od, n, i, t;
4       outp (0xd6, 0x80) ;
5       for(i=1;i<=1000;i++)
7       {
8           od=0x1;
9           for (n=0;n<=7;n++)
11          {
12              outp (0xd2, od) ;
13              for(t=1;t<=3000;t++);
14              od<<=1;
15          }
16      }
17  }
```

추가 프로그램(복귀 점멸)

```
1   for (n=1;n<=5;n++)
2   {
3       od>>=1;
4       outp (0xd2, od) ;
5       for(t=1;t<=3000;t++);
6   }
```

연습문제

1. 부호없는 정수형과 부호 있는 정수형과의 차이는 무엇인가?
2. 아무것도 하지 않는 것을 반복하는 for 문은 무엇 때문에 붙이는가?
3. od<<=1과 od>>=1은 어디가 다른가?

해답

1. 부호는 +, −를 말하며 최상위의 비트를 사용하고 데이터로는 1비트 적게 한다. 무부호는 전체 비트를 데이터로서 사용한다.
2. 앞의 출력 데이터가 포트에서 유지하는 시간을 길게 하기 위해 넣는다.
3. od<<=1은 변수 od의 비트 데이터를 1비트 좌측으로 비켜놓고, od>>=1은 od의 비트 데이터를 1비트 우측으로 비켜 놓으라는 명령이다.

3 스위치를 사용한 제어

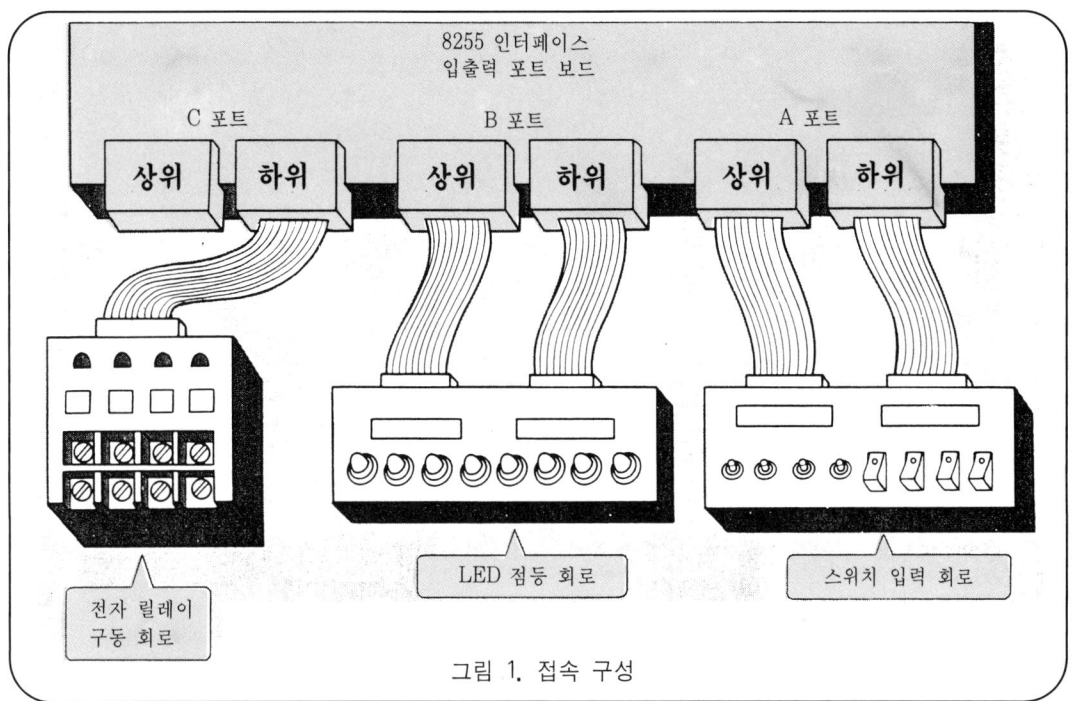

그림 1. 접속 구성

8255 인터페이스의 A 포트에 8비트 스위치 입력 회로를 B 포트에 LED 점등 회로를, C 포트에 전자 릴레이 구동 회로를 각각 접속하여 스위치 입력에 의한 제어를 해 보자(그림 1).

1. 스위치로 하는 제어

(1) 동작

A 포트 비트 0인 스위치가 ON("1")하여 B 포트의 8비트 모든 LED가 점등하고 기타 스위치 상태에서는 모든 LED가 소등한다. 비트 7이 ON하여 프로그램은 정지한다.

(2) 프로그램 설명

5~15. do-while 문은 비트 7의 스위치가 눌릴 때까지 6~14 사이의 명령을 반복한다.

6. 변수 SW에 A 포트의 데이터를 입력한다.

7~14. if 문에서 입력 데이터가 1일 때는 B 포트로 $(ff)_{16}$을 출력하여 LED를 전부 점등하고 기타일 때는 $(0)_{16}$을 출력하여 LED를 소등시킨다.

스위치를 사용한 제어 프로그램

```
1   main ()
2   {
3       unsigned int sw;
4       outp (0xd6, 0x90);
5       do {
6           sw = inp (0xd0);
7           if (sw == 1)
8           {
9               outp (0xd2, 0xff);
10          }
11          else
12          {
13              outp (0xd2, 0x0);
14          }
15      } while (sw != 128);
16  }
```

2. 복수 스위치를 사용한 제어

아래 표와 같이 A 포트의 스위치를 조작하면 C 포트의 전자 릴레이가 작동한다.

A 포트의 스위치	C 포트의 전자 릴레이
비트 4가 ON	비트 0이 작동
비트 5가 ON	비트 1이 작동
비트 6이 ON	비트 0과 비트 1이 작동
비트 7이 ON	모든 비트가 작동 정지

비트 0이 눌리면 프로그램이 종료.

(1) 프로그램 설명

5~21. do-while 문의 조건(비트 0의 스위치가 ON이 되지 않는다) 중에는 6~20을 반복하고 조건이 성립하지 않으면 프로그램이 종료된다.

8~20. switch 문은 각 case의 상수식에 따라 각각의 출력을 실행한다.

예를 들면 case 0x10 : 이란 변수 sw의 값이 $(10)_{16}$일 때 다음 명령을 실행한다.

break 문은 switch 문을 종료시킨다.

* 스위치 등의 입력 데이터를 판단하여 처리할 때는 if 문이나 switch 문을 사용한다. 판단하는 사례가 많을 경우에는 switch 문을 사용하는 편이 편리하다.

if 문의 사용법에는 여러가지가 있으므로 조사해 보자.

마지막 case 문 다음에 break 문이 없는 것은 붙이지 않더라도 switch 문이 종료하기 때문이다.

```
여러 스위치를 사용한 제어 프로그램

1   main ()
2   {
3       unsigned int sw;
4       outp (0xd6, 0x90);
5       do {
6           sw = inp (0xd0);
7           swich (sw)
8           {
9           case 0x10:
10              outp(0xd2,0x1);
11              break;
12          case 0x20:
13              outp(0xd2,0x2);
14              break;
15          case 0x40:
16              outp(0xd2,0x3);
17              break;
18          case 0x80:
19              outp(0xd2,0x0);
20          }
21      } while (sw!=1)
22  }
```

연습문제
1. if 문의 ( )조건에서 ==을 =으로 하면 잘못인가?
2. if 문의 else는 어떤 의미인가?
3. switch ( )문의 case는 어떤 의미인가?
4. break는 어떤 처리를 하는가?

해답
1. 잘못이다. =은 대입을 의미하는 것이지 등호(等號)는 아니다.
2. if문의 ( ) 조건에 맞지 않을 때 else 이하를 처리한다.
3. switch 문의 변수가 case로 나타내는 데이터일 경우 다음 행을 처리한다.
4. 지금까지 하던 처리를 중단하고 다음 처리를 실행한다.

4 센서를 사용한 제어

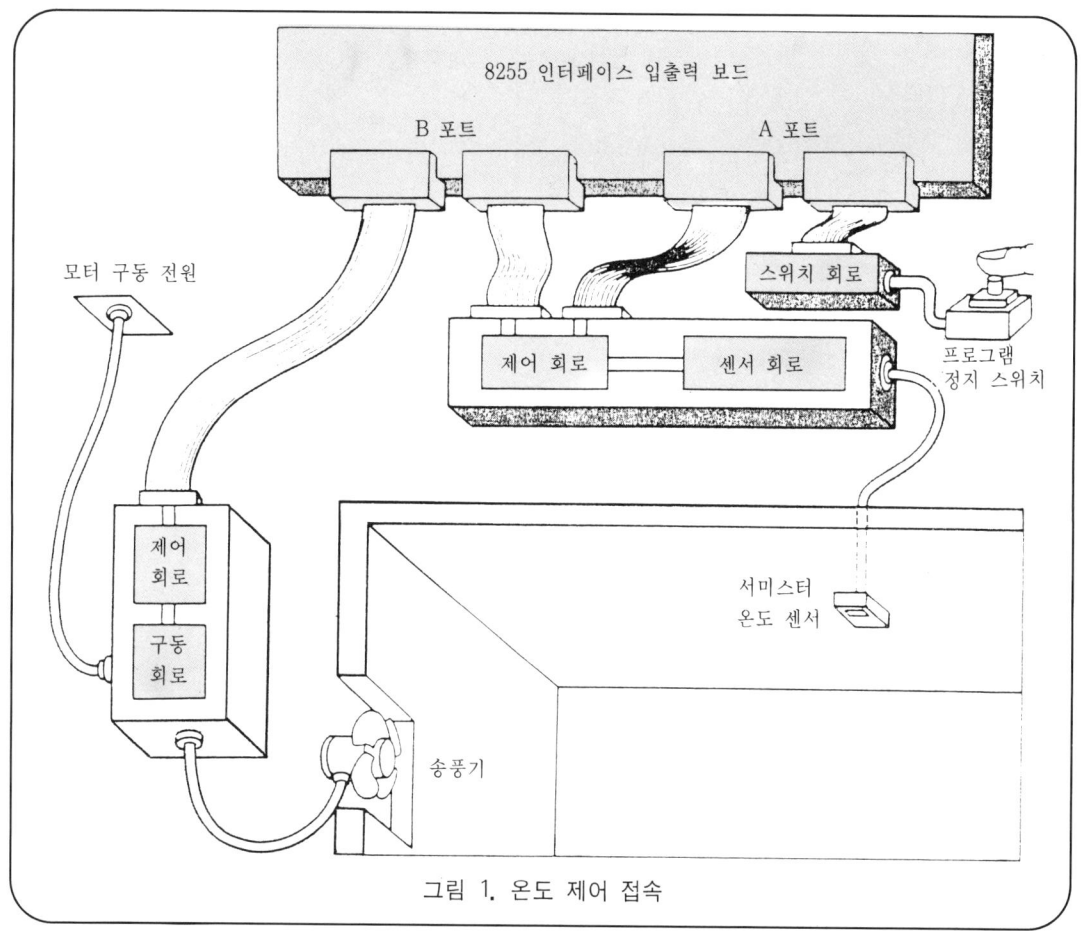

그림 1. 온도 제어 접속

온도 센서를 사용하여 실내의 온도가 상한 설정 온도 이상이 되면 송풍기가 구동하여 온노를 내리고 하한 설정 온도 이하가 되면 송풍기가 정지하는 프로그램을 만들어 보자(그림 1).

1. 접속과 동작

(1) 접속

프로그램을 정지시키는 스위치 입력 신호는 A 포트 비트 0에, 서미스터 온도 센서가 30℃ 이하인 신호는 A 포트 비트 4에, 35℃ 이상인 신호는 A 포트 비트 5에 각각 입력하도록 접속한다. 측정 개시의 출력 신호는 B 포트 비트 0에, 송풍기의 기동 정지 신호는 B 포트 비트 1에 각각 접속한다.

(2) 동작

1. 측정 개시 신호를 센서측에 출력하고 온도 데이터를 입력한 후 측정 정지 신호를 출력한다.
2. 온도 측정과 신호 처리는 다소 시간이 걸리므로 일정 시간이 지난 후 측정 결과를 입력한다.
3. 35℃ 이상의 신호가 입력되면 송풍기의 기동 신호를 출력한다.
4. 30℃ 이하의 신호가 입력되면 송풍기의 정지 신호를 출력한다.

5. 송풍기의 기동 정지 신호 출력 후 측정 개시
6. 스위치를 ON하고 프로그램을 정지

(3) 출력 데이터

CW 데이터   (98)₁₆
(출력을 A 포트와 C 포트 상위에, 입력을 B 포트와 C 포트 하위에 설정)
  측정 개시 신호   (1)₁₆
  송풍기 기동 신호+측정 개시 신호   (3)₁₆
  송풍기 정지 신호+측정 개시 신호   (1)₁₆
  송풍기 정지 신호+측정 정지 신호   (0)₁₆

(4) 입력 데이터

  35℃ 이상인 신호   (10)₁₆
  30℃ 이하인 신호   (20)₁₆
  프로그램 정지 신호   (0)₁₆

(5) 프로그램 설명

1. 함수 ondo ( )의 프로토타입 선언
6. od, odd의 초기값 설정
7~20. do-while 문으로 스위치 입력이 0x1일 때 프로그램을 정지. 그 이외는 문장 내용의 처리를 반복한다.
8. 함수 ondo ( )를 불러 온도를 측정한다.
9~18. if 문에서 ondo( )의 변수 tt가 0x20과 비슷할 경우에는(측정 온도가 35℃ 이상) B 포트 비트 0에 "3"을 출력하고 0x10과 같을 경우에는 (측정 온도가 30℃ 이상) B 포트 비트 0에 "1"을 출력한다.
19 : ~27 : 함수 ondo( )의 정의이다.

센서를 사용한 제어 프로그램

```
1   int ondo (int od, int odd, int tt);
2   main ()
3   {
4     unsigned int od, odd, tt, st;
5     outp (0xd6, 0x98);
6     od=0x1;odd=0x0;
7     do {
8       ondo (od, odd, tt);
9       if (tt==0x20)
10      {
11        od=0x3;odd=0x2;
12        outp (0xd2, od);
13      }
14      else if (tt==0x10)
15      {
16        od=0x1;odd=0x0;
17        outp (0xd2,0x0);
18      }
19      st=inp (0xd0) & 0x1;
20    } while (st!=0x1);;
21  }
22  ondo (int od, int odd, int tt)
23  {
24    unsigned int i, t,;
25    outp (0xd2, od);
26    for (i=1;i<=1000;i++);
27    t=inp (0xd0);
28    tt=t & 0xf0;
29    outp (0xd2, odd);
30  }
```

연습문제
1. 서미스터는 무엇을 검출하는 센서인가?
2. 측정 개시 신호를 내고 곧바로 온도 데이터를 입력하지 않는 이유를 설명하여라.
3. 출력 데이터를 왜 주고 받는가?
4. 센서의 데이터를 입력할 경우 주의할 점은 무엇인가?

해답
1. 온도 센서이다. 2. 측정, 처리하고 데이터를 컴퓨터에 입력하는데 다소 시간이 걸리기 때문이다.
3. 함수 ondo()로 측정 개시와 정지 데이터를 출력할 때 송풍기 기동시와 정지시의 데이터가 다르기 때문이다.
4. 입력하는 타이밍이다.

5 공기압 실린더의 제어

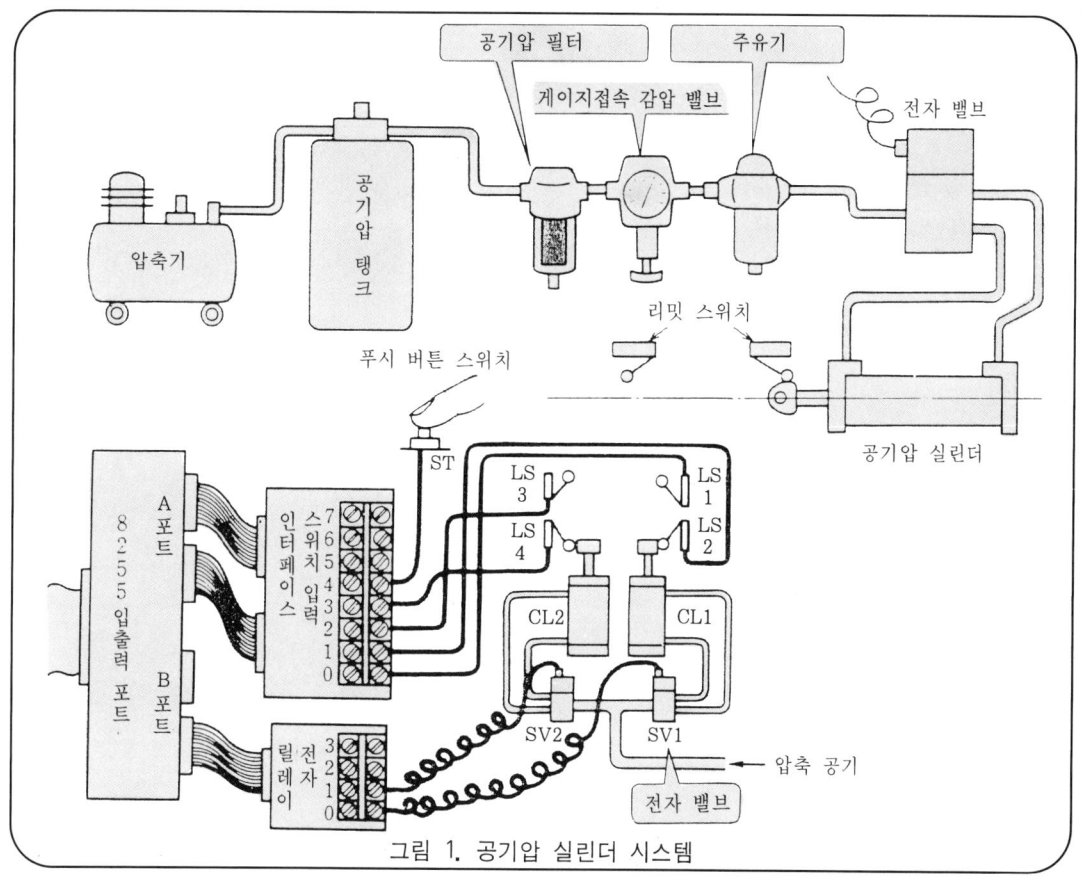

그림 1. 공기압 실린더 시스템

공장 등에서 쉬쉬 하면서 소리를 내는 기계는 공기압 실린더 등 공기압을 이용하고 있는 기계이다. 공기압 실린더는 직선 운동을 하는 액추에이터로 사용되고 있다.
여기서는 공기압 실린더의 간단한 제어를 해 보자(그림 1).

1. 공기압 실린더 시스템

(1) 공기압 실린더

중공(中空)의 통(실린더 슬리브) 내부를 축이 달린 원반(피스톤)이 압축 공기의 힘으로 왕복 직선 운동을 하는 기구이다. 압축 공기는 이동 방향과 반대쪽 공급구에서 공급하고, 피스톤 반대쪽에 있는 공기는 밖으로 배출한다.

(2) 공기압 시스템

압축 공기를 압축기(compressor)로 발생시켜 압축 공기 속의 먼지나 수분을 제거하는 공기압용 필터, 사용 압력을 조정하는 게이지부착 감압 밸브, 공기압 기기로 공급하는 윤활유를 압축 공기 속에 분무하는 주유기(lubricator) 등의 기기를 통해 공기압 실린더에 공급한다. 공기를 대량으로 소비할 경우에는 공기압 탱크를 부착하여 압력 저하를 막는다.

(3) 전자 밸브

공기압 실린더로 압축 공기를 공급하는 제어는 솔레노이드로 밸브를 움직이게 하는 전자 밸브를 사용한다. 일반적으로 공기압의 전자 밸브는 편측 솔레노이드형이 많고, 전자 밸브의 제어는 솔레노이드로 전류를 보낼 것인지 말 것인지 ON·OFF로 제어한다.

(4) 위치 센서

피스톤의 위치를 리밋 스위치로 검출하고, 스위치용 인터페이스를 통해 신호를 컴퓨터에 입력한다.

(5) 전자 밸브 구동 회로

컴퓨터의 신호로 전자 릴레이 구동 회로의 전자 릴레이를 조작하고 릴레이 접점에서 전자 밸브의 교류 전원을 개폐한다.

(6) 컴퓨터와의 접속

8255 입출력 인터페이스의 A 포트에 스위치용 인터페이스를 통해 4개의 리밋 스위치와 푸시 버튼 스위치를 접속한다. B 포트에 전자 릴레이 구동 회로를 접속하고 릴레이 접점에 전자 밸브를 접속한다.

2. 제어

(1) 동작

1. 푸시 버튼 스위치를 누르면 전자 밸브 SV1이 작동, 실린더 CL1의 피스톤이 나와 리밋 스위치 LS1을 누른다.

2. LS1이 눌리면 전자 밸브 SV2가 작동하여 실린더 CL2의 피스톤이 나와 리밋 스위치 LS3을 누른다.

3. LS3이 눌리면 전자 밸브 SV1이 작동을 정지하고 실린더 CL1의 피스톤이 되돌아가 리밋 스위치 LS2를 누른다.

4. LS2가 눌리면 전자 밸브 SV2가 작동을 정지하여 실린더 CL2의 피스톤이 되돌아가 리밋 스위치 LS4를 누른다.

```
제어 프로그램
1   int dousa (int id, int od, int iid)
2   main ()
3   {
4       outp (0xd6, 0x90);
5       do {
6           id = 0x1a;
7           od = 0x1;
8           dousa (id, od, iid);
9           id = 0x9;
10          od = 0x3;
11          dousa (id, od, iid);
12          id = 0x5
13          od = 0x2;
14          dousa (id, od, iid);
15          id = 0x6;
16          od = 0x0;
17          dousa (id, od, iid);
18      { while 1;
19  }
20  dousa (int id, int od, int iid);
21  {
22      unsigned int id, od, iid;
23      do {
24          iid = inp (0xd0);
25      { while (iid! = id);
26      outp (0xd2, od);
27  }
```

연습문제

1. 공기압 실린더의 피스톤을 움직이게 할 때, 압축 공기는 어느쪽 공급구로 들어가는가?
2. 압축 공기의 공급구로 향하는 흐름을 바꾸는 제어에는 무엇을 사용하는가?
3. 전자 밸브를 컴퓨터에 접속할 경우, 입출력 인터페이스에 무엇을 연결시켜야 하는가?
4. 피스톤의 위치를 검출하기 위해서 무엇을 사용하는가?

해답

1. 움직이는 방향의 반대쪽 공급구로 들어간다.   2. 전자 밸브(방향 전환 밸브)이다.
3. 전자 릴레이 구동 회로이다.   4. 리밋 스위치 등이다.

6 직류 모터의 제어

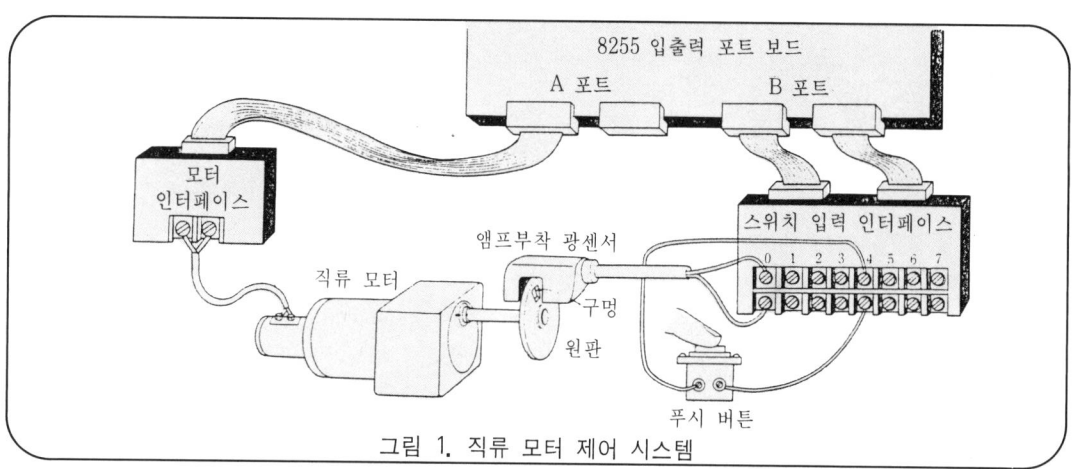

그림 1. 직류 모터 제어 시스템

감속기가 있는 소형 직류 모터의 출력 축에 장착되어 있는 원반의 회전수와 방향을 제어해 보자. 회전수는 원판상에 하나의 구멍이 있는 원판과 투과 일체형 광센서로 검출한다(그림 1).

(1) 접속

8255 입출력 인터페이스의 B 포트에 소형 직류 모터의 구동 회로를, A 포트 비트 0에 광센서를, 비트 4에 각각 스위치 입력 인터페이스를 두고 푸시 버튼 스위치를 접속한다.

(2) 동작

1. 비트 4의 푸시 버튼 스위치를 누르면 모터는 정회전하기 시작한다.
2. 광센서로 회전수를 검출하여, 100회전되면 정지, 역회전한다(원판의 구멍은 빛을 투과시키고 광센서가 1 신호를 입력하고, 구멍이 없는 곳에서는 0 신호를 입력한다).
3. 역회전으로 200회전하면 멈춘다.

입력 데이터 스위치 ON : 0x1   출력 데이터 정회전 ON : 0x1   역회전 ON : 0x3

(3) 프로그램 설명

1. 함수 kaiten( )의 정의. 함수명, 인수(引數)의 순서와 형태를 선언한다.

6~8. 기동 스위치가 ON이 될 때까지 do~while 문을 반복한다.

7번 문에서 A 포트의 데이터를 입력하고, 그것을 0x10으로 비트 AND 연산을 하여 비트 4의 데이터를 변수 st에 대입한다. 변수 st가 8의 조건문(0x10과 다르다)에 맞을 경우에는 루프를 반복하고 맞지 않으면 루프를 종료한다.

9. 변수 n에 회전수(100)를, 변수 od에 정회전 기동 출력 데이터(0x1)를 대입한다.
10. 회전수를 검출 적산하는 함수 kaiten(n)을 호출한다.
11. 변수 n에 회전수(200)를, 변수 od에 역회전 기동 출력 데이터(0x3)를 대입한다.
12. 회전수를 검출 적산하는 함수 kaiten(n, d)을 호출한다.
13. main( ) 함수 종료
14~30. 함수 kaiten(n, d)의 프로그램

17. 변수 h, nn에 초기값을 대입한다.

18. 22~27의 if 문에서는 입력 데이터 ls가 변화한 횟수를 적산하기 위해 회전수의 변수 n을 2배로 하였다.

19. 회전 기동 신호를 B 포트에서 출력한다.

20~28. 회전수를 적산하여 지정 회전수가 되었는가를 판단하는 do~while 문이다.

21. A 포트에서 입력한 데이터를 0x1과 비트 AND 연산을 하고, 회전 센서의 데이터를 추출해서 변수 ls에 대입한다.

22~27. if 문에서는 회전 센서의 입력 데이터 ls가 변화된 횟수를 적산한다.

22. 입력 데이터 ls가 h와 같은 경우

24. 변수 nn에 1을 더한다. nn=nn+1은 적산식(nn+=1도 된다).

25. 입력 데이터의 변화를 보기 위해 비교 데이터의 h를 비트 반전한다.
~은 비트마다의 논리 부정 연산자.
(0000000000000001) → (1111111111111110)

26. 모든 비트가 반전하므로 0x1에서 비트 AND 연산을 하여 비트 0을 추출한다.

28. 지정된 회전 횟수가 되었는지 판단한다. 변화 횟수의 적산값 nn이 지정 회전수의 변화 횟수와 다를 경우에는 루프를 반복하고, 동일해졌으면 루프를 멈추고 다음 문장을 실행한다.

직류 모터의 제어 프로그램

```
1   int kaiten(int n, int od);
2   main()
3   {
4       unsigned int st, stp;
5       outp(0xd6, 0x90);
6       do{
7           st=inp(0xd0) & 0x10;
8       }While(st!=0x10);
9       n=100;od=0x1;
10      kaiten(n, od);
11      n=200;od=0x3;
12      kaiten(n, od);
13  }
14  kaiten(int n, int od)
15  {
16      unsigned int n, nn, nh, ls, h, od;
17      h=0x1;nn=0;
18      nh=n*2;
19      outp(0xd2, od);
20      do{
21          ls=inp(0xd0) & 0x1;
22          if(ls==h)
23          {
24              nn=nn+1;
25              h=~h;
26              h=h & 0x1;
27          }
28      }while(nn!=nh);
29      outp(0xd2, 0x0);
30  }
```

29. 회전 정지 신호를 B 포트로 출력한다. 함수 kaiten(n, d) 프로그램을 종료하고 main() 프로그램으로 되돌아간다.

* 회전수의 검출은 광센서의 입력 데이터가 바뀌었을 때의 횟수로 적산하므로 합계 횟수의 1/2이 회전수가 된다. 광센서의 감도와 원판의 구멍 크기가 일치하지 않으면 정확한 데이터를 뽑을 수 없다.

연습문제
1. 특정 비트의 데이터를 빼내고자 할 때 비트 AND 연산을 하는 것은 왜인가?
2. if 문 관계 연산자의 !=는 어떤 의미인가?
3. 28행의 }while(nn!=nh)은 어떤 의미인가?
4. ~h는 어떤 의미인가?

해답
1. 비트마다에 대한 AND연산은 0에서는 모두 0이 되고 1에서는 원래의 데이터가 남는다. 2. 부등호, 같지 않을 때는
3. nn이 nh와 비슷하지 않을 경우에는 do{와의 사이에 있는 명령을 반복한다.
4. 비트마다의 논리 부정. 비트를 반전한다.

7 스테핑 모터의 제어

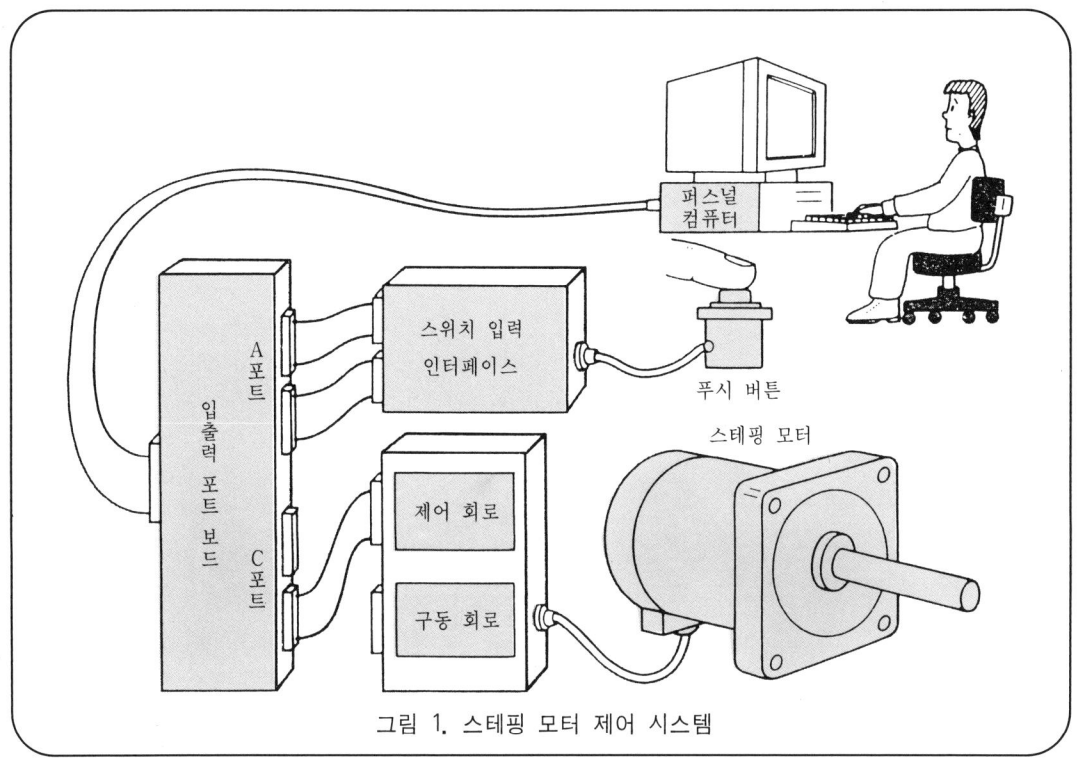

그림 1. 스테핑 모터 제어 시스템

스테핑 모터의 구동 제어 회로 IC를 사용한 스테핑 모터 구동 회로를 끼우고, 펄스 신호와 회전 방향 신호로 스테핑 모터를 제어한다(그림 1).

1. 신호와 접속

(1) 펄스 신호

펄스 신호는 0V와 5V의 전압 신호가 교대로 반복되는 연속 신호로, 스테핑 모터 구동 회로에 입력하면 접속된 모터가 회전한다. 1펄스의 회전 각도는 1.8도가 많고, 200펄스에서 1회전한다. 회전 속도는 펄스 주기에 의한다. 펄스 신호의 입력을 멈추면 회전은 정지한다.

키보드에서 회전량, 정회전, 역회전, 기동 개시, 재실행을 입력한다.

(2) 접속

스테핑 모터 구동 회로는 C 포트에 접속하고 펄스 신호를 비트 0에서, 회전 방향 신호를 비트 1에서 출력한다.

2. 제어 프로그램

(1) 동작

1. 회전 방향과 회전량(펄스수)은 키 입력한다.

2. 키보드로 기동 신호를 지시한다.

3. 지정된 회전량만큼 회전하였으면 멈추었다가 입력 대기 상태로 돌아간다.

4. 키보드로 프로그램 재실행 또는 정지를 입력한다.

(2) 프로그램 설명

6~32. 제어 프로그램을 반복할 것인지, 종료할 것인지의 do~while 문이다.

7~8. printf() 문에서 키 입력한 내용을 화면에 나타내고, scanf()에서 키 입력한 회전수를 변수 n에 대입한다.

9~24. 키 입력에 의한 회전 방향에 대해 회전 방향 데이터 ho의 값을 정하고, 입력 착오일 경우에 수정 실행하는 do~while 문이다.

25~28. 키 입력으로 모터 기동 지시가 나올 때까지 반복하는 do~while 문이다.

29. 펄스 출력 함수 pulse(n, ho)를 호출한다.

31. 키 입력으로 재실행할 것인가 종료할 것인가를 지시한다.

34~46. 펄스 출력 함수 pulse(n, ho)

37~45. for 문에서 변수 n으로 지시된 펄스수만큼 39~44 실행문을 반복한다.

42, 44. for 문에서 일정 시간 출력을 유지한다.

```
                    스테핑 모터의 제어 프로그램
1   int pulse (int n, int ho);
2   main ()
3   {
4       unsigned int n, h, ho, id, st;
5       outp (0xd6, 0x90);
6       do {
7           printf ("회전량=");
8           scanf ("%d", &n);
9           do {
10              printf ("방향(cw=1, ccw=0)=");
11              scanf ("%d", &h);
12              if (h= =0)
13              {
14                  ho=0x0;
15              }
16              else if (h= =1)
17              {
18                  ho=0x2;
19              }
20              else
21              {
22                  h=2;
23              }
24          } while (h= =2);
25          do {
26              printf ("기동(1) ?=");
27              scanf ("%d", &k)|;
28          } while (k!=1);
29          pulse (n, ho);
30          printf ("다시 한번 하겠습니까? (예=1)");
31          scanf ("%d", &r);
32      } while (r= =1)
33  }
34  pulse (int n, int h)
35  {
36      unsigned int i, t, odh, odl;
37      for (i=1;i<=n;i++)
38      {
39          odh=ho+0x1;
40          odl=ho+0x0;
41          outp (0xd2, odh);
42          for (t=1;t<=100 ; t++);
43          outp (0xd2, odl);
44          for (t=1;t<=100;t++);
45      }
46  }
```

【연습문제】
1. 스테핑 모터의 회전 속도는 무엇으로 조정하는가?
2. 키 입력 함수는 무엇인가?
3. scanf() 함수 앞에 있는 printf() 함수의 목적은 무엇인가?

【해답】
1. 펄스의 주기.   2. scanf().
3. scanf 함수만으로는 화면에 아무런 표시가 없어 알 수 없으므로 printf 함수로 scanf함수의 입력 내용을 나타낸다.

도전 문제   Q

① 「unsigned int i;」의 의미는 무엇인가?

② 「outp(0xd6, 0x80);」의 의미는 무엇인가?

③ 「od<<=1;」의 의미는 무엇인가?

④ 변수 i를 1에서 2,000까지 하나씩 대입하는 명령문을 만드시오.

⑤ 변수 r이 1에 가까울 때는 변수 x의 내용을 B 포트로 출력하고, 가깝지 않을 때는 C 포트로 출력하는 if 문을 작성하시오.

⑥ 변수값이 여러 개 있어서 값마다 달리 실행시키는 프로그램은 어떤 명령을 사용하는가?

⑦ switch 문에서 if 문의 else에 해당하는 것은 무엇인가?

⑧ goto 문에서는 행선지는 무엇으로 나타내는가?

⑨ 데이터에서 임의의 비트만큼 2진수를 빼내려면 어떻게 하는가?

⑩ 공기압 실린더의 피스톤을 작동시키려면 어떻게 하는가?

⑪ 제어에서는 공기압 실린더의 각 공급구로 향하는 압축 공기를 어떻게 전환시키는가?

⑫ 모터의 회전수를 광센서로 검출하는 방법의 기본 원리는 무엇인가?

⑬ 스테핑 모터를 회전시키는데 필요한 신호는 어떤 신호인가?

A

❶ 변수 i를 무부호의 정수형으로 정의하고 있다. / ❷ (d6)$_{16}$ 번지의 CW 레지스터에 CW 데이터(80)$_{16}$을 출력하고 입출력 포트의 사용 조건을 설정한다. / ❸ 변수 od 내용의 2진수 데이터를 1비트 좌측으로 옮기라는 명령이다. / ❹ for(i=1 ; i<=2,000 ; i++); / ❺ 오른쪽 프로그램과 같다. / ❻ switch 문을 사용한다. / ❼ default. / ❽ 지정된 레이블 / ❾ 임의의 비트만 1로 하고, 그 밖의 비트를 0으로 한 데이터와 비트를 AND 연산한다. / ❿ 작동시키고자 하는 방향의 반대쪽 공급구로 압축 공기를 넣는다. / ⓫ 전자 밸브 : 전자 방향 전환 밸브로 한다. / ⓬ 회전에 의한 빛 차단과 투과를 검출하고 그 변화의 횟수를 세어 1/2로 한다. / ⓭ 펄스 신호이다.

```
if(r= =1)
{
    outp(0xd2, x);
}
else
{
    outp(0xd4, x);
}
```

제 8 장
간단한 장치의 제어

이론보다는 실습. 손쉬운 제어에 도전하자

　간단한 입출력 기기에 대한 제어를 공부했는데 이 장에서는 여러가지 장치의 제어를 공부해 보기로 하자.
　카메라, 시계, 전자 레인지, 전기 세탁기, 급탕 장치, 자동문, 엘리베이터, 각종 자동 판매기, NC 공작 기계, 산업용 로봇, 각종 자동 기계, 철도 시스템 등 우리 주변에 널려 있는 제어에서부터 대형 시스템 제어에 이르기까지 컴퓨터를 사용하여 제어하는 장치가 많이 있다. 이들은 편리성, 안전성 등 여러 기능이 요구되고 있으므로 제어도 복잡하고 어려워졌다.
　그래서 몇 가지의 간단한 모형을 만들어 기본적인 제어를 공부해 보기로 한다. 처음에는 자동 제어의 기본적인 방법으로 자동 기계 등의 제어에 흔히 사용되고 있는 시퀀스 제어를 사용하여 공기압 액추에이터로 구동하는 시퀀스 로봇을 제어한다.
　다음은 자주 접하는 자동문에 대하여 모형을 만들어 제어해 본다. 실제로 자동문은 안전성을 특히 중시하고 있지만 제어가 복잡하므로 여기서는 기본적인 제어를 공부한다.
　세번째로는 컴퓨터 주변 기기의 액추에이터에 사용되고 있는 스테핑 모터를 사용한 이송 장치를 제어해 본다.
　네번째는 철도 모형을 사용하여 제어해 본다. 신간선 등의 철도 운행은 컴퓨터로 제어되고 있다. 그 제어의 기본적인 사고(思考)를 이해하기 위해 철도 모형을 사용한다. 단, 지면관계상 철도 모형의 기본적인 제어가 주체가 된다.
　대개의 현장에서는 제어 프로그램을 C언어로 만들고 있으므로, 여기서도 제어 프로그램은 C언어로 작성한다. 제어가 기본적인 것이므로 프로그램도 기본적인 것이 된다.
　연구를 통해 간단한 장치의 프로그램을 만들 수 있으면 바람직하다고 생각한다. 하지만 제어는 축적된 노하우와 시행 착오를 반복, 개선해 나감으로써 좋은 것을 만들 수 있으므로, 연구와 노력을 계속해 나가는 것이 성공의 비결이라 할 수 있다.

1 공기압 액추에이터에 의한 반송 장치의 제어

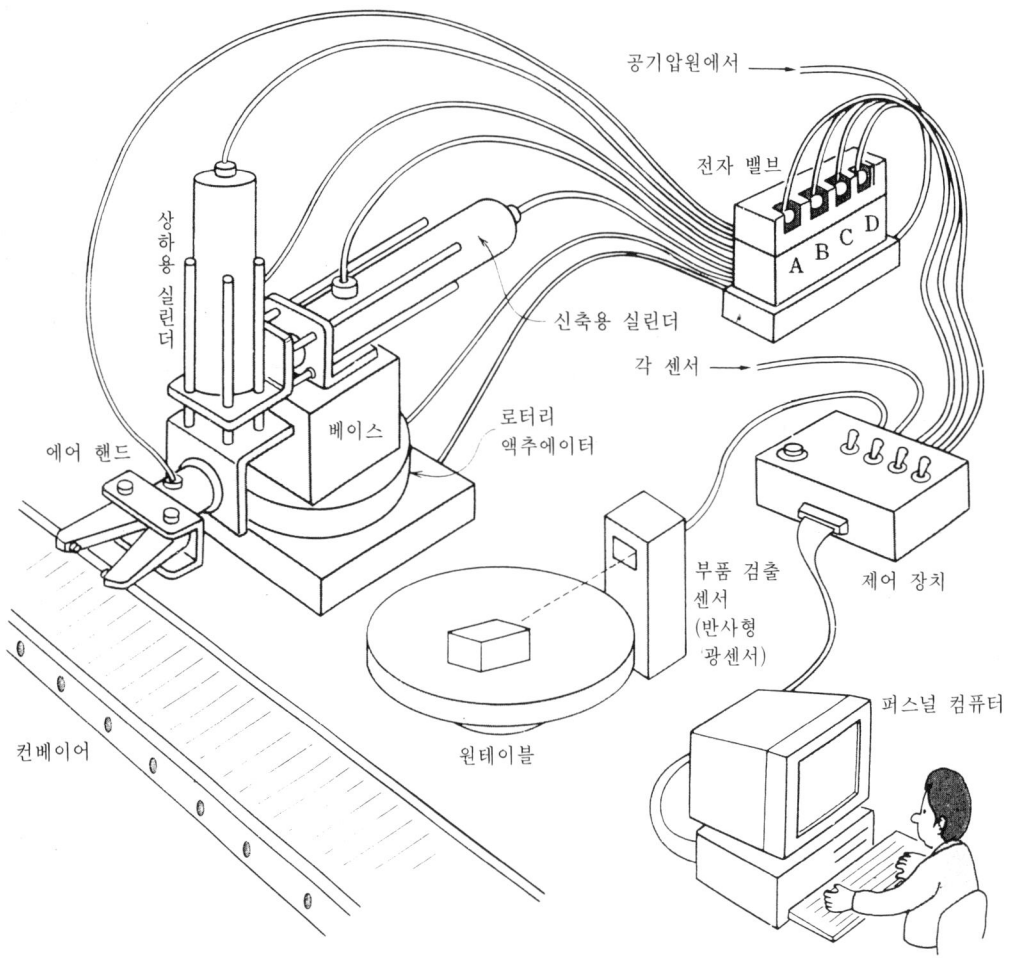

그림 1. 반송 장치 개요도

자동 기계에 사용되고 있는 액추에이터의 대부분에는 전동기가 사용되고 있는데 공기압 액추에이터는 그 특징을 살려 많이 사용되고 있다. 공기압의 특징으로는 다음과 같은 점을 생각할 수 있다.
1. 힘의 세기나 속도를 간단히 바꿀 수 있어 고속 작동(1,000mm/s 정도)을 쉽게 얻을 수 있다.
2. 압축성이 있으므로 충격력을 흡수할 수 있어 원활하게 작동할 수 있다.
3. 간단한 기구(機構)로 직선 운동이나 선회 운동 등을 얻을 수 있다.
4. 폭발 위험성이 있는 환경에서 사용할 수 있다.

공기압 액추에이터를 사용하여 부품을 회전 테이블에서 가까운 컨베이어에 싣는 반송용 장치를 상정하여 그 제어를 생각해 보자(그림 1).

이 장치의 제어는 각 액추에이터를 순서대로 작동시키는 시퀀스 제어가 된다. 시퀀스 제어는 기본적으로 컴퓨터의 사고방식과 일치하므로 컴퓨터 제어 입문에 적당하다.

1. 장치의 구성

그림 1과 같은 4개의 공기압 액추에이터를 갖춘 장치이다.

(1) 액추에이터 세트

공기압 액추에이터·방향 전환 밸브(전자 밸브)·2개의 위치 센서가 세트를 이루어 다음과 같은 4개의 세트로 구성된다(그림 2).

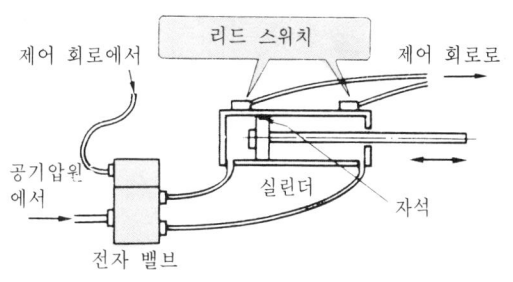

그림 2. 액추에이터 세트의 구성

① 핸드의 신축용
- 공기압 실린더 A : 전자 밸브 A
- 위치 센서 : SA1, SA2
  (리드 스위치와 자석)

② 핸드 상하용
- 공기압 실린더 B : 전자 밸브 B
- 위치 센서 : SB1, SB2
  (리드 스위치와 자석)

③ 핸드 선회용
- 로터리 액추에이터 : 전자 밸브 C
- 위치 센서 : SC1, SC2(리밋 스위치)

④ 핸드
- 핸드 액추에이터 : 전자 밸브 D
- 위치 센서 : SD1, SD2(리드 스위치와 자석)

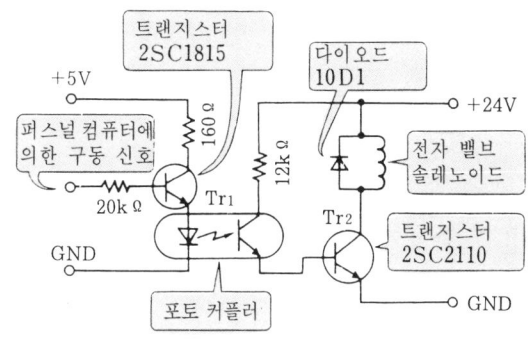

그림 3. 액추에이터 구동 회로

(2) 제어 장치

액추에이터 구동 회로, 스위치·센서 회로, 퍼스널 컴퓨터 인터페이스 회로로 구성되며, 제어 시방은 다음과 같다.

① 주요 동작 시방
- 장치의 기동 정지

  부품 검출 센서와 기동 스위치 중 어느 것이든 신호가 ON인 상태에서 사이클이 기동한다. 사이클이 종료된 다음에는 기동 입력을 대기한다.

- 액추에이터의 조작

  퍼스널 컴퓨터의 신호에 의해 전자 밸브가 작동하고, 실린더로 공급되는 공기의 공급 방향을 제어하여 액추에이터를 조작한다. 액추에이터 선단의 위치 검출은 피스톤에 부착되어 있는 자석에 의해 실린더 양단에 있는 리드 스위치를 작동시켜 이루어진다. 그 신호를 퍼스널 컴퓨터에 입력한다.

② 전자 밸브 구동 회로 : 퍼스널 컴퓨터의 신호는 그림 3과 같이 트랜지스터 Tr_1 → 포토 커플러 → 트랜지스터 Tr_2로 전달되어 전자 밸브를 작동시킨다. 신호가 1일 때 전류는 전자 밸브로 흘러 작동하고, 신호가 0일 때 전류는 멈추고 전자 밸브는 초기 상태로 되돌아간다.

③ 센서·스위치 회로 : 위치 검출에는 리드 스위치를 사용한다. 복귀형 접점이므로 파형 정형 회로를 사용하고 포토 커플러를 통해 입출력 인터페이스에 입력한다(그림 4).

2. 퍼스널 컴퓨터와의 접속

8255 입출력 인터페이스를 퍼스널 컴퓨터의 확장 슬롯에 접속한다. 모드 0에서 A 포트와 C 포트를 입력용으로, B 포트를 출력용으로 각각 설정하고 각 기기의 회로를 다음과 같이 접속한다.

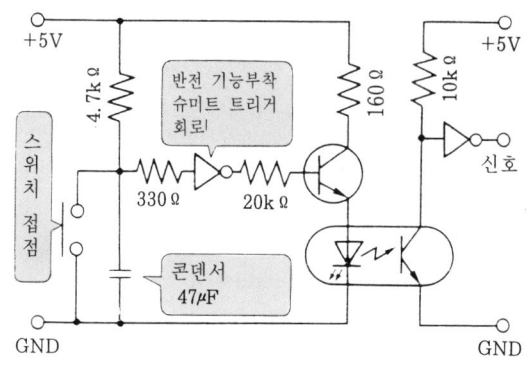

그림 4. 스위치 회로

(1) A 포트

데이터 입력용 포트로서 각 액추에이터의 양 이동 선단에 있는 위치 검출 센서를 접속한다(그림 6).
* 각 센서는 작동하면 포트에 신호 1을 입력한다.

(2) B 포트

데이터 출력용 포트로서 각 액추에이터와 표시 회전등의 구동 회로를 접속한다(그림 7).
• 핸드는 신호 1에서 닫히고, 신호 0에서 열린다.

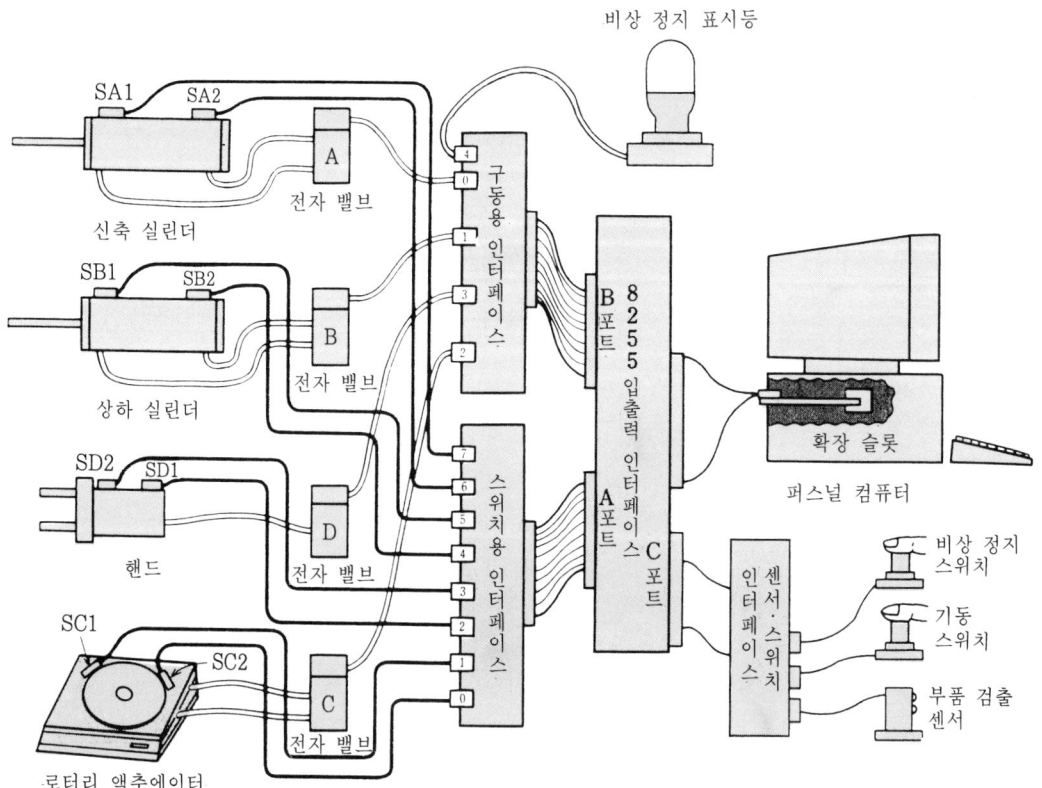

그림 5. 구성도

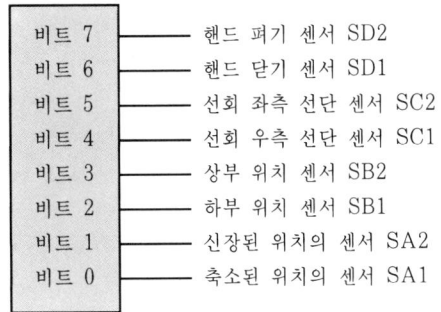
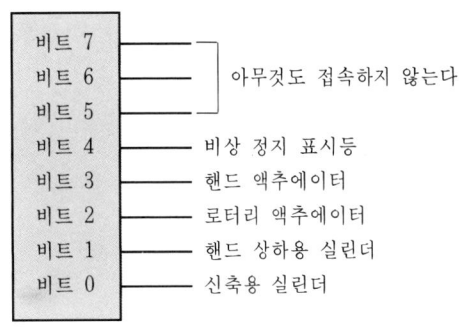

그림 6. A 포트 접속도   그림 7. B 포트 접속도

- 로터리 액추에이터는 신호 1에서는 오른쪽 방향으로 선회하고, 신호 0에서는 왼쪽 방향으로 선회한다.
- 상하용 실린더는 신호 1에서 내려가고, 신호 0에서 올라간다.
- 신축용 실린더는 신호 1에서 펴지고, 신호 0에서 오므린다.

(3) C 포트

데이터 입력용 포트로 스위치나 센서의 신호를 접속한다.

그림 8. C 포트 접속도

3. 동작

제품을 회전 테이블에서 컨베이어로 옮기는 작업으로 다음과 같은 동작을 차례로 반복하는 제어를 생각한다.

(1) 기동 - 핸드가 펴진다
 ① 부품이 그립(grip)하는 위치에 있는가 또는 기동 스위치가 눌러졌는가를 확인한다.
 ② 전자 밸브 A를 작동시켜 신축 실린더를 펼친다.
(2) 핸드를 내린다
 ① 위치 센서 SA2로 펼쳐진 상태를 확인한다.
 ② 전자 밸브 B를 작동시켜 실린더 B를 내린다.
(3) 제품을 잡는다
 ① 핸드가 하위 위치에 있는가를 센서 SB1으로 확인한다.
 ② 전자 밸브 D를 작동시켜 핸드 액추에이터로 제품을 잡는다.
(4) 핸드를 올린다
 ① 센서 SD1으로 제품을 잡았는가를 확인한다.
 ② 전자 밸브 B의 전원을 끄고 상하용 실린더를 올린다.
(5) 핸드를 오므린다
 ① 핸드가 상위 위치에 있는가를 센서 SB2로 확인한다.
 ② 전자 밸브 A의 전원을 끄고 신축용 실린더를 오므린다.

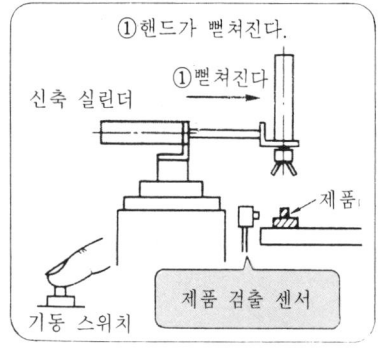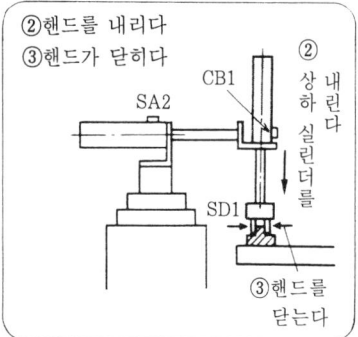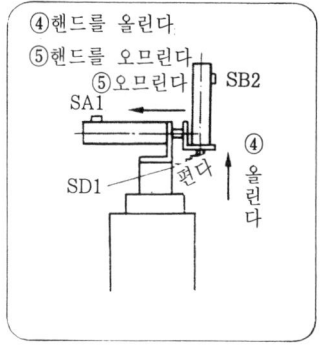
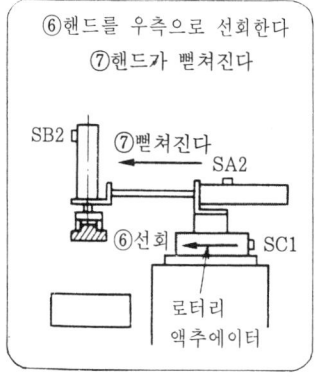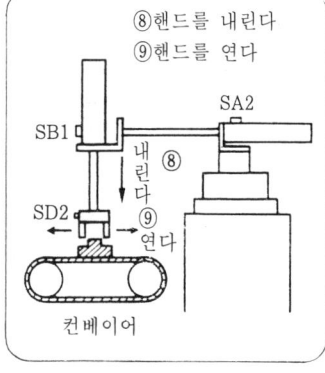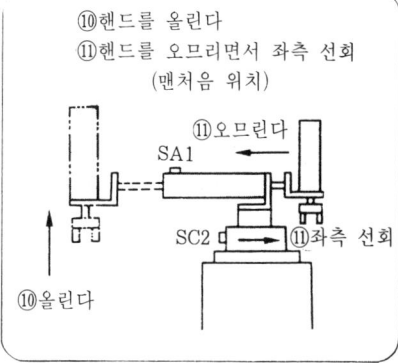

그림 9. 동작 개략도

(6) 핸드를 오른쪽 방향으로 선회시킨다
   ① 핸드가 오므라진 상태로 있는가를 센서 SA1으로 확인한다.
   ② 전자 밸브 C를 작동시켜 로터리 액추에이터 C로 핸드를 오른쪽 방향으로 선회시킨다.
(7) 핸드를 펼친다
   ① 핸드가 오른쪽 방향으로 선회하는 선단에 있는가를 SC1으로 확인한다.
   ② 전자 밸브 A를 작동시켜 신축용 실린더를 펼친다.
(8) 핸드를 내린다
   ① 핸드가 펼쳐진 위치에 있는가를 센서 SA2로 확인한다.
   ② 전자 밸브 B의 전원을 끄고 상하용 실린더를 내린다.
(9) 제품을 놓는다
   ① 핸드가 하위 위치에 있는가를 센서 SB1으로 확인한다.
   ② 전자 밸브 D의 전원을 끄고 핸드 액추에이터를 펴서 제품을 놓는다.
(10) 핸드를 올린다
   ① 센서 SD2에서 핸드가 펴졌는가를 확인한다.
   ② 전자 밸브 B의 전원을 끄고 상하용 실린더를 올린다.
(11) 핸드를 오므리면서 왼쪽 방향으로 선회한다
   ① 핸드가 상위 위치에 있는가를 센서 SB2로 확인한다.

1 공기압 액추에이터에 의한 반송 장치의 제어   121

② 전자 밸브 A와 전자 밸브 C의 전원을 끄고 신축 실린더를 오므리게 하면 그와 동시에 로터리 액추에이터를 오른쪽 방향으로 선회시켜 맨 처음 위치로 되돌아간다.

  * 항상 비상 정지 스위치의 입력을 확인하고, 입력되었을 경우에는 상위 제어 장치로 비상 정지 신호를 출력하고 프로그램을 종료한다.

표 1에 동작의 입출력 신호를 나타낸다.

4. 프로그램

이상과 같이 동작하는 프로그램을 제작한다.

(1) 프로그램 — 1

일련의 동작「입력 신호의 확인 → 액추에이터의 동작」을 11회 반복하므로 이같은 일련의 동작 프로

표 1. 각 행정 입출력 데이터표

동 작 행 정	행정 기동 조건 입력 데이터(입력 포트) A 포트								C 포트								행정 출력 데이터(출력 포트) B 포트							
	7 핸드닫기	6 핸드펴기	5 선회우측	4 선회좌측	3 상하하	2 상하상	1 신축신	0 신축축	7	6	5	4	3	2 비상정지	1 기동스위치	0 부품검출	7	6	5	4 비상정지표시	3 개폐OC1	2 개폐R1L0	1 상하UD1	0 신축E1C0
① 기동-핸드가 뻗쳐진다	제 1행정의 기동 조건은 C 포트의 입력 데이터								부품 검출 센서 작동					0	0	1	0	0	0	0	0	0	0
														(1)₁₆						(1)₁₆			
② 핸드가 내려간다	0	1	0	1	0	1	1	0	기동 스위치 작동					0	1	0	0	0	0	0	0	0	1	1
	(56)₁₆													(2)₁₆						(3)₁₆			
③ 공작물을 잡는다	0	1	0	1	1	0	1	0	비상 정지 스위치 작동					1	0	0	0	0	0	0	1	0	1	1
	(5a)₁₆													(4)₁₆						(b)₁₆			
④ 핸드가 올라간다	1	0	0	1	1	0	1	0									0	0	0	0	1	0	0	1
	(9a)₁₆																			(9)₁₆			
⑤ 핸드가 당겨진다	1	0	0	1	0	1	1	0									0	0	0	0	1	0	0	0
	(96)₁₆																			(8)₁₆			
⑥ 핸드가 우측으로 선회한다	1	0	0	1	0	1	0	1									0	0	0	0	1	1	0	0
	(95)₁₆																			(c)₁₆			
⑦ 핸드가 뻗쳐진다.	1	0	1	0	0	1	0	1									0	0	0	0	1	1	0	1
	(a5)₁₆																			(d)₁₆			
⑧ 핸드가 내려간다	1	0	1	0	0	1	1	0									0	0	0	0	1	1	1	1
	(a5)₁₆																			(f)₁₆			
⑨ 공작물을 놓는다	1	0	1	0	1	0	1	0									0	0	0	0	0	1	1	1
	(aa)₁₆																			(7)₁₆			
⑩ 핸드가 올라간다	0	1	1	0	1	0	1	0									0	0	0	0	0	1	0	1
	(6a)₁₆																			(5)₁₆			
⑪ 핸드가 당겨지면서 90도 좌측으로 선회한다	0	1	1	0	0	1	1	0									0	0	0	0	0	0	0	0
	(66)₁₆																			(0)₁₆			

그램을 생각해 보면 다음과 같다. 단, 제 1행정은 기동 입력이 2종류이므로 달라진다.
1. 입력 포트(어드레스=wwww)의 데이터를 변수 indt에 입력한다.
2. 변수 indt의 입력값이 필요 입력 데이터 (xxxx)와 동일한가를 비교한다.
3. 동일해질 때까지 2. 3.을 반복한다.
4. 동일하다면 액추에이터를 작동시키는 데이터 (yyyy)를 B 포트(어드레스=(d2)$_{16}$)로 출력한다. 이것을 do-while 문을 사용하여 프로그램으로 만들면 오른쪽 위와 같다.

```
1    do{
2      indt=inp (wwww);
3    }while (indt!=xxxx);
4    outp (0xd2, yyyy);
```

(2) 배열 변수

포트 어드레스와 데이터는 동작에 따라 달라지므로 배열 변수로 하여 동작을 10회 반복하고 한 작업의 동작을 종료한다. 그리고 이것을 무한정 반복하는 프로그램(오른쪽 가운데)으로 한다.

```
1    for (; ;)
2    {
3      for(i=0;i<=9;i++);
4      {
5        do{
6          indt=inp (0xd0);
7        }while(indt!=stdt [i]);
8        outp(0xd2, outd [i]);
9      }
10   }
```

이 프로그램 앞에 배열 변수의 선언과 배열 변수에 데이터를 대입하는 프로그램을 만든다.

〈배열 변수의 선언과 초기화 예〉

unsigned int outd[10]= {0x22, 0x33, 0x44, 0x55, 0x66, 0x77, 0x88, 0x99, 0xaa, 0xbb} ;

[ ]안은 배열 변수의 수를 나타내고 outd [0]에서부터 순서대로 { }안의 데이터를 대입한다.

(3) 비상 정지 신호의 처리

비상 정지 신호는 항상 체크할 필요가 있으므로 일반적으로는 인터럽트 기능을 사용하여 처리하는데 여기서는 프로그램상에서 생각해 보기로 한다.

비상 정지 신호가 입력될 때의 처리는 비상 정지 표시등을 점등시키고 프로그램을 정지시킨다. 처리 프로그램은 오른쪽 아래와 같다.

```
1    for (;;)
2    {
3      hj=inp (0xd4);
4      hj=hj & 0x4;
5      if (hj==0x4)
6      {
7        outp (0xd4, 0x10);
8        break;
9      }
10   }
```

(4) 프로그램

이상과 같은 프로그램을 하나로 하면 다음 페이지와 같다. 제 7 장 **5**「공기압 실린더의 제어」에서는 switch-case 문을 사용하였지만, 여기서는 배열 변수와 for 문을 사용하였다.

(5) 프로그램에 대한 설명

4~5에서 두 배열 변수의 선언과 초기값 설정을 한다.

6~31의 for (;;) 문은 전(全)행정(11행정)을 무한정 반복한다. 20~26에서 비상 정지 신호의 입력을 검출하면 무한 루프를 빠져나와 프로그램을 종료한다.

17~30의 for(i=0 ; i<=9 ; i + +)는 19~29의 처리를 10회 실시한다. 배열 변수에 따라 행정 처리가 달라진다.

19~28의 do-while 문은 비상 정지 신호에 대한 감시 처리와 행정 기동 입력 데이터에 대한 체크이다.

행정 기동 입력 데이터가 입력되면 29에서 그 행정의 동작 데이터를 출력한다.

21의 비트 AND 연산은 특정 비트의 데이터를 추출할 때 사용한다.

비상 정지는 다른 입력 신호와 관계없이 검지하여야 하므로 비트 2의 신호를 추출하기 위해 0x4(00000100)에서 입력 데이터를 비트 AND 연산한다.

25의 goto 문은 레이블 owari로 뛰어 넘어 3중 루프를 빠져나와 프로그램을 종료한다.

앞 페이지에 소개한 프로그램에서는 break 문으로 루프를 빠져나왔으나 루프가 3중이므로 goto 문으로 빠져나온다.

* 레이블은 : 을 붙여 실행문의 서두나 단독 행에 둔다.

(6) 공기압 실린더 반송 장치 제어 프로그램

```
1   main ()
2   {
3       unsigned int i, hj, sns;
4       unsigned int stdt[10] = {0x56, 0x5a, 0x9a, 0x96, 0x95, 0xa5, 0xa6,
                                  0xaa, 0x6a, 0x66};
5       unsigned int outd[10] = {0x3, 0xb, 0x9, 0x8, 0xc, 0xd, 0xf, 0x7, 0x5, 0x0};
6       for(;;)
7       {
8           for(;;)
9           {
10              sns=inp(0xd4);
11                  if(sns==0x1|| sns==0x2)
12              {
13                  break;
14              }
15          }
16          outp(0xd2, 0x1);
17          for(i=0;i<9;i++)
18          {
19              do{
20                  hj=inp(0xd4);
21                  hj=hj & 0x2;
22                  if(hj==0x2)
23                  {
24                      outp(0xd4, 0x10);
25                      goto owari;
26                  }
27                  sus=inp(0xd0);
28              }while(sns!=stdt[i]);
29              outp(0xd2, outd[i]);
30          }
31      }
32  owari:;
33  }
```

2 간단한 자동문의 제어

「열려라 참깨」라는 주문으로 동굴의 바위문을 열었던 것을 그 옛날에는 마법의 힘이라고 생각하였지만 오늘날에는 음성 센서 시스템으로 언어를 판단하여 전동 액추에이터로 바위문을 움직이게 한 것은 아니었을까라고 생각할 수 있다. 자동문은 사람의 출입이 많은 장소에 활용되고 있다. 자동문은 어떤 기구로 어떤 제어를 하는 것일까? 여기서는 자동문에 대해 조사하고 제어 실험용 자동문을 상정하여 제어 프로그램을 생각해 보기로 한다.

그림 1. 자동문

1. 자동문의 구조

(1) 동력원과 액추에이터

일반적으로 자동문은 어떤 동력원과 액추에이터를 사용하고 있는가(그림 1).

① 동력원 - 전기, 유압, 공기압 등이 있는데, 일반 건물의 자동문에는 전기가 사용되고 있다.

② 액추에이터 - 동력원으로는 전동기, 유압 실린더, 공기압 실린더 등이 있는데, 일반적으로 전동기가 많이 사용되고 있다.

(2) 센서

문앞에 사람이 있는가, 문이 열려 있는가, 닫혀 있는가 등을 과연 어떻게 검출하는지 조사해 보자.

① 사람을 검출하는 센서 - 초음파 센서, 초전(焦電) 센서(열감지), 광센서(투과형·반사형), 매트 스위치, 터치 스위치 등이 있고 사용 환경 등에 따라 구분해서 사용한다.

② 도어 위치 센서 – 문이 열렸을 때의 정지 위치, 닫혔을 때의 정지 위치, 변속하는 위치 등을 확인하는 센서는 리밋 스위치나 근접 스위치 등으로 직접 문의 위치를 검출하는 방법과 인코더(encoder)로 전동기의 회전수(각)를 검출하는 간접적인 검출 방법 등이 있다.

(3) 구성

도어 본체, 레일, 구동 장치가 주된 요소로 구성되어 있다.
구동 장치는 전동기, 감속기, 브레이크, 벨트나 체인 등과 같은 동력 전달 부품 등으로 구성되어 있다.
주요 레일은 일반적으로 상부에 있고, 하부 레일은 수평 진동을 방지하기 위해서 있다.

2. 제어 상정 자동문

(1) 구성

제어하는 자동문을 그림 2와 같이 상정한다.
① 제어 동작 – 사람을 검지하면 문이 자동으로 열리며, 아무도 없음을 확인하고 난 후 일정 시간이 지난 후에 닫힌다.
　　문의 주행은 저속(低速)에서부터 3단계로 나뉘고 속도는 일정한 속도를 유지한다. 정지는 가까운 쪽에서부터 3단계로 감속하고 브레이크를 걸어 정지시킨다.
② 한쪽 미닫이문으로 한다 – 상부에 수평 진동이 없는 레일을 장착한 구조로 한다.
③ 구동 방식 – 감속기와 브레이크가 장착된 직류 전동기(정격 24V·50W)를 사용하고 문으로 동력을 전달하는 것은 이붙이 벨트와 이붙이 풀리를 사용한다.
④ 사람의 검출 – 초음파 센서를 바깥쪽과 안쪽에 설치하여 사람의 유무를 검출한다.
⑤ 정지 위치와 개시 위치 – 닫히는 쪽과 열리는 쪽에 저속 주행 개시 위치와 정지 위치를 검출하는 리밋 스위치를 설치한다.

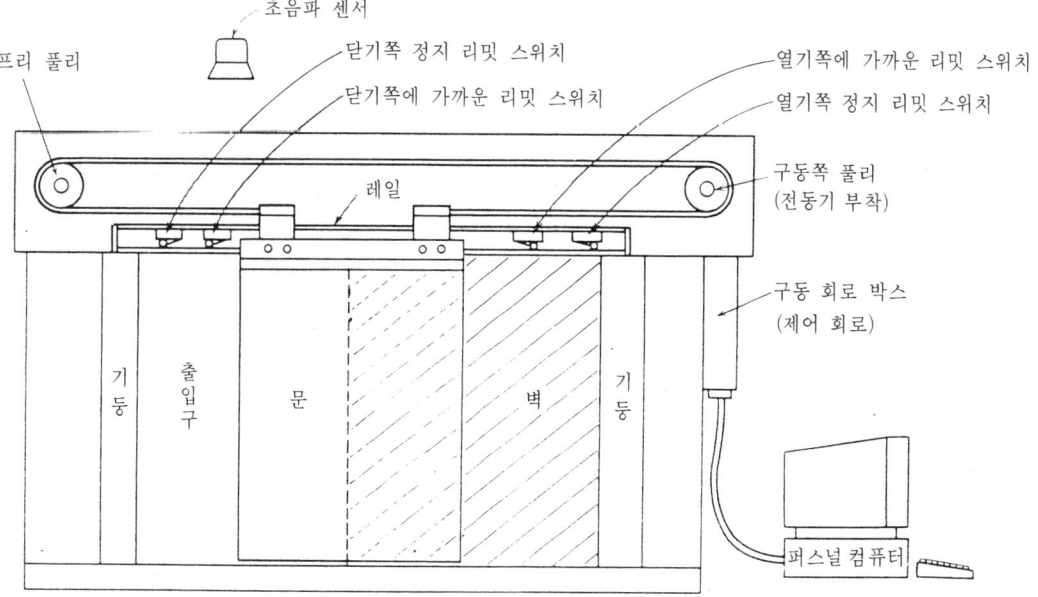

그림 2. 상정 자동문

126   제 8 장   간단한 장치의 제어

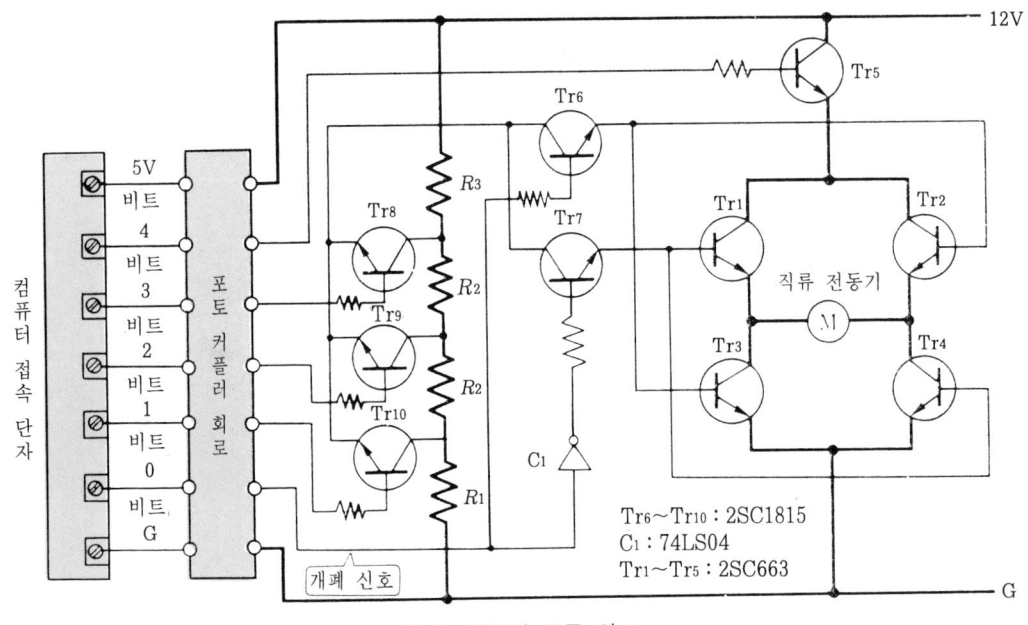

그림 3. 전동기 구동 회로

(2) 제어 회로와 퍼스널 컴퓨터와의 접속

① 퍼스널 컴퓨터쪽 인터페이스 — 8255 병렬 데이터 입출력 인터페이스를 모드 0으로 사용하며 A 포트를 입력, B 포트를 출력으로 각각 설정한다(127페이지 그림 6 참조).

② 전동기 구동 회로 — 문을 개폐하는 전동기의 구동은 그림 3에 나타내는 것처럼 정전(열기)·역전(닫기)을 4개의 주 트랜지스터 Tr_1, Tr_2, Tr_3, Tr_4를 사용하고, 속도 제어는 트랜지스터 Tr_1, Tr_2의 베이스 전압을 저항을 사용하여 3단계로 바꿈으로써 전동기의 인가 전압을 단계적으로 바꾸어 실시한다. 컴퓨터에서 보내는 신호는 개폐 신호와 3가지의 속도 신호이다.

③ 브레이크 작동 구동 회로 — 브레이크의 작동은 퍼스널 컴퓨터의 브레이크 신호를 트랜지스터에 입력하여 ON·OFF 제어로 한다. 전동기가 정지한 후 조금 있다가 브레이크를 일정 시간 작동시킨다(그림 4).

④ 사람 검출 센서 — 바깥쪽과 안쪽에 장착된 2개의 초음파 센서는 센서 회로에서 처리하고, 2개의 신호를 OR 회로(실제로는 NAND 회로를 사용)에서 한 개의 신호로 입력한다(그림 5).

⑤ 스위치 입력 — 리밋 스위치나 푸시 버튼 스위치의 신호는 신호 파형 정형 회로를 통해 입력한다. 가까운 쪽의 센서와 정지 센서는 열기 행정과 닫기 행정으로 나뉘어 있다.

a. 가까운 쪽 센서 : 정지한 가까운 쪽에서 문의 속도를 변환하는 위치를 검출하는 리밋 스위치이다.

b. 정지 센서 : 문을 정지시킬 위치를 검출하는 리밋 스위치이다.

c. 비상 스위치 : 사람 검지 센서가 작동하지 않을 경

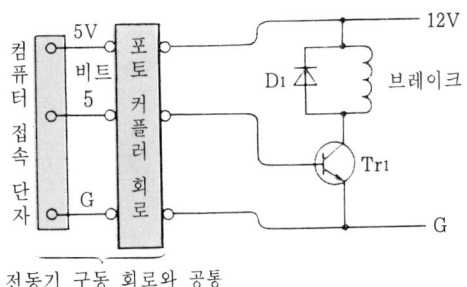

그림 4. 브레이크 작동 구동 회로

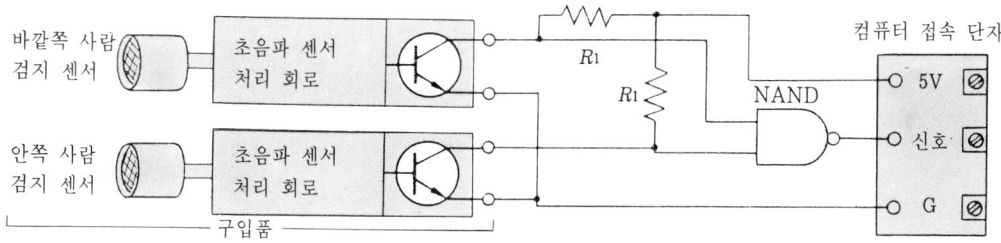

그림 5. 사람 검출 센서 회로

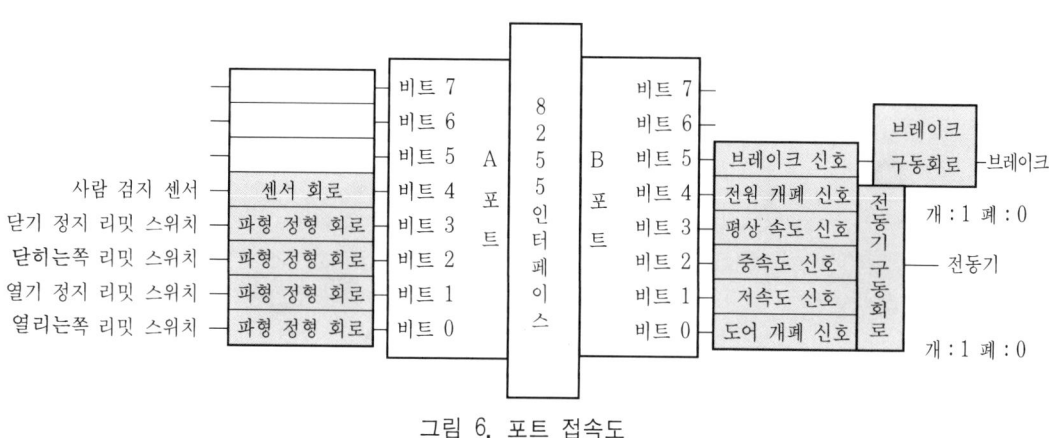

그림 6. 포트 접속도

우 등 비상 사태에 대응하기 위한 스위치이다.

(3) 포트 접속

그림 6과 같이 입출력 인터페이스의 A 포트에 입력 기기를, B 포트에 출력 기기를 접속한다.

(4) 기본 동작

① 사람 검지 센서가 작동을 개시하여 범위 내에 사람이 있는가를 확인한다.
② 사람 검지 신호기 사람을 검지하면 문을 연다. 지속으로 0.5초 정도 주행시키다가 중속으로 하고 닫기쪽에 가까이 있는 센서로 평상 속도로 주행시킨다.
③ 열기쪽에 있는 센서가 문을 검지하면 0.5초 정도의 중속으로 주행시키다가 저속이 되게 한다.
④ 열기쪽 정지 센서가 문을 검지하면 문을 정지시킨다.
⑤ 문은 일정 시간 열어 두고, 사람 검지 센서로 사람이 없음을 확인한 다음 문을 닫는다.
⑥ 닫기 행정에서도 닫기 개시와 종료 부근에서는 주행 속도를 바꾸어 원활하게 움직이게 한다.
⑦ 문이 주행 중일 때는 사람 검지 센서로 사람을 확인하고, 사람을 검지하면 열기 행정으로 되돌아간다.
⑧ 문의 정지는 전동기의 전류를 정지시켜 0.5초 정도 후에 브레이크를 작동시킨다.
  문을 움직이게 할 경우에는 브레이크 해제 0.5초 정도 후에 전동기를 구동시킨다.

* 사람,검지

안전을 위해 닫기 주행 중에는 항상 사람 검지 센서로 사람이 있는가를 검지하여야 한다. 사람을 검출하였을 경우에는 문을 정지시켰다가 곧 바로 열기 행정으로 한다.

3. 프로그램

동작을 토대로 프로그램을 생각해 본다.

(1) 정의

프로그램을 쉽게 만들기 위해 # define 문에서 포트 어드레스나 자주 사용하는 입출력 데이터에 이름을 붙여 정의해 둔다. 이름은 다른 것과 구별하기 쉽도록 하기 위해 대문자로 쓴다.

■ 포트 어드레스
define APORT 0xd0 : A 포트 어드레스
define BPORT 0xd2 : B 포트 어드레스
define CPORT 0xd4 : C 포트 어드레스
define CWREG 0xd6 : CW 레지스터 어드레스

■ 입력 데이터
define HITOKEN 0x10 : 사람 검지 데이터
define OPNTEMAE 0x1 : 열기쪽에 가까이 있는 센서
define OPNTEISI 0x2 : 열기 정지 센서
define CLSTEMAE 0x4 : 닫기쪽에 가까이 있는 센서
define CLSTEISI 0x8 : 닫기 정지 센서

■ 출력 데이터
define OPN 0x19 : 열기 주행
define OPL2 0x15 : 열기 중속
define OPL1 0x13 : 열기 저속
define OPNSTP 0x1 : 열기 전체 정지
define CLS 0x18 : 닫기 주행
define CLSL2 0x14 : 닫기 중속
define CLSL1 0x12 : 닫기 저속
define CLSSTP 0x0 : 닫기 전체 정지
define BRAKE 0x20 : 브레이크

(2) 함수

동작은 입력·판단·처리를 반복한다. 데이터를 바꾸는 것만으로 공통적으로 사용할 수 있는 프로그램을 함수로 만든다. 처리에 따라 판단을 1회 실시하는 경우와 2회 실시하는 경우가 있으므로 판단 처리하는 함수를 2개 만든다.

사람 검지는 문이 닫히고 주행중일 때와 닫힌 상태일 때 실시할 필요가 있고, 다른 입력과 관계없이 검지할 필요가 있으므로 입력 데이터를 사람 검지 데이터와 더불어 비트 AND 연산하고 그 데이터만 추출한다.

(3) 함수 프로그램

함수-1 : 사람 검지 센서가 사람을 검지하였는가를 판단하는 등 1회 판단으로 하는 함수 프로그램을 do-while 문장으로 만든다.

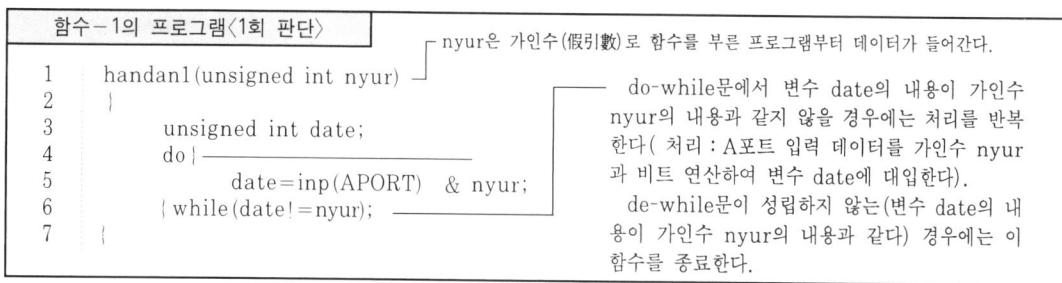

함수-2 : 인간 검지 센서와 위치 센서의 2회 판단과 처리의 함수 프로그램을 무한 루프의 for(; ;) 문과 if( ) 문을 사용하여 함수를 만든다.

1. 사람 검지 센서가 사람을 검지하였다면 ① 문의 주행을 정지시킨다. ② 변수 r에 1을 대입 반복한다. ③ break 문에서 for(; ;) 문의 무한 루프를 빠져나와 함수를 종료한다.

2. 지정된 위치 센서가 문을 검지하면 ① 변수 r에 0을 대입하여 반복한다. ② break 문에서 for (; ;) 문의 무한 루프를 빠져나와 함수를 종료한다. (1)의 정의와 (2) 함수를 사용하여 main 함수 프로그램을 만들어 본다.

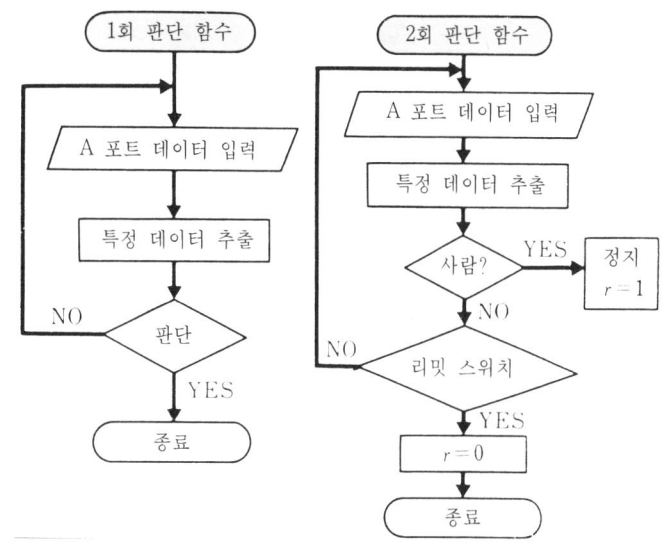

그림 7. 함수 흐름도

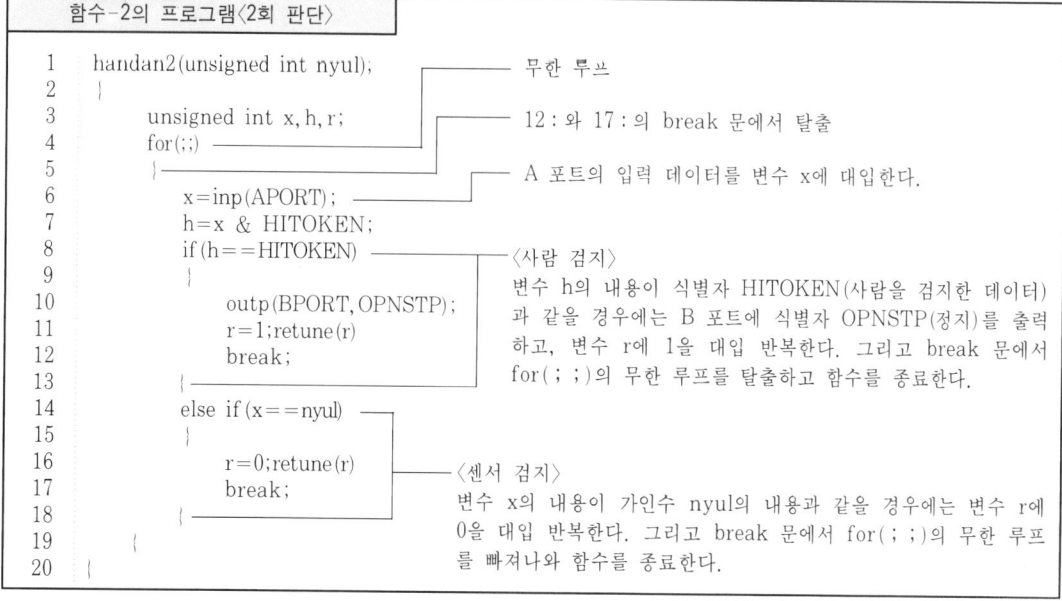

(4) main 함수 프로그램

```
1   main()
2   {
3       unsigned int in, in1, in2, in3, ot, ot1, ot2, r;
4       outp(cwreg, 0x90);
5       for(;;)
6       {
7           handan1(HITOKEN);
8   hiraki:  outp(BPORT, OPNL1);
9           for(t==1;t<=50;t++)
10          {
11              handan1(CLSTEMAE);
12          }
13          outp(BPORT, OPNL2);
14          handan1(CLSTEMAE);
15          outp(BPORT, OPN);
16              handan1(OPNTEMAE);
17          outp(BPORT, OPNL2);
18          for(t==1;t<=50;t++)
19          {
20              handan1(OPNTEISI);
21          }
22          outp(BPORT, OPNL1);
22          handan1(OPNTEISI);
23          outp(BPORT, OPNSTP);
24          for(t==1;t<=10;t++);
25          outp(BPORT, BRAKE);
26          for(t==1;t<=20000;t++);
27          do {
28              d=inp(APORT) & HITOKEN;
29          } while(d==HITOKEN)
30          outp(BPORT, 0x0);
31          for(t==1;t<=10;t++);
32          outp(BPORT, CLSL1);
33          for(t==1;t<=50;t++)
34          {
35              handan2(HITOKEN, OPNSTP, OPNTEMAE);
36          }
37          if(r==1)
38          {
39              goto hiraki;
40          }
41          outp(BPORT, CLSL2);
42          for(t==1;t<=50;t++)
43          {
44              handan2(HITOKEN, OPNSTP, OPNTEMAE);
45          }
46          if(r==1)
47          {
48              goto hiraki;
49          }
50          outp(BPORT, CLS);
51          handan2(HITOKEN, OPNSTP, CLSTEMAE);
52          if(r==1)
53          {
54              goto hiraki;
55          }
56          outp(BPORT, CLSL2);
57          for(t==1;t<=50;t++)
58          {
59              handan2(HITOKEN, OPNSTP, CLSTEISI);
60          }
61          if(r==1)
62          {
63              goto hiraki;
64          }
65          outp(BPORT, CLSL1);
66              handan2(HITOKEN, OPNSTP, CLSTEISI);
67          if(r==1)
68          {
69              goto hiraki;
70          }
71          outp(BPORT, CLSSTP);
72          for(t==1;t<=10;t++)
73          outp(BPORT, BRAKE);
74      }
75  }
```

7 — 실인수(實引數)를 사람 검지값으로 하고 함수 handan 1을 불러낸다.
8 — 문을 열고 저속 주행시킨다.
9~11 — 닫기쪽에 가까이 있는 센서의 작동을 체크하면서 일정 시간 동안 저속 1주행을 유지한다.
13 — 문을 열고 중저속 주행을 시킨다.
14 — 닫기쪽에 가까이 있는 센서의 작동을 체크한다.
15 — 문을 열고 평상시 속도로 주행시킨다.
16 — 닫기쪽에 가까이 있는 센서의 작동을 체크한다.
17 — 문을 열고 중속 주행시킨다.
17~20 — 열기쪽 정지 센서의 작동을 체크하면서 일정 시간동안 중속 주행시킨다.
22 — 문을 열고 저속 주행시킨다.
22 — 열기쪽에 정지 센서의 작동을 체크한다.
23 — 문을 정지시킨다.
24, 25 — 일정 시간이 지난 후 브레이크를 작동시킨다.
26 — 일정 시간 열린 상태를 유지한다.
27~29 — 사람이 없음을 확인한다.
30 — 브레이크를 해제한다.
31, 32 — 일정 시간이 지난 후 문을 움직이게 한다.
32 — 문을 닫고 저속 주행시킨다.
33~35 — 사람 검지와 열기쪽에 가까이 있는 센서의 작동을 체크하면서 일정 시간동안 저속 주행시킨다.
37~39 — r이 1로 되돌아왔을 경우에는 레이블 hiraki 문을 실행한다 (사람을 검지하였을 경우).
41 — 문을 닫고 중속 주행시킨다.
42~44 — 사람 검지와 열기쪽에 가까이 있는 센서의 작동을 체크하면서 일정 시간동안 중속 주행시킨다.
46~48 — r이 1로 되돌아왔을 경우에는 레이블 hiraki 문을 실행한다 (사람을 검지하였을 경우).
50, 51 — 문을 닫고 평상시 속도로 주행시킨다.
52~54 — r이 1로 되돌아왔을 경우에는 레이블 hiraki 문을 실행한다.
56 — 문을 닫고 중속 주행시킨다.
57~59 — 사람 검지와 닫기쪽 정지 센서의 작동을 체크하면서 일정 시간동안 중속 주행시킨다.
61~63 — r이 1로 되돌아왔을 경우에는 레이블 hiraki 문을 실행한다.
65 — 문을 닫고 저속 주행시킨다.
66 — 사람 검지와 닫기쪽의 정지 센서의 작동을 체크한다.
67~69 — r이 1로 되돌아왔을 경우에는 레이블 hiraki 문을 실행한다.
71 — 문을 닫고 정지시킨다.
72, 73 — 일정 시간이 지난 후 브레이크를 작동시킨다.

3 스테핑 모터를 사용한 이송 장치의 제어

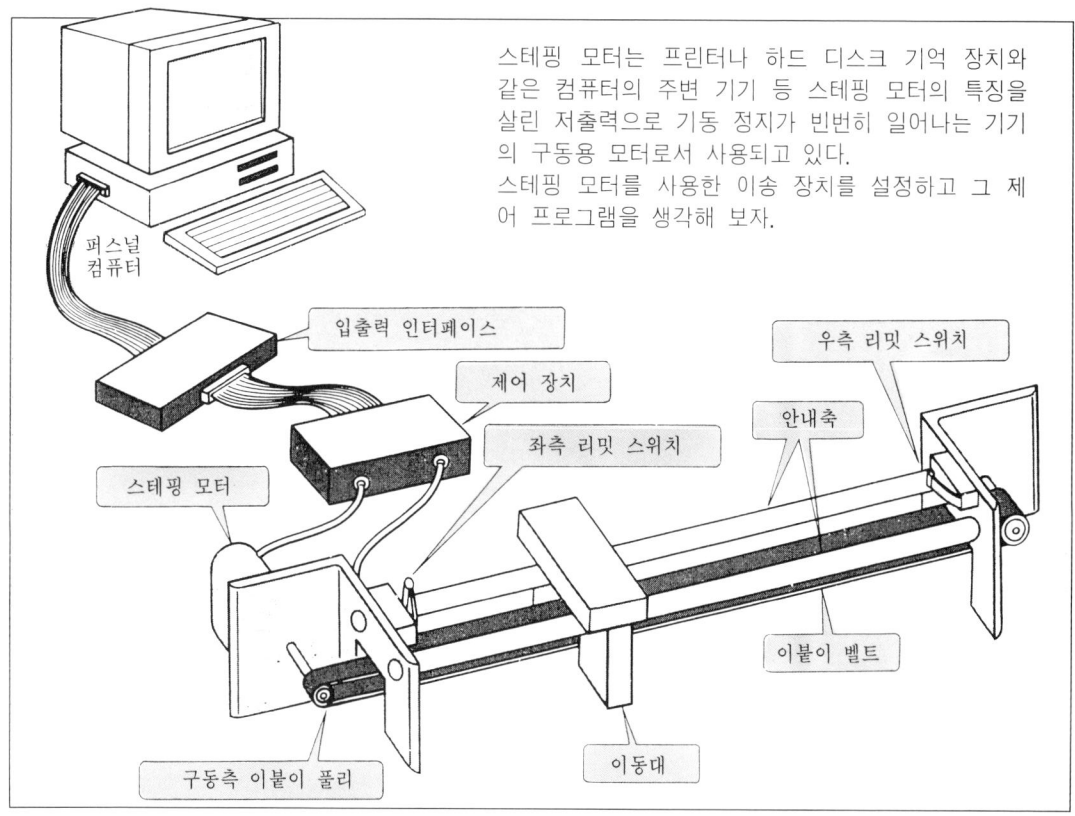

그림 1. 이송 장치 구성도

1. 스테핑 모터 이송 장치

그림 1과 같이 이동대가 직선 운동하는 장치를 생각한다.

(1) 구조

스테핑 모터의 회전 운동을 풀리와 벨트에 의한 직선 운동으로 하여 이동대를 좌우로 움직이게 한다. 이동대는 2개의 안내축에서 똑바로 움직이도록 안내한다. 풀리와 벨트는 이가 있는 것을 사용하고 실수 없이 모터의 회전을 이동대에 정확하게 전달할 수 있게 한다.

1펄스에서 1.8° 회전하는 스테핑 모터를 사용하고 이붙이 벨트의 피치는 2.0mm, 풀리의 잇수는 20이라고 하면 1회전에서는 2.0×20=40.0으로 40mm 이동대는 움직인다.

스테핑 모터는 200펄스에서 1회전하기 때문에 1펄스에서 이동대는 40.0÷200=0.2로 0.2mm 움직인다. 즉, 이 이송 장치는 0.2mm의 정밀도로 제어할 수 있다.

이동 거리를 최대 300mm로 하면 300÷0.2=1,500이다.

1,500펄스로 한쪽 끝에서 다른 한쪽 끝까지 이동하게 된다. 양 단에 리밋 스위치를 장착하고 선단부를 확인한다. 또 왼쪽 선단을 이동 원점으로 사용한다.

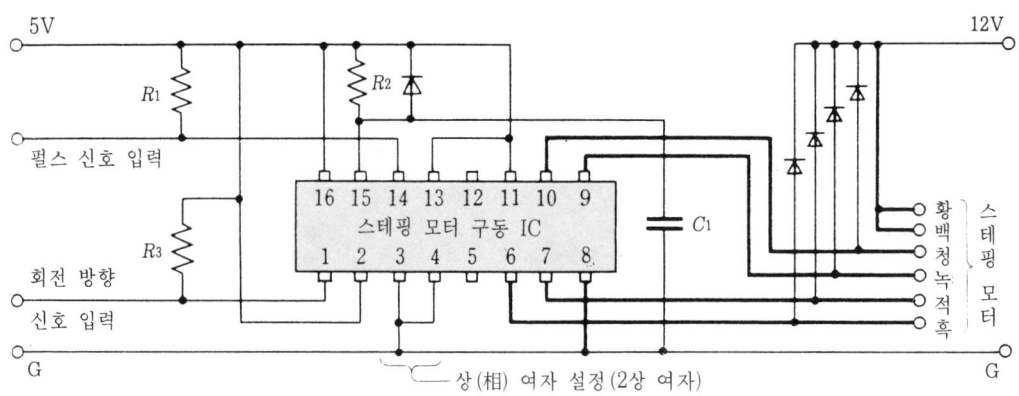

그림 2. 스테핑 모터 구동 회로 IC

(2) 구동 제어 회로

① 스테핑 모터의 구동 회로

(a) 스테핑 모터의 시방
- 2상 스테핑 모터
- 정격값 — 전압 : 12V, 전류 : 1상당 0.3A, 토크 : 최대 정지 2.2kg-cm
- 스텝각 : 1.8°/펄스

(b) 구동 회로 IC : 회로를 간단하게 하기 위해 시판용 구동 회로 IC를 사용한다. 구동은 2상 여자(勵磁)로 펄스 신호와 회전 방향 신호를 입력하는 방법을 사용한다. IC 단자의 주요 접속을 설명한다(그림 2).

1번 단자 : 회전 방향 신호 입력 {HIGH(1)에서 우회전, LOW(0)에서 좌회전}
2번 단자 : HIGH(1)
3번 단자 : LOW(0)   } 2상 여자 구동 설정
4번 단자 : LOW(0)
6번 단자 : 모터의 흑색선
7번 단자 : 모터의 적색선
9번 단자 : 모터의 녹색선   } 구동 전류가 유입하여 그랜드로 흐른다
10번 단자 : 모터의 청색선
14번 단자 : 펄스 신호 입력

⟨구동 전류의 유입 최대 전류는 1단자당 0.4mmA이다.⟩

(c) 펄스 신호 : 펄스 신호는 펄스 발생 회로와 컴퓨터로 만드는 방법 2가지로 할 수 있다. 일정한 주파수로 스테핑 모터를 구동할 경우에는 펄스 발생 회로를 사용하고 펄스 주파수를 여러 가지로 변경하여 사용하고자 할 경우에는 컴퓨터로 펄스를 만든다.

(d) 펄스 발생 회로 : 타이머 회로 IC(555)를 사용하여 펄스 발생 회로(불안정한 멀티 바이브레이터)를 만든다. 펄스 주파수는 반고정 저항 VR을 조정하여 결정할 수 있다(그림 3). 4번 단자를 HIGH(1)로 하면 펄스가 발생하고 LOW(0)에서 펄스 발생이 정지된다. 3번 단자에서 펄스 신호가 출력한다.

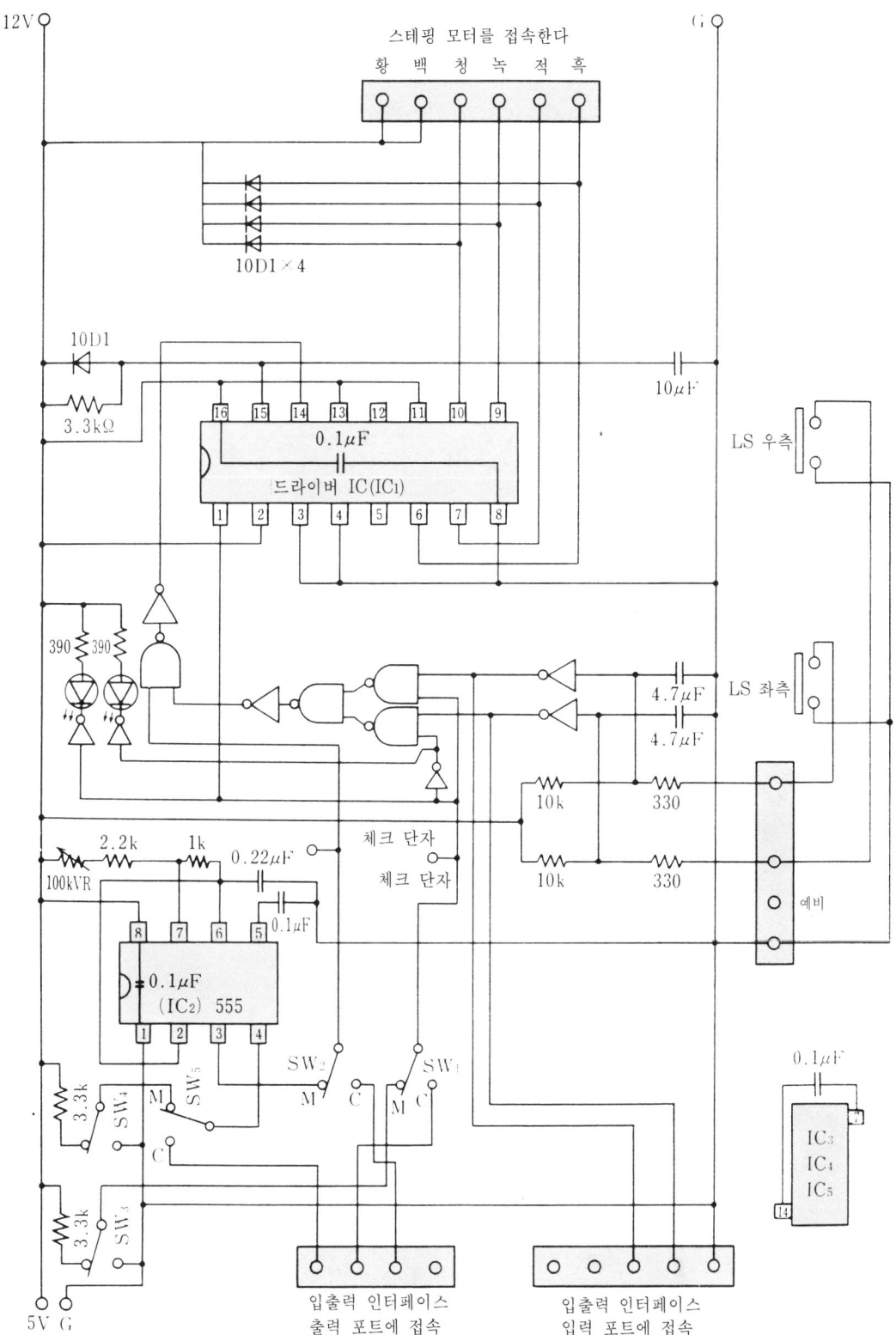

그림 4. 스테핑 모터 제어 회로

② 제어 회로
　ⓐ 컴퓨터 제어와 수동 조작의 선택
　　회전 방향 신호용 스위치 SW_1과 펄스 신호용 스위치 SW_2를 사용하여 컴퓨터의 신호로 할 것인가 또는 수동 조작 스위치에 의한 신호로 할 것인가를 선택한다(그림 4).
　ⓑ 수동 조작
　　• 스위치 SW_1, SW_2 및 SW_5를 수동 조작쪽에 설정한다(그림 5).
　　• 스위치 SW_3으로 회전 방향을 설정한다.
　　• 스위치 SW_4로 펄스 발생 회로의 발생 정지를 조작한다.

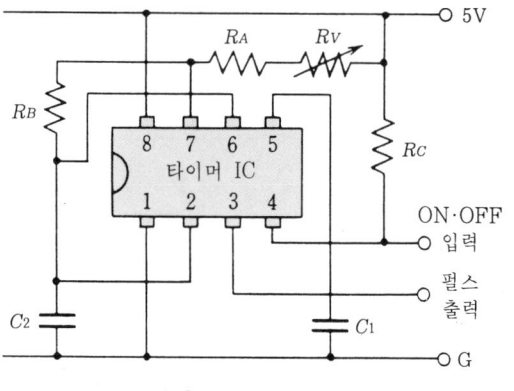

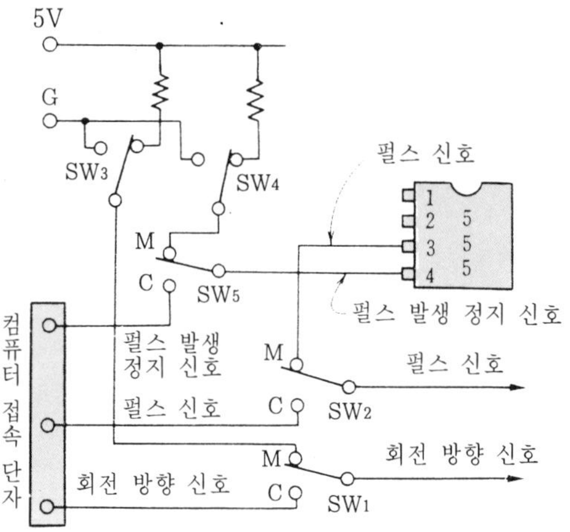

그림 3. 펄스 발생 회로

　ⓒ 컴퓨터 제어
　　다음과 같은 두 가지 방법을 사용할 수 있다.
　　• 방법 1 : 스위치 SW_1, SW_2를 컴퓨터 제어측에 설정하고 컴퓨터의 펄스 신호와 회전 방향 신호를 사용한다(그림 6).
　　• 방법 2 : 스위치 SW_1과 SW_5를 컴퓨터 제어측에, 스위치 SW_2를 수동 조작측에 각각 설정한다.
　　그리고 회전 방향 신호와 펄스 발생 정지 신호는 컴퓨터의 신호를 사용하고 펄스 신호는 펄스 발생 회로의 신호를 사용한다(그림 7).

그림 5. 수동 조작의 스위치 설정

　ⓓ 주행 선단 한계 처리
　　주행 선단에 있는 리밋 스위치가 작동하면 주행은 정지되고, 작동한 리밋 스위치에서 멀어지는 방향으로 주행할 수 있게 한다. 그 원리는 회전 방향 신호와 리밋 스위치의 신호로 AND 연산하고 그 결과를 펄스 신호와 AND 연산한다(그림 8).

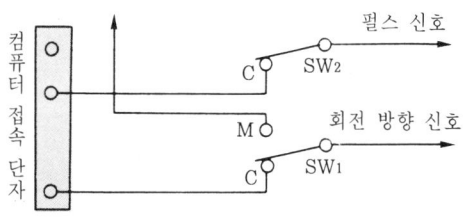

그림 6. 컴퓨터 제어의 스위치 설정 1

　ⓔ 스위치 회로
　　2개의 리밋 스위치와 2개의 푸시 버튼 스위치(기동과 원점 복귀)의 신호는 파형 정형 회로를 통해 컴퓨터에 입력된다.

(3) 컴퓨터 접속
퍼스널 컴퓨터의 확장 슬롯에 8255 입출력 인터페이스를 접속하고, 사용 모드 0에서 A 포트를 입

3 스테핑 모터를 사용한 이송 장치의 제어

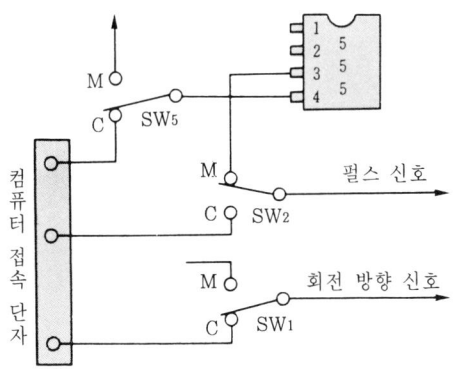

그림 7. 컴퓨터 제어의 스위치 설정 2

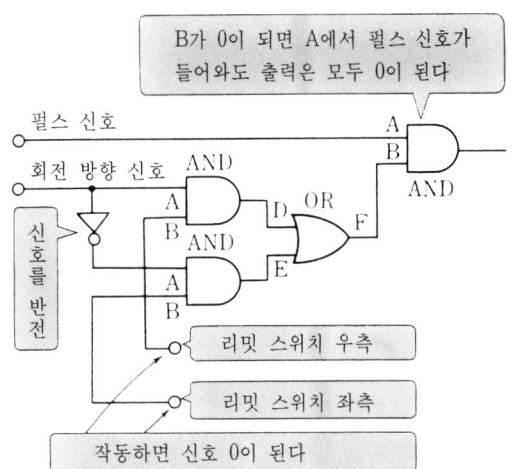

그림 8. 주행 선단 한계 처리 원리

력 포트, BC 포트를 출력 포트에 설정한다.

① 입력 : A 포트의 각 단자에 구동 제어 회로의 리밋 스위치와 다른 스위치를 그림 9와 같이 접속한다.

② 출력 : B 포트의 각 단자에는 그림 10과 같이 구동 제어 회로의 펄스 신호, 주행 (회전) 방향 신호, 펄스 발생 기동 신호의 각 단자를 접속한다.

펄스 발생 기동 신호
$\begin{cases} 0 : 정지 \\ 1 : 기동 \end{cases}$

AND 회로 진리값 표

입력		출력
A	B	
0	0	0
1	0	0
0	1	0
1	1	1

OR 회로 진리값 표

입력		출력
D	E	F
0	0	0
1	0	1
0	1	1
1	1	1

2. 제어 프로그램

(1) 정의

포트의 번지를 포트명으로 치환한다.

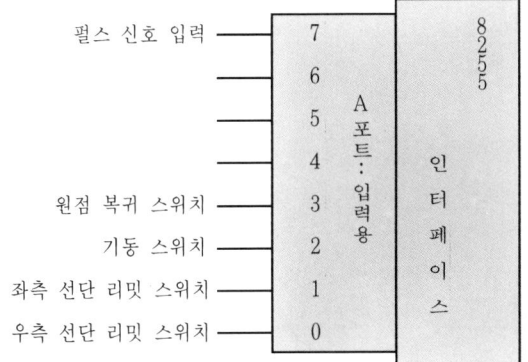

그림 9. 입력 포트 접속

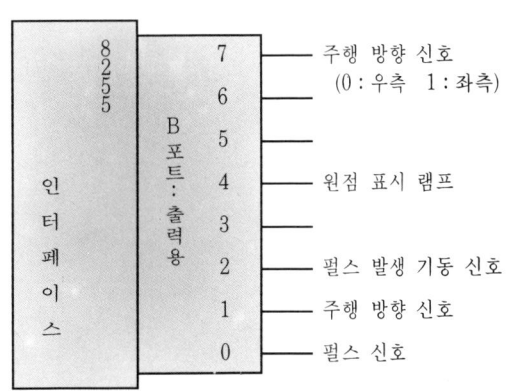

그림 10. 출력 포트 접속

```
# define APORT  0xd0 : A 포트 번지
# define BPORT  0xd2 : B 포트 번지
# define CPORT  0xd4 : C 포트 번지
# define CWREG 0xd6 : CW 레지스터 번지
# define RLS 0x1 : 오른쪽 리밋 스위치 데이터
# define LLS 0x2 : 왼쪽 리밋 스위치 데이터
# define RGT 0x0 : 주행 방향 오른쪽
# define LFT 0x2 : 주행 방향 왼쪽
# define PLSH 0x1 : 펄스 HIGH 신호
# define PLSL 0x0 : 펄스 LOW 신호
# define MAXL 300 : 최대 스트로크
```

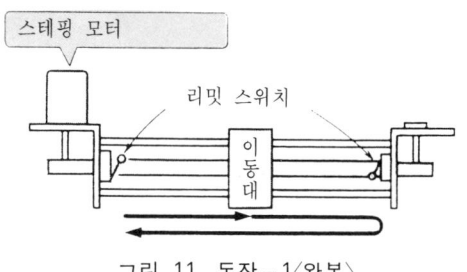

그림 11. 동작-1〈왕복〉

(2) 제어-1〈왕복〉

① 동작

펄스 발생 회로의 펄스 신호를 사용하여 왼쪽 선단을 기점으로 지정된 횟수만큼 이동대를 양 선단 사이에 왕복시킨다(그림 11).

ⓐ 이동대를 좌측 선단에 고정 : 왼쪽 방향으로 주행시켜 좌측 선단 리밋 스위치의 작동을 확인하였으면 정지시킨다.

ⓑ 몇 회 왕복하는가를 화면에서 지정

ⓒ 오른쪽 방향으로 주행시켜 우측 선단 리밋 스위치가 작동하였으면 정지시킨다.

ⓓ 일정 시간 정지한 후 좌측 방향으로 주행시켜 좌측 선단 리밋 스위치의 작동을 확인하였으면 정지시킨다. 입출력 데이터는 위의 1. 과 동일하다.

ⓔ 왕복 주행 후 좌측 선단 리밋 스위치가 작동하였으면 횟수를 1씩 늘려서 계산한다. 지정 횟수와 비교하여 일치하면 정지시킨다.

② 프로그램

주행 출력 → 입력 → 비교 → 출력의 프로그램을 함수로 하여 프로그램을 짜 본다.

	함수 syori () 프로그램
1	syori(unsigned int od1, unsigned int hd)
2	{
3	unsigned int ls;
4	outp(BPORT, od1);
5	do {
6	ls=inp (APORT) & hd;
7	} while(ls<=hd);
8	outp (BPORT, 0x0)
9	}

함수 syori () 프로그램 해설

가인수는 다음과 같다.

od1 : 이동 출력 데이터

hd : 리밋 스위치 입력 데이터

4. 회전 방향과 펄스 발생 기동 신호를 출력한다.

6. 입력과 리밋 스위치 작동 신호 및 AND 연산을 하고 리밋 스위치 작동 비트의 데이터를 뽑아본다.

7. 그 데이터가 리밋 스위치 작동 신호와 같아질 때까지 위의 6. 을 반복한다.

8. 정지 데이터를 출력한다.

(3) 제어-2〈원점 설정〉

좌측 선단을 이동 원점으로 설정하는 함수 프로그램(genten())을 만든다. 펄스는 퍼스널 컴퓨터로

main 프로그램 〈왕복 주행〉

(통상적으로 식별자는 대문자를 사용한다)

```
#define APORT   0xd0          ──── A 포트의 번지
#define BPORT   0xd2          ──── B 포트의 번지
#define CPORT   0xd4          ──── C 포트의 번지
#define CWREG   0xd6          ──── CW 레지스터의 번지
#define LLS     0x1           ──── 좌측 리밋 스위치의 입력 데이터
#define RLS     0x2           ──── 우측 리밋 스위치의 입력 데이터
#define LIDO    0x6           ──── 좌측 이동 출력 데이터
#define RIDO    0x4           ──── 우측 이동 출력 데이터
#define STP     0x0           ──── 정지 출력 데이터
syori(unsigned int hd, unsigned int od1)  ──── 처리 함수
{
    unsigned int ls;
    outp (BPORT, od1);        ──── 이동 신호를 출력한다.
    do {                      ① 선단 한계 리밋 스위치의 신호를 입력, 판단한다.
        ls=inp(APORT)  & hd;  ② 리밋 스위치가 작동할 때까지 입력 판단을 반복한다.
    } while (ls<=hd);         ③ 작동되었으면 정지 신호를 출력한다.
    outp (BPORT, 0x0);
}
main ()
{
    unsigned int nn, n;
    outp(CWREG, 0x90);        ──── 입출력 포트 사용법의 설정
    syori(LLS, SIDO);         ──── 왕복대를 좌측에 설정
    printf (¥x1B[2J);         ──── 화면을 소거
    printf ("몇 회 왕복하겠습니까? n=");
    scanf ("%d", &n);         ──── 키보드로 입력한다
    nn=0
    do {
        syori(RLS, RIDO);     ──── 우측 주행
        syori(LLS, LIDO);     ──── 좌측 주행
        nn=nn+1               ──── 횟수 카운트
    } while(nn!=n);
}
```

출력한다.

① 동작

(a) 이동대를 좌측 선단에서 우측으로 설치 : 우측 선단 리밋 스위치가 작동하였는가를 체크하면서 우측 방향 신호와 함께 펄스 신호를 일정한 펄스수로 출력한다. 우측 선단 리밋 스위치가 작동하였으면 주행을 정지시킨다.

(b) 좌측 주행 : 좌측 방향의 펄스를 출력하여 주행시킨다. 좌측 선단 리밋 스위치가 작동하였으면 주행을 정지시킨다.

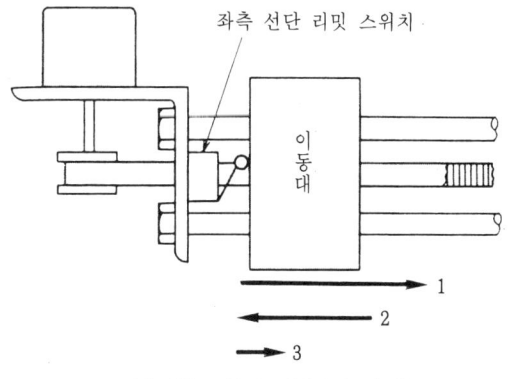

그림 12. 동작-2〈원점 설정〉

(c) 원점 설치 : 좌측 선단 리밋 스위치가 작동하지 않을 때까지 1펄스씩 우측 방향으로 주행시켜 좌측 선단 리밋 스위치가 작동하지 않게 된 위치를 원점으로 한다. 출력 데이터는 (a)와 동일하고 펄스 간격을 길게 해서 천천히 주행시킨다. 입력 비교 데이터는 위의 (a)와 반대가 된다.

② 프로그램

펄스를 출력하고 리밋 스위치가 작동하면 정지 프로그램의 함수 puls를 만든다.

```
함수<puls(plsu, plhb, hoko, bit, limit)>
1   puls(unsigned int plsu, unsigned int plhb,
      unsigned int hoko, unsigned int bit,
      unsingned int limilt)
2   {
3       unsigned int t, h, ls, odt1, odt2;
4       odt1=hoko PLSH;
5       odt2=hoko PLSL;
6       for(t==1;t<=plsu;t++)
7       {
8           outp (BPORT, odt1);
9           for(h==1;h<=plhb;h++);
10          outp (BPORT, odt2);
11          ls=inp(APORT) & bit;
12          if(ls==limit)
13          {
14              break;
15          }
16      }
17  }
```

프로그램에 대한 설명-1
가인수는 다음과 같이 한다.

plsu : 펄스수 (이동량 환산 펄스수)

plhb : 펄스폭(1펄스의 HIGH 출력 시간). 폭을 작게 하면 주행 속도가 빨라진다.

hoko : 주행 방향(식별자 우측 : RGT·좌측 : LFT)

bit : 지정 리밋 스위치의 비트(지정 비트의 데이터를 빼내기 위해)

limit : 지정 리밋 스위치의 작동 데이터

4, 5. 펄스 전압의 HIGH와 LOW의 데이터에 주행 방향의 데이터를 추가한다(OR 연산).

6. 8~15를 지정 펄스수만큼 반복한다.

8. 펄스 전압의 HIGH 상태를 출력한다.

9. 펄스폭 데이터만큼 HIGH의 상태를 일정 시간동안 유지한다.

10. 펄스 전압의 LOW 상태를 출력한다.

11. A 포트의 데이터를 입력하고 지정된 리밋 스위치의 데이터를 뽑기 위해 비트 AND 연산을 한다.

12~15. 리밋 스위치가 작동하고 있으면 루프를 빠져나와 함수 프로그램을 종료한다.

```
<원점 설정 함수 프로그램>
1   genten ()
2   {
3       puls (100, 50, RGT, RLS, RLS);
4       for(t==1;t<=1000;t++);
5       puls (2000, 50, LFT, LLS, LLS);
6       for(t==1;t<=1000;t++);
7       puls (100, 200, RGT, RLS, 0x0);
8       outp (BPORT, 0x10);
9       printf(¥x1B[2J);
10      printf("<< 원점 설정 종료>>");
11  }
```

프로그램에 대한 설명-2
1 : 가인수는 없음

3 : 함수 puls()를 불러내고 현재 위치에서 우측으로 100펄스분 이동시킨다.

우측의 리밋 스위치를 작동시키면 함수를 종료하고 정지한다.

4 : 일정 시간 정지

5 : 함수 puls()를 불러내고 현재 위치에서 좌측으로 2000펄스분 이동시키도록 설정하고 좌측의 리밋 스위치를 작동시키면 함수를 종료하여 정지한다.

6 : 일정 시간 정지

7 : 함수 puls()를 불러내고 현재 위치에서 좌측으로 100펄스분 이동시키도록 설정하고 좌측의 리밋 스위치가 작동하지 않게 되면 함수를 종료하여 정지한다. 이 위치를 원점으로 한다.

8 : 원점 설정을 완료한 표시 램프를 점등한다.
9 : 화면을 소거한다.
11 : 「《원점 설정 종료》」를 화면에 표시한다.

(4) 제어-3

원점(좌측 선단)을 기점으로 하여 지정된 방향과 거리로 이동시킨다.

① 동작
  ⓐ 이동대를 원점에 설치
  ⓑ 화면에서 이동 방향과 거리를 입력
  ⓒ 기동 스위치를 누르면 지정된 위치로 이동
  ⓓ 2.~3. 을 반복한다.

② 프로그램

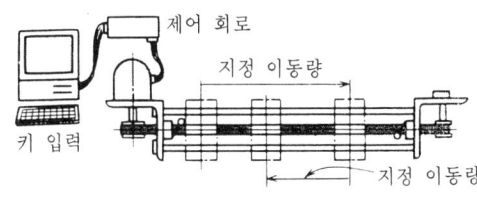

그림 13. 동작-3〈지정 이동〉

- 식별자의 정의와 함수의 프로그램은 생략한다.
- 원점을 설정함에 있어서는 미리 정의한 함수 genten( )과 함수 puls( )를 사용하고 주행을 실행함에 있어서는 함수 puls( )를 사용한다.
- 화면 입력에서부터 주행 실행까지를 for(; ;) 문에서 무한 루프로 하고 실행을 종료한 다음 재실행을 화면상에서 묻고, 재실행하지 않을 경우에는 루프를 빠져나와 프로그램을 종료한다.

```
                    main 프로그램〈임의의 거리 이동〉
 1   main ( )
 2   {
 3        outp(CWREG, 0x90);         ──── 포트 사용법의 설정
 4        genten( );                  ──── 원점 설정
 5        for( ; ; )
 6        {
 7             printf("\x1B[2J");                                    ──── 화면 소거
 8             printf("이동 방향(오른쪽은+왼쪽은-)과 이동 거리는(mm) =");┐ 이동 방향과 거리에 대한 키입
 9             scanf("%d", &ido);                                    ┘ 력 데이터를 변수 ido에 대입
11             gokei += ido;                                         ──── 이동 거리를 적산
12             if(gokei<0||gokei>MAXL)                               ──── 이동 범위의 판단
13             {
14                  printf("<< 이동 범위를 초과했습니다. 재입력해 주십시오>>");
15                  continue;                                         ──── for( ; ; ) 문의 처음으로 되돌아간다.
16             }
17             pls = ido/0.2;                                         ──── 이동 거리를 펄스수로 한다
18             printf("<<좋습니까(Y/N)>>");                           ──── 이동 실행을 묻는다
19             scanf("%s", &y);                                      ──── 키 입력 데이터를 변수 y에 대입
20             if(y=='n'||y=='N')                                    ┐ 다시 할(N을 입력) 경우에는 for( ; ; ) 문의 처
21             {                                                     │ 음으로 되돌아간다.
22                  continue;                                        ┘
23             }
24             if(ido>=0)                                            ──── 지정 이동량이 플러스(+기호 생략)이면
25             {
26                  pulse(pls, 50, RGT, RLS, RLS);                   ──── 우측 주행 처리를 한다.
27             }
28             else if(ido<=0)                                       ──── 지정 이동량이 마이너스(-기호)이면
29             {
30                  pulse(pls, 50, LFT, LLS, LLS);                   ──── 좌측 주행 처리를 한다.
31             }
32             printf("<<계속하겠습니까?(Y/N)>>");                    ┐ 프로그램의 처음으로 되돌아가서 실행을 계속할 것
33             scanf("%s", &x);                                      ┘ 인가를 묻는다.
34             if(x=='n'||x=='N')                                    ──── N일 경우에는
35             {
36                  break;                                            ┐ for( ; ; ) 문의 무한 루프에서 빠져나와 프로그램
37             }                                                      ┘ 을 종료한다.
38        }
39   }
```

4 철도 모형의 제어

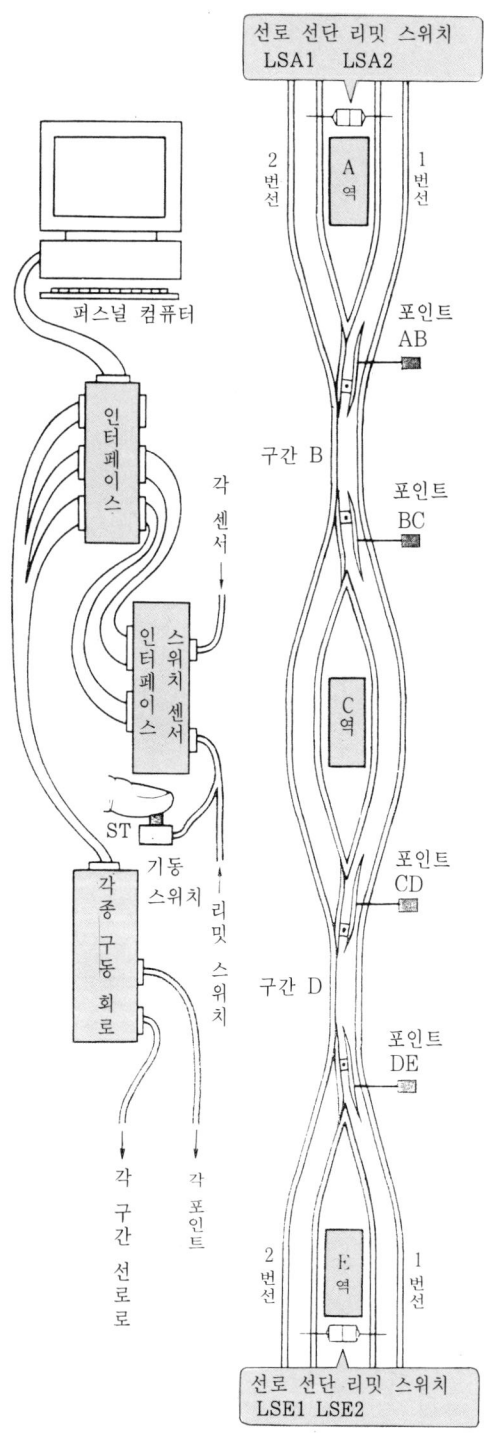

그림 1. 철도 모형 구성도

간단한 철도 모형의 제어 프로그램을 C언어를 사용해서 만들어 본다.

1. 철도 모형

그림 1과 같은 선로 배치로 한다.

(1) 선로

• A역, C역, E역을 단선 구간 B, D로 연결하고, 각 역의 부분은 복선으로 연결한다. 복선과 단선은 포인트 AB, BC, CD, DE로 접속한다.

• 선로는 A1, A2, B, C1, C2, D, E1, E2의 8개 구간으로 나누고 전기적으로 독립시킨다. 포인트 AB와 BC는 구간 B와 포인트 CD와 DE는 구간 D와 같은 극성으로 한다.

• A역과 E역의 선로 말단에 목적지 초과 통과 방지용으로 리밋 스위치를 장착하고 선로 전원 회로에서 전원을 차단하게 한다. 또 신호를 컴퓨터에 입력한다.

• 전차 검출 센서는 선로에 흐르는 전류를 검출하는 방법으로 각 구간의 전원 회로에 장착한다.

(2) 포인트

• 선로를 선택한다. 포인트 레일을 움직여 주행하는 선로끼리 접속한다(그림 2).

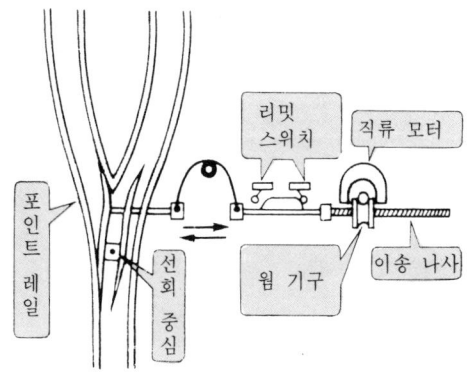

그림 2. 포인트 구성도

• 포인트 레일의 구동은 직류 전동기와 나사 기구에 의해 이루어진다. 회전을 직선 운동으로 하여 포인트 레일을 움직이고 설정 완료는 양측의 이동 선단에 있는 리밋 스위치로 검출한다.

(3) 모형 전차(그림 3)
• 정격 12V의 소형 직류 전동기를 사용한다.
• 전원은 차륜을 통해 선로에서 취한다.
• 선로의 극성은 진행 방향 우측을 +극으로 한다.

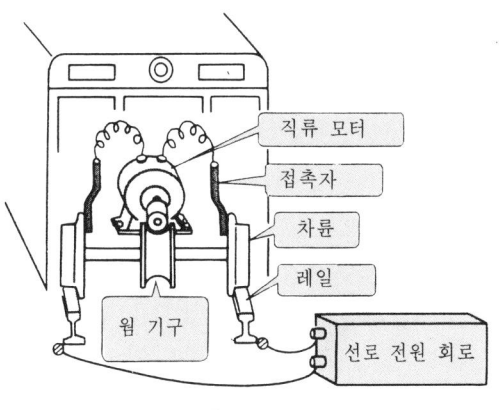

그림 3. 모형 전차

2. 주요 회로

(1) 선로 전원 회로

선로로 공급되는 전기는 전원에서 「전원의 개폐」와 「극성의 변환」을 실행하는 2개의 전자 릴레이 접점을 통해 선로에 접속한다. 전자 릴레이는 트랜지스터를 사용하여 컴퓨터에서 보내는 신호로 조작한다. 그림 4와 같은 회로를 각 구간의 선로에 접속한다.

(2) 전차 검출 센서

그 구간으로 전차가 입선(入線) 하였는지를 검출하는 센서로 전차가 선로를 주행할 때 흐르는 전류를 검출함으로써 전차를 검출한다(그림 5).

전원 회로에 4개의 다이오드를 직렬로 접속하고 전류가 흐를 때 생기는 전위차로 트랜지스터→포토 커플러를 작동시켜 신호를 만든다. 그 신호를 컴퓨터에 입력하여 전차 검출 신호로 한다.

(3) 포인트 구동 회로

2쌍의 pnp와 npn 트랜지스터와 직류 전동기를 그림 6과 같이 접속한다. 컴퓨터의 신호가 1일 때 Tr_4의 npn 트랜지스터가 작동하면 반대측 Tr_1의 pnp 트랜지스터가 작동한다. 전동기로 전류가 흘러

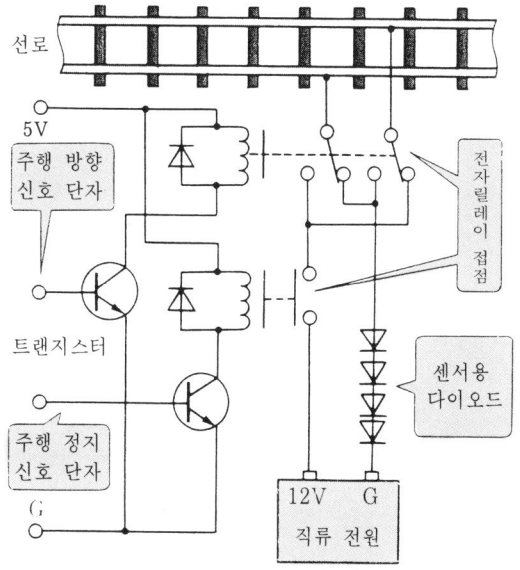

그림 4. 선로 전원 회로

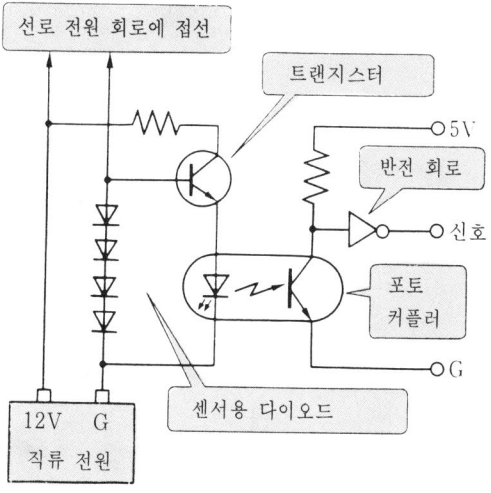

그림 5. 전차 검출 센서

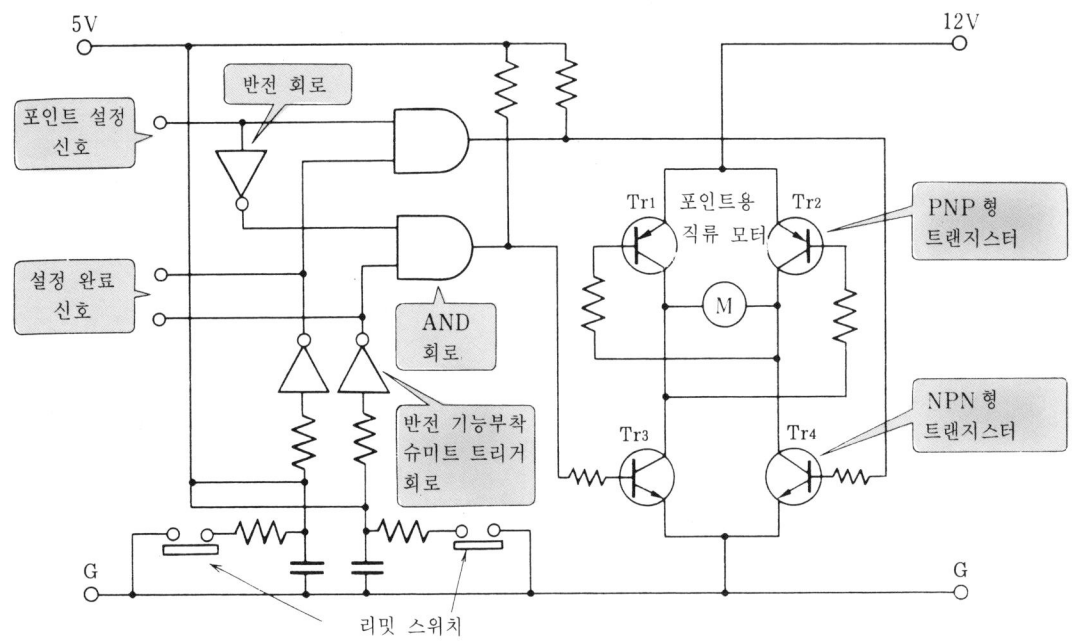

그림 6. 포인트 구동 회로

포인트 레일을 움직이고 이동 선단의 리밋 스위치가 작동하면 전동기가 정지되고 설정 완료 신호를 컴퓨터에 입력한다. 컴퓨터의 신호가 0이면 반전된 신호 1에서 Tr_3의 npn 트랜지스터→Tr_2의 pnp 트랜지스터가 작동하고 포인트 레일이 반대측에 설정된다.

3. 퍼스널 컴퓨터와의 접속

퍼스널 컴퓨터의 확장 슬롯에 2개의 PPI 8255가 있는 입출력 인터페이스를 접속하고 그 6번째 포트에 각 회로를 접속한다.

(1) 포트 설정

사용 모드는 모드 0, 08255-1의 3포트를 입력용으로, 8255-2의 3포트를 출력용으로 설정하여 사용한다. 이같은 설정을 나타내는 CW 데이터는 다음과 같고 프로그램에서 각 8255 칩의 CW 레지스터에 출력된다.

8255-1… 전체 포트 입력용
$(1001\ 1011)_2 = (9B)_{16}$
CW 레지스터 번지 → $(D6)_{16}$

8255-2… 전체 포트 출력용
$(1000\ 0000)_2 = (80)_{16}$
CW 레지스터 번지→$(DE)_{16}$

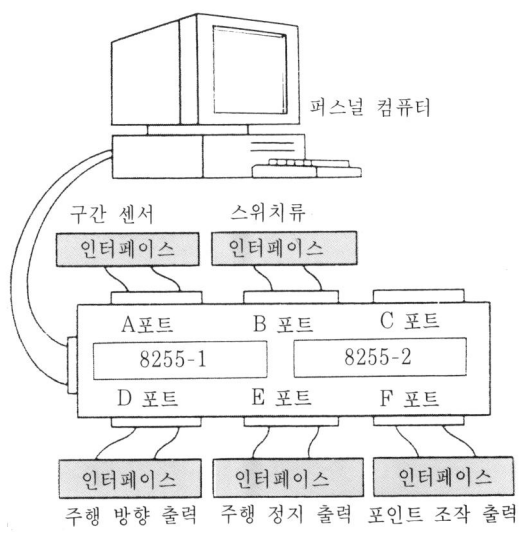

그림 7. 퍼스널 컴퓨터와의 접속

(2) 포트의 번지(어드레스)

8255-1의 A, B, C 포트, 8255-2의 D, E, F 포트는 다음과 같이 설정되어 있다.

A 포트 → (D0)₁₆
B 포트 → (D2)₁₆
C 포트 → (D4)₁₆
D 포트 → (D8)₁₆
E 포트 → (DA)₁₆
F 포트 → (DC)₁₆

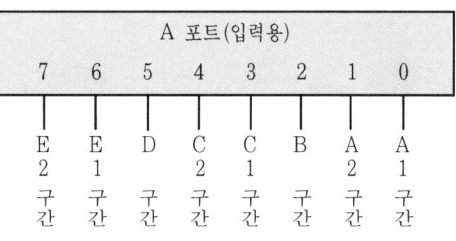

그림 8. 전차 검출 센서

(3) 전차 검출 센서 입력

구간은 8개 있고 그들의 전차 검출 센서를 A 포트의 8비트에 접속한다. 전차가 구간의 선로로 들어오면 입력 포트 단자에 신호 1이 입력된다. 전차가 없을 때는 신호 0이 입력되어 있다.

(4) 스위치 입력

그림 9와 같이 기동 스위치 ST와 정지 스위치 STP 그리고 각 선단에 있는 선로의 리밋 스위치(LSA1, LSA2, LSE1, LSE2)를 B 포트의 각 비트에 접속한다. 스위치가 ON이 되면 접속 단자에 신호 1이 입력된다.

그림 9. 각종 스위치

(5) 포인트 설정 리밋 스위치

포인트 구동 장치의 이동 양 선단에 있는 리밋 스위치의 신호 단자를 그림 10과 같이 C 포트에 접속한다.

포인트 레일 구동의 나사축이 설정 선단의 리밋 스위치를 작동시켜 신호 1이 입력된 것으로 포인트 설정을 확인한다.

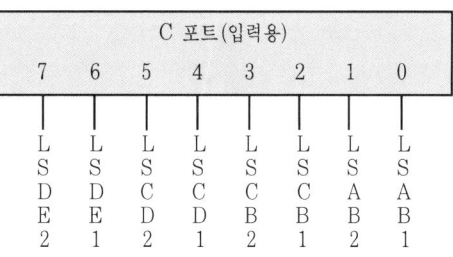

그림 10. 포인트 설정 리밋 스위치

(6) 전차 주행 방향 출력

각 구간에 대한 선로 전원 회로의 주행 방향 신호 단자를 D 포트에 그림 11과 같이 접속한다.

A역에서 E역으로 진행하는 방향(하행)은 신호 0을, E역에서 A역으로 진행하는 방향(상행)은 신호 1을 각각 출력하여 전자 릴레이를 설정한다.

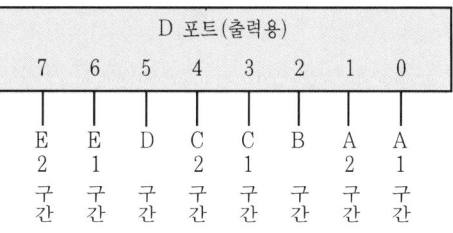

그림 11. 주행 방향 출력

(7) 전차 주행 정지 출력

각 구간에 대한 전차 전원 회로의 주행 정지 신호 단자와 E 포트를 그림 12와 같이 접속한다.

전차 주행은 신호 1을 출력하고 정지는 신호 0을 출력한다.

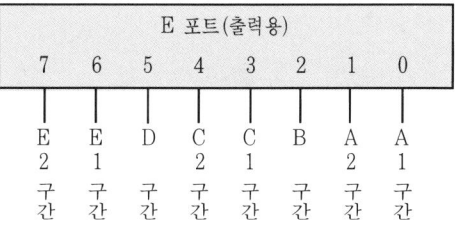

그림 12. 주행 정지 출력

(8) 포인트 설정 출력

포인트 구동 회로의 설정 신호 단자는 F 포트에 그림 13과 같이 접속한다. 1번선쪽에 대한 설정은 신호 0을, 2번선쪽에 대한 설정은 신호 1을 각각 출력한다.

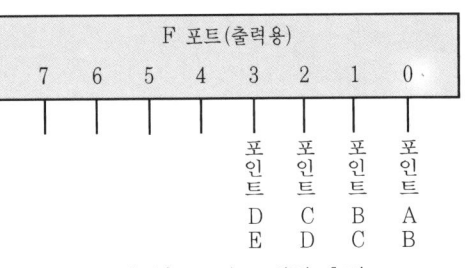

그림 13. 포인트 설정 출력

4. 제어 프로그램

C언어를 사용하여 간단한 전차 주행 제어 프로그램을 만들어 본다.

(1) 프로그램-1 〈편도 주행〉

■ 동작

ST(기동) 스위치를 누르면 A역 1번선 → C역 2번선 → E역 1번선 코스를 주행한다.

① 포인트의 설정

포인트 AB와 DE를 1번선쪽에 접속하고, 포인트 BC와 CD를 2번선쪽에 접속한다(F 포트의 비트 0과 3에 신호 0을, 비트 1과 2에 신호 1을 각각 출력한다).

출력 데이터(F 포트) : $(00000110)_2 = (6)_{16}$

포인트가 소정의 위치에 설정되었음을 C 포트에 대한 리밋 스위치 입력 신호로 확인한다(비트 0, 3, 5, 6에 신호 1이 입력되었음을 확인한다).

입력 데이터(C 포트) : $(01101001)_2 = (69)_{16}$

② 주행 방향의 설정

선로 구간 A1, B, C2, D, E1을 A → E 주행 방향으로 설정한다(D 포트 각 비트에 신호 0을 출력한다).

출력 데이터(D 포트) : $(00000000)_2 = (0)_{16}$

③ 개시

ST(기동) 스위치가 눌러지면 전차가 A역 1번선에서 A→E 방향으로 주행한다(B 포트 비트 0에 신호 1이 입력되면 E 포트 비트 0, 2, 4, 5, 6에 신호 1을 출력한다).

입력 데이터(B 포트) : $(00000001)_2 = (1)_{16}$

출력 데이터(E 포트) : $(01110101)_2 = (75)_{16}$

④ 정지

전차가 E역의 1번선으로 들어온 것을 확인하고 역의 중앙에 정지시킨다(비트 6에 1의 신호

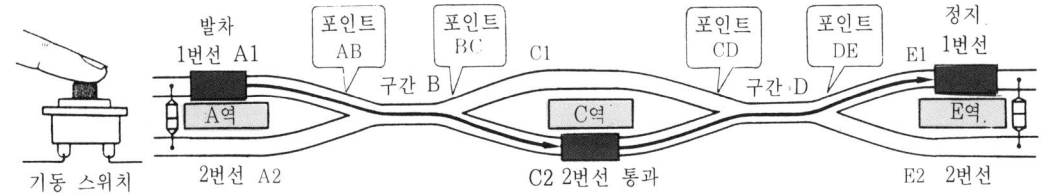

그림 14. 작동-1 〈편도 주행〉

가 입력되면 E 포트 전체 비트에 신호 0을 출력한다).
　　입력 데이터 (A 포트) : $(01000000)_2 = (40)_{16}$
　　출력 데이터 (E 포트) : $(00000000)_2$

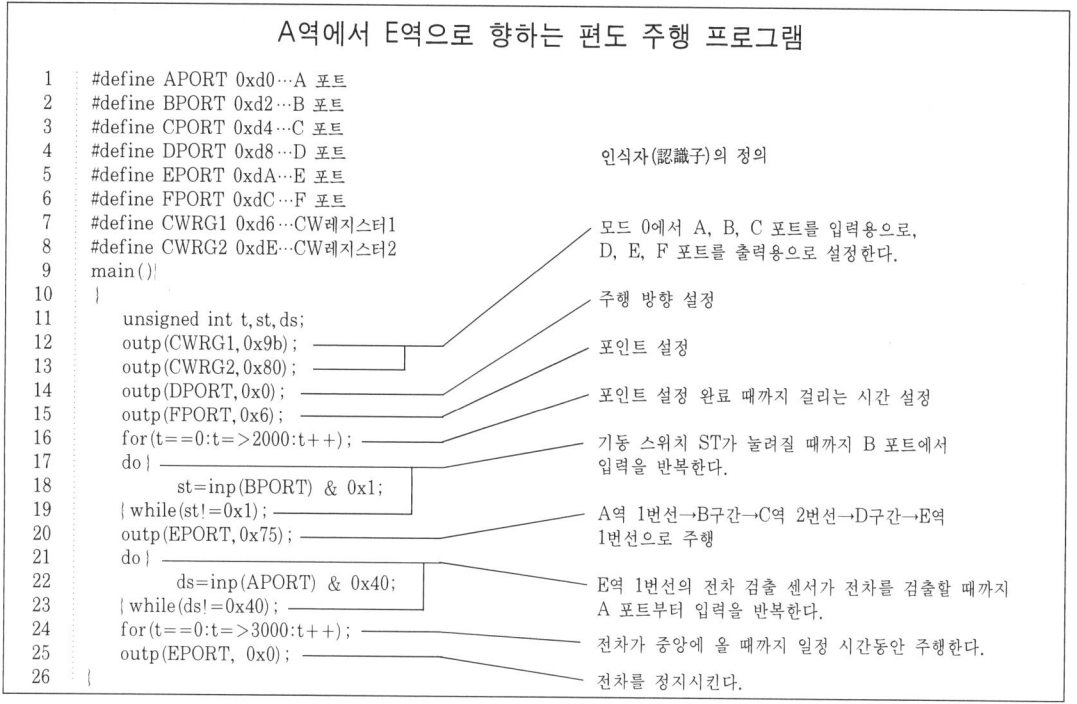

(2) 프로그램-2 〈2전차 교체〉

2대의 전차가 다음과 같이 동작하는 제어 프로그램을 만든다.

■ 동작

기동 스위치 ST를 누르면 전차 I은 A역의 1번선을 발차, C역의 2번선으로 입선하면 정지한다. 포인트와 주행 방향의 설정을 바꾸고 전차 II는 E역의 2번선을 발차, C역의 1번선을 통과하여 A역 2번선에서 정지한다. 또 포인트와 주행 방향의 설정을 바꾸고 전차 I을 E역을 향해 발차시킨다. 전차 I이 E역으로 입선하면 정지시킨다.

① 포인트 설정

　포인트 AB, CD를 1번선쪽에, 포인트 BC, DE를 2번선쪽에 각각 설정한다(F 포트 비트 0, 2에 α0의 신호를 출력하고 비트 1, 3에 신호 1을 출력한다).
　　출력 데이터(F 포트) : $(00001010)_2 = (A)_{16}$

② 주행 방향의 설정

　구간 A1, B, C2를 하행 주행으로, 구간 C1, D, E2를 상행 주행으로 각각 설정한다(D 포트 비트 3, 5, 7에 신호 1을 출력한다).
　　출력 데이터(D 포트) : $(10101000)_2 = (A8)_{16}$

③ 전차 I 주행 개시

　기동 스위치 ST가 눌러지면 전차 I은 구간 A1 → B → C2를 주행한다(B 포트 비트 0에 신호 1이 입력되면 E 포트 비트 4, 2, 0에 신호 1이 출력된다).

입력 데이터(B 포트) : $(00000001)_2 = (1)_{16}$

출력 데이터(E 포트) : $(00010101)_2 = (15)_{16}$

④ 전차 I C역 정차

전차 I 이 C역의 2번선으로 입선한 것을 검출하면 전차를 중앙 부근에서 정차시킨다(A 포트 비트 4에 신호 1이 입력되면 E 포트 전체 비트에 신호 0을 출력한다).

입력 데이터(A 포트) : $(00010000)_2 = (10)_{16}$

출력 데이터(E 포트) : $(00000000)_2 = (0)_{16}$

⑤ 주행 방향·포인트 재설정

구간 A2, B, C1, D, E2를 상행 주행으로 설정한다(D 포트 비트 1, 2, 4, 5, 7에 신호 1을 출력한다).

출력 데이터(D 포트) : $(10110110)_2 = (B6)_{16}$

포인트 AB, DE를 2번선쪽에, 포인트 BC, CD를 1번선쪽에 각각 설정한다(F 포트 비트 0, 3에 신호 1을 출력하고 비트 2, 4에 신호 0을 출력한다).

출력 데이터(F 포트) : $(00001001)_2 = (9)_{16}$

⑥ 일정 시간 정지

포인트가 완전히 설정될 동안 정지시켜 둔다.

⑦ 전차 II 주행 개시

전차 II는 E역 2번선을 발차하여 구간 D → C1 → B를 주행하고 A역 2번선으로 입선해 정지한다(D 포트 비트 1, 2, 4, 5, 7에 신호 1을 출력한다).

출력 데이터(D 포트) : $(10101110)_2 = (AE)_{16}$

⑧ 전차 II A역 정차

전차 II의 A역 2번선 입선을 검출하면 역 중앙 부근에 정지시킨다(A 포트 비트 1에 신호 1의 입력을 확인하면 일정한 시간이 지난 후 D 포트 전체 비트에 신호 0을 출력한다).

입력 데이터(A 포트) : $(00000010)_2 = (1)_{16}$

출력 데이터(D 포트) : $(00000000)_2 = (0)_{16}$

⑨ 주행 방향·포인트의 설정

구간 C2, D, E1을 하행 주행, 구간 A2,

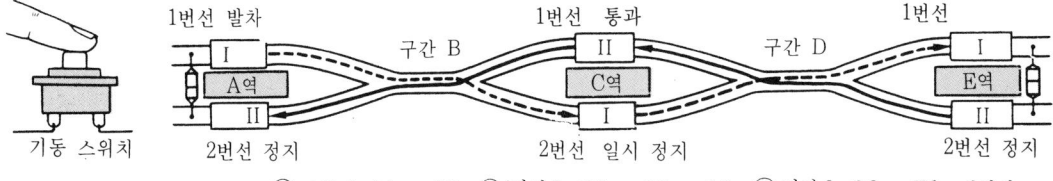

그림 15. 작동-2〈교체〉

4 철도 모형의 제어

B, C1을 상행 주행으로 설정한다(D 포트 비트 1, 2, 3에 신호 1을 출력한다).

  출력 데이터 (D 포트) : $(00001110)_2 = (E)_{16}$

포인트 AB, CD를 2번선쪽에, 포인트 BC, DE를 1번선쪽에 각각 설정한다(F 포트 비트 0, 2에 신호 1을 출력하고 다른 비트는 신호 0을 출력한다).

  출력 데이터(F 포트) : $(00000101)_2 = (5)_{16}$

⑩ 일정 시간 정지

포인트가 완전히 설정될 동안 정지시켜 둔다.

⑪ 재발차

전차 I를 구간 C2 → D → E1을 주행시킨다(D 포트 비트 4, 5, 6에 신호 1을 출력한다).

  출력 데이터(D 포트) : $(01110000)_2 = (70)_{16}$

⑫ E역 정지

전차 I이 E역 1번선으로 입선한 것이 검출 확인되면 역의 중앙 부근에서 정지시킨다. (A 포트 비트 6에 신호 1이 입력되면 일정 시간이 지난 후 D 포트 전체 비트에 신호 0이 출력된다).

  입력 데이터(A 포트) : $(01000000)_2 = (40)_{16}$ 출력 데이터(D 포트) : $(00000000)_2 = (0)_{16}$

⑬ 재실행

프로그램을 재실행할 것인가를 화면에서 확인해 결정한다.

⑭ 프로그램

주행 방향·포인트 설정의 함수와 입력을 판단하고 출력할 함수를 설정하여 프로그램을 만든다.

2대의 전차 교체-교체 프로그램 인식자(認識子)에 대한 정의는 생략

```
1   settei(unsigned int hokodt, unsigned int pontdt)
2   {
3       outp(DPORT,hokodt);                          ── 함수 settei 프로그램〈포인트와 주행 방향의 설정〉
4       outp(FPORT,pontdt);
5       for(t==0:t=>2000:t++);
6   }
7   syori(unsigned int inpt,unsigned int otpt,unsigned int indt,unsigned int otdt,int unsigned time)
8   {
9       unsigned int ds, t;
10      do{
11          ds=inp(inpt)   & indt;                   ── 함수 syori 프로그램〈설정 입력에 의한 출력 처리〉
12      } while(ds!=indt);
13      for(t==0:t=>time:t++);
14      outp(otpt,otdt);
15  }
16  main( )
17  {
18      unsigned int t,a;
19      outp(CWRG1,0x9b);                            ── A·B·C 각 포트를 출력용으로 설정
20      outp(CWRG2,0x80);                            ── D·E·F 각 포트를 출력용으로 설정
21      do{
22          settei(0xa8,0xa)                         ── 주행 방향과 포인트의 설정
23          syori(BPORT,EPORT,0x1,0x15,0);           ── 함수 syori( )를 사용하여 기동 스위치 ST를 누르면 전차 I 을 하행 주행시킨다.
24          syori(APORT,EPORT,0x10,0x0,5000);        ── 함수 syori( )를 사용하여 전차 I이 C역 2번선으로 입선하면 정지시킨다.
25          settei(0xae,0x9)
26          outp(EPORT,0xae);                        ── 주행 방향과 포인트의 설정
27          syori(APORT,EPORT,0x1,0x0,3000);         ── 전차 Ⅱ를 E2→D→C1→B→A2로 주행시킨다.
28          settei(0xa8,0xa)                         ── 전차 Ⅱ가 A역 2번선으로 입선하면 정지시킨다.
29          outp(EPORT,0x70);                        ── 주행 방향과 포인트의 설정
30          syori(APORT,EPORT,0x40,0x0,5000);        ── 전차 I을 C2→D→E1으로 주행시킨다.
31          printf(¥x1B(2J);                         ── 전차 I이 E역 1번선으로 입선하면 정지시킨다.
32          printf("끝낼까요? y/그밖에");
33          a=getchar();
34      } while(a!='y');
35  }
```

147

5 인터럽트 제어의 사고 방식

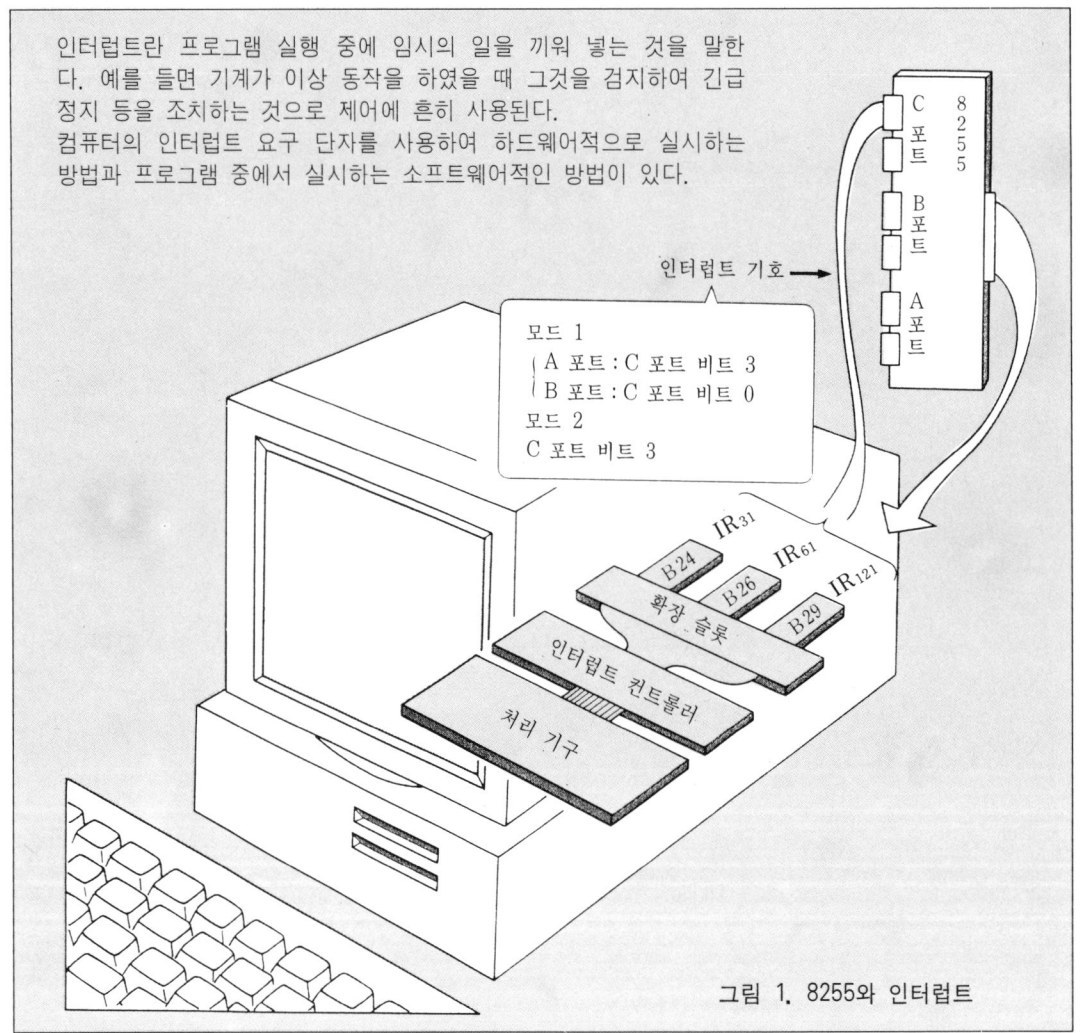

그림 1. 8255와 인터럽트

1. 하드웨어적 방법

PC9801의 확장 슬롯에는 입력 가능한 인터럽트 단자가 7개 있고 그 중 사용자가 무조건 사용할 수 있는 것은 3개이다. 인터럽트 요구에 응답하였음을 나타내는 인터럽트 응답 신호 단자와 각종 인터페이스의 인터럽트 관계 단자를 접속하여 사용한다. 퍼스널 컴퓨터 내부에서는 확장 슬롯의 인터럽트 요구 신호가 인터럽트용 컨트롤러를 통해 처리 장치의 인터럽트 요구 신호 단자로 들어간다.

8255 인터페이스에서는 인터럽트 요구 출력 단자를 설정하고 있는 모드 1과 모드 2에서 인터럽트를 실시한다. 처리 장치는 인터럽트 요구 신호 단자가 입력되면 실행중인 프로그램을 중단하고 미리 설정되어 있는 인터럽트 처리 프로그램을 실행한다. 처리 시간은 소프트웨어적인 방법보다 빠르고 제어에 많이 사용되고 있다.

2. 소프트웨어적 방법

제어 프로그램 중에서 항상 인터럽트 신호에 상당한 신호(예를 들면 긴급 정지 신호 등)를 검출해 두었다가 신호가 입력되면 처리 프로그램이 실행되도록 설정한다. (예) 스테핑 모터 제어 프로그램에 있어서의 긴급 정지(112페이지 참조).

앞 항에서 소개한 스테핑 모터 제어 프로그램에 긴급 정지 신호를 검출·처리하는 프로그램을 넣어 본다. 펄스를 발생시키는 함수 프로그램에 신호 검출 프로그램을 넣는다. 긴급 정지 신호는 A 포트 비트 7에 입력하면 설정된다.

(1) 프로그램 설명

39~49. 출력 데이터를 변수 od로 하고 회전 방향의 데이터와 0x0 또는 0x1을 합쳐서 번갈아 출력한다.

43~48. 인터럽트 판단과 처리 부분이 된다.

43. A 포트의 데이터를 변수 wari에 입력하고 0x80에서 비트 AND 연산을 하여 비트 7의 데이터를 낸다.

44. 변수 wari의 데이터를 판단

46. 0x80이라면 B 포트에 0x0을 출력

47. 51행의 레이블 break로 점프하여 펄스 발생 함수 프로그램을 종료한다.

(2) 펄스의 주기

인터럽트 판단과 처리 프로그램의 처리 시간이 펄스 주기에 영향을 준다. 프로그램으로부터 주기를 계산하기는 곤란하므로 프로그램을 실행하고 오실로스코프로 파형의 주기를 조사해 본다.

주기의 조정은 42행의 출력 명령 다음에 for 문을 넣어 횟수의 반복으로 이루어진다.

```
펄스 발생 함수 pulse(n, h)의 개정
34   pulse(n,h)
35   {
36       unsigned int i,t,od,d,wari;
37       for(i=1;i<=n;i++)
38       {
39           for(d=0x0;d<=0x1;d++)
40           {
41               od=ho+d;
42               outp(0xd2,od);
43               wari=inp(0xd0) & 0x80;
44               if(wari==0x80)
45               {
46                   outp(0xd2,0x0);
47                   goto break;
48               }
49           }
50       }
51   break:;
52   }
```

연습문제

1. 인터럽트란 어떤 것인가?
2. 인터럽트 방법에는 어떤 것이 있는가?
3. 처리 장치의 인터럽트 요구 단자에 입력하는 방법의 좋은 점은 어떤 것인가?
4. 8255 입출력 인터페이스에서 인터럽트를 할 경우에는 몇 개의 모드로 실시하는가?

해답

1. 보통 프로그램을 실행하는 중에 어떤 신호가 들어오면, 그 프로그램의 실행을 중지하고 인터럽트 프로그램을 실행시킴을 말한다.
2. 하드웨어적 방법과 소프트웨어적 방법이 있다.
3. 하드웨어적 방법으로 하면 처리 시간이 빠르다. 인터럽트 요구 신호의 종류가 많을 경우에 사용하기 쉽다.
4. 모드 1과 2에서 실시한다.

150 제 8 장 간단한 장치의 제어

도전 문제 Q

여기서는 제어 프로그램에 관한 문제를 낸다.

① 제 1절의 「공기압 액추에이터에 의한 반송 장치」라는 제어 프로그램에서 do-while 문이 있는 곳을 IF 문으로 한다면 어떻게 되는가?

(힌트)

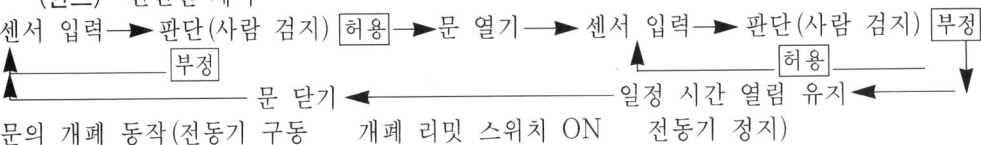

② 제 2절의 「자동문의 제어」에서 우선 모형 자동문의 안전성을 고려하지 않은 간단한 동작의 제어 프로그램을 만들고 안전성·편리성 등을 고려하면서 수정하여 자기 나름대로의 제어 프로그램을 만들어 보시오.

(힌트) 간단한 제어

센서 입력 → 판단(사람 검지) 허용 → 문 열기 → 센서 입력 → 판단(사람 검지) 부정
          ↑ 부정   ↑ 허용   ↓
          └─────────────── 문 닫기 ← ──── 일정 시간 열림 유지 ←──┘

문의 개폐 동작(전동기 구동 개폐 리밋 스위치 ON 전동기 정지)

③ 제 3절의 「스테핑 모터 이송 장치」에서 수동으로 이동시켰을 때의 이동량을 기억하는 프로그램을 생각하시오. 또 복수의 이동량을 기억하고 그것의 움직임을 재현시키는 프로그램도 생각하시오.

(힌트)
ⓐ 펄스 발생 회로의 펄스 신호에서 스테핑 모터를 구동하고, 그와 동시에 그 펄스 신호를 컴퓨터에 입력한다.
ⓑ 그 펄스수를 누적하여 배열 변수에 기억시킨다.
ⓒ 움직임의 재현은 기억한 수의 펄스를 컴퓨터에서 스테핑 모터 구동 회로로 출력하여 이동시킨다.

④ 제 4절의 「철도 모형의 제어」에서 전차 한 대가 A·E역 사이를 왕복하는 프로그램이나 A역과 E역에 있는 전차 2대가 동시에 출발하여 D역에서 정지, 포인트를 교체한 후 각각 반대 역을 향해 출발하는 프로그램을 생각하시오.

(힌트)
ⓐ 포인트 설정에 대해 고려한다.
ⓑ 2대의 전차가 반드시 각 역으로 동시에 입선한다고는 할 수 없으므로 입선의 판정과 전차 정지 타이밍이 중요하므로 연구가 필요하다.

A

① ~ ④ 해답은 생략한다(해당 페이지 참조).

제 9 장
씨름꾼 로봇 만들기의 노하우

이 장의 목표

　이 장에서는 『씨름꾼 로봇 만들기의 노하우』에 대하여 설명하겠다.
　이기고 지는 것은 그때그때의 운이라고는 하지만, 승부 싸움에서는 이기는 것이 최고다. 땀과 지혜와 연구로 만들어진 씨름꾼 로봇은 바로 『자신의 분신이 싸우고 있는』 것과 같다.
　시작 버튼을 누르고 기다리는 5초 동안은 지금까지 수없이 반복 체크하였더라도 안심할 수 없다. 좀 과장되게 말한다면 몇 천억원의 인공위성 로켓을 쏘아 올리고 카운트 다운하는 심정같다고나 할까?
　『로봇 씨름』의 재미는 『손으로 만드는』 재미이기도 하다.
　씨름꾼 로봇은 사람이 보기에 『움직이는 도시락』과도 같다. 그러나 필자의 입장에서는 그야말로 눈에 넣어도 아프지 않은 『움직이는 보물 상자』이다.
　타학교 학생들이 만든 로봇과 『맞닥뜨리는 연습』을 해 보지 않겠는가?
　이 다음에 여러분의 자녀들에게 『옛날에 씨름꾼 로봇을 만들었다』고 이야기할 수 있도록 정성들여 제작에 도전해 보자.

1 로봇 씨름이란

- 씨름꾼 로봇 전원 집합 -

1. 로봇 씨름의 탄생

『로봇 씨름』이란 단어는 메카트로닉스나 컴퓨터 등에 관심이 있는 사람들 사이에 확실히 뿌리 내렸다. 그리고 일반인에게도 『TV에서 방송된 적이 있는 대회로 마치 도시락 모양의 바퀴 달린 로봇이 작은 씨름판에서 엎치락 뒤치락하는 모습에 주위 사람들이 점점 열광하는 시합!』이라고 알려져 있다.

이 로봇 씨름은 1990년에 일본 후지소프트웨어 주식회사가 회사 창립 주년 행사의 이벤트로 기획하여 그 해 3월에 제 1회 대회를 실시하였다. 이 대회는 젊은 엔지니어, 메카트로닉스를 배우는 사람 그리고 만들기를 좋아하는 사람들의 입장에서 기술을 배우면서 작품(씨름꾼 로봇)을 발표할 수 있는 절호의 기회가 되었다. 그후 대회를 거듭함에 따라 로봇 씨름은 활발해지고 있다.

● 고교생 로봇 씨름 대회 개최

1993년에는 일본 후지현에서 1994년에는 교토에서 고교생 로봇 씨름 전국대회(결승대회)가 개최되었다. 고교생의 입장에서 볼 때『씨름꾼 로봇』제작은 첨단 기술을 자기 손으로 만들면서 배우는 실습으로, 전국 공업고등학교에서는 교재로서 다루어지고 있다. 여름의 전국 고교 야구 선수권 대회의 열전과 같이『납땜질 연기 속에』고교생들의 새로운 목표가 탄생하였다.

2. 씨름꾼 로봇의 종류

본서에서는 씨름꾼 로봇의 본체를『씨름꾼 로봇』이라고 부르기로 한다.
씨름꾼 로봇에는 자립형과 무선 조종형 두 종류가 있다.

(1) 자립형

씨름꾼 로봇 자체에 로봇의 움직임을 제어하기 위한 컴퓨터를 탑재하였다. 마찬가지로 탑재된 여러가지 센서에서 들어오는 정보를 토대로 컴퓨터에서 씨름꾼 로봇의 움직임을 제어하면서 상대 씨름꾼 로봇과 싸운다. 씨름꾼 로봇을 자체적으로 제어할 수 있다는 점에서『자립형 씨름꾼 로봇』이라고 부른다.

일반적으로 컴퓨터에는 1칩의 마이크로 컴퓨터가 사용되고 있다.

또한 주변에 있는 포켓 컴퓨터를 사용하여 C언어로 제어하는『포켓 컴퓨터 C언어에 의한 씨름꾼 로봇 만들기』에 도전하는 것도 재미있다.

(2) 무선 조종형

무선 조정형 씨름꾼이란 무선 조종기 조작(조작기)에 의해 로봇의 움직임을 제어하는 씨름꾼 로봇을 말한다. 여기에는 무선 조정으로 조작하는 고도의 테크닉이 필요하다.

3. 사진으로 보는 씨름꾼 로봇

씨름판에서 싸운 몇 개의 씨름꾼 로봇을 소개한다.

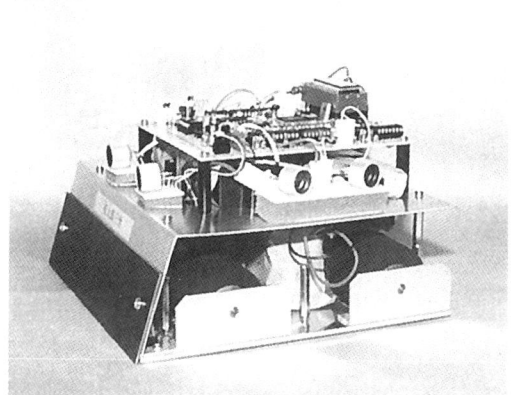

4구동 타입(자립형)

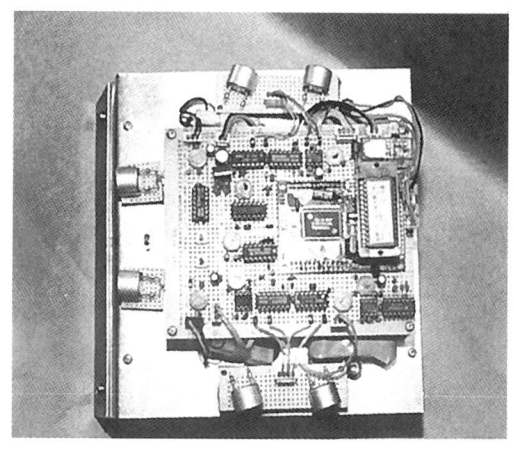

자립형 CPU와 센서

탁구 고무 타이어와 자작(自作) 휠(자립형)

2구동 타입(자립형)

무선 조정형

무기를 장착한 무선 조정형

2 씨름꾼 로봇의 체격 검사

― 씨름꾼 로봇의 입문 검사 ―

1. 씨름꾼 로봇의 체격 검사 (규격)

직업 씨름꾼에게도 입문시 체격 검사가 있다. 씨름꾼 로봇에게도 같은 조건하에서 기술이 아닌 지혜와 연구를 경쟁하기 위해 그림 1, 그림 2와 같이 「크기와 중량의 제한」이 있다. 정리하면 표 1과 같다.

단, 시합 개시후 씨름꾼 로봇의 팔과 다리 등의 본체부 및 부속품의 신축(伸縮)은 허용되고 있다.

표 2와 같이 자립형은 씨름꾼 로봇 본체, 모터 구동 전원, 커넥터, 케이블, 조작 스위치 등의 부속품을 포함한 총중량이 3,000g 이내에 들지 않으면 실격 처리된다.

표 1. 씨름꾼 로봇의 크기

규칙에 의한 크기	폭	20cm 이하
	안길이	20cm 이하
	높이	제한 없음

표 2. 씨름꾼 로봇의 중량

중량(무게)	3000g(3kg) 이내 (부속품 포함)

상대 씨름꾼 로봇을 밀어내는 힘은 모터의 토크 크기에 의해 좌우된다.

이 모터의 무게는 씨름꾼 로봇 본체 중량의 20~30%를 차지한다.

때문에 밀어내는 힘의 크기는 모터의 중량에도 큰 영향을 끼친다.

어느 정도 크기의 모터를 선택할 것인지 또 그 모터의 드라이버용 IC를 구입할 수 있을지 등을 고심하게 된다.

또한 무선 조정형일 경우 조작기의 무게는 씨름꾼의 중량에 포함되지 않는다.

그림 1. 씨름꾼 로봇의 크기

그림 2. 씨름꾼 로봇의 중량

2. 주요 결정타(그림 3)

(1시합 3판 2승제)
(1) 1판 우승
(2) 판정승
씨름판에서 벌어지는 움직임 등으로 심판이 판정한다.
(3) 기타
상대 씨름꾼 로봇의 규격 위반으로 인한 우승이나 추첨 우승 등이 있다.

그림 3. 주요 결정타

3 씨름꾼 로봇의 구조(1)

- 씨름꾼 로봇의 주요 형태 -

● 씨름꾼 로봇 본체의 구조

씨름꾼 로봇의 구조는 크기와 중량의 제약을 받으면서도 강한 씨름꾼 로봇을 만들어야 하기 때문에 제작자가 가장 골머리를 앓는 부분이다. 그만큼 제작자가 자랑하고 싶어하는 솜씨이기도 하다.

1. 씨름꾼 로봇의 형상

(1) 쐐기형 씨름꾼 로봇(그림 1)

일반적인 씨름꾼 로봇의 형태는 2구동 타입(모터 2개, 즉 차륜(바퀴) 2개의 구동 타입)이다.
94년에 열린 일본 관동지구 대회에 참가한 씨름꾼 로봇의 약 70%가 2구동의 쐐기 타입이었다.
그 이유로 다음과 같은 점을 생각할 수 있다.

• 씨름꾼 로봇의 밸런스가 좋다

2구동 타입은 4구동 타입에 비해 부품 전체의 배치와 균형을 잡기 쉽다(그림 1과 같이 쐐기 선단부에 씨름판 검지 센서, 중앙부에 모터 구동 전원, 뒷부분에 구동 모터를 둔다).

• 상대 씨름꾼 로봇의 밑으로 들어가기 쉽다

쐐기형은 시합에서 우승 패턴인 상대 씨름꾼 로봇의 밑으로 「들어가기에」 가장 적당하다.

• 강력 모터를 탑재할 수 있다

공간적으로 2구동 타입은 강력한 모터와 구동 타이어를 실을 수 있다.

(2) 도시락형 씨름꾼 로봇(그림 2)

4구동 타입에 많은 소위 『도시락형』이다. 쐐기형과 마찬가지로 선단부에 1~2cm 정도의 쐐기 철물을 고정하여 상대 씨름꾼 로봇과 맞닥뜨릴 때 들어올리도록 연구된 것도 있다. 이 타입은 『서로 미는 힘으로 승부』에서 힘 자랑, 즉 4개 모터의 힘을 효과적으로 살리기 위한 것이다.

그림 1. 쐐기형 씨름꾼 로봇

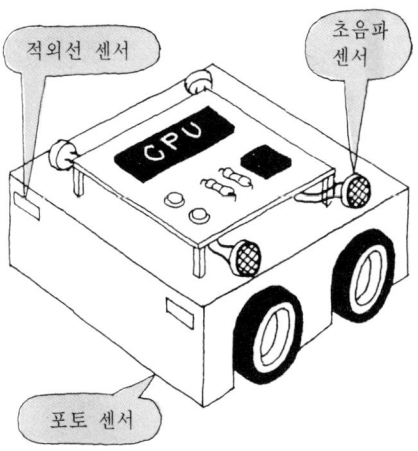

그림 2. 도시락형(4구동) 씨름꾼 로봇

2. 타이어의 수(모터의 수)

타이어의 수가 모터의 수, 즉 구동축 수가 된다.
① 2축 타입, ② 4축 타입, ③ 6축 타입의 3종류가 있다.

대부분의 씨름꾼 로봇은 2축 타입과 4축 타입이다. 일반적으로 모터 수는 힘에 비례한다. 그러나 중형 모터 4축보다 강력 모터 2축이 더 강하다는 견해도 있다.

오히려 각각의 구동축 수에 맞는 배치, 모터의 선택, 감속비 등의 제조건들이 승패를 좌우한다고 할 수 있다. 2축 타입에서는 후륜을 모터축으로 하고 전륜부는 12mm의 볼 캐스터를 중앙부에 1개, 또는 좌우에 1개씩 배치하고 있다.

3. 차륜(휠)부

휠(wheel)은 모터축의 회전을 타이어에 전달한다. 다음과 같은 것이 자주 사용되고 있다.

(1) 무선 조정용의 전용(轉用)

무선 조정 전문점에서 여러 사이즈를 구입할 수 있다. 플라스틱 표면에 도금 가공된 휠이 있다. 구입 시에는 알루미늄 다이캐스트제인가 플라스틱제인가를 확인하도록 한다. 당연히 강도는 알루미늄제가 우수하다.

(2) 자작(自作) 휠

알루미늄재(材)는 가공과 재료를 구입하기 쉬운 점, 그리고 휠의 강도와 비중(무게)의 균형으로 선택된다. 휠은 모터의 성능을 타이어로 더욱 잘 전달하기 위해 경량화(무게 줄이기)할 필요가 있다. 그를 위해서는 **그림 3**과 같은

1) 균형있게 몇 개의 구멍을 뚫는 방법
2) 휠의 강도와 관계 없을 징도로 속살을 빼내는 방법 등이 있다. 드릴링 머신으로 구멍을 뚫어 무게를 줄일 경우에는 **그림 4**와 같은 점에 주의하면 실용에 지장이 없는 정밀도로 가공할 수 있다.

1. 표면에 금긋기를 한다

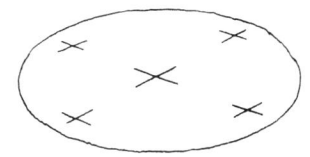

2. 교점의 중심을 펀치로 가볍게 친다

정확하게 치려면 강하게 친다

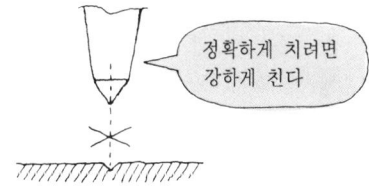

3. 펀치 구멍을 센터드릴로 약 8~10mm 정도 찾아낸다

센터 드릴이 좋다.

4. 드릴 지름을 몇차례 바꿔서 드릴링한다
   〔예〕(1) 센터드릴
       (2) 5mm 드릴
       (3) 7mm 드릴
       (4) 8mm 드릴
5. 드릴 구멍을 모떼기한다
   〔예〕13mm의 드릴을 사용해서 손으로 돌려 휠의 안팎에 있는 버(burr)를 제거한다.
   * 드릴링 머신 가공시 절삭유를 조금 사용하면 좋다.

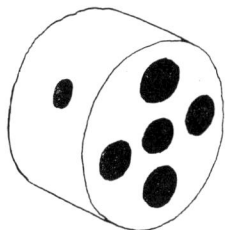 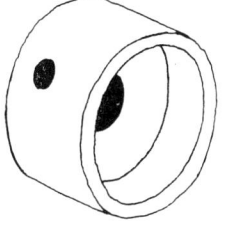

(1) 구멍을 뚫는 방법   (2) 속살을 빼내는 방법

그림 3. 휠의 무게 줄이기(경량화)

그림 4. 드릴링 머신에 의한 휠의 무게 줄이기 가공

4 씨름꾼 로봇의 구조(2)

- 볼 캐스터와 타이어의 종류 -

1. 볼 캐스터

(1) 전륜(前輪)으로 사용하는 방법

2구동일 경우 앞쪽 차륜은 12mm의 볼 캐스터를 사용한다.

차대(車臺)면에 장착된 볼 캐스터면과 씨름판과의 간격이 약 5mm 정도이다. 그러므로 그림 1과 같이 위 바퀴의 타이어와 씨름판과의 간격 치수 a가 기준이 된다. 볼 캐스터 위치의 결정은 상대 씨름꾼 로봇이 전방과 측면에서 비집고 들어오지 못하게 하는 것이 중요한 포인트이다.

(2) 『구세주』로서의 볼 캐스터

그림 2와 같이 볼 캐스터의 전륜이 씨름판 밖으로 밀려나면 자력(自力)으로 복귀할 수 없다. 그럴 때는 그림 2의 볼 캐스터가 『구세주』인 셈이다. 이른바 오버런(over run)시의 대책이다. 이같은 목적을 가진 볼 캐스터는 1개만으로도 그 기능을 발휘한다. 본래 볼 캐스터는 볼이 씨름판면을 구르면서 사용되는 것이지만 실제로는 볼에 셀로판 테이프를 붙인 상태인 쪽이 씨름판의 고무면에서 원활하게 움직일 수 있다. 볼 캐스터를 사용하고 있는 분이라면 한 번 시험해 보기 바란다.

2. 타이어

타이어는 모터의 힘을 씨름판면에 효과적으로 전하게 하기 위한 중요한 요소이다. 아무리 큰 모터 구동력이라도 씨름판면에서 타이어가 미끄러지면 아무런 의미가 없다.

타이어는 휠과 마찬가지로 자작 타이어와 무선 조종 타이어를 사용하는 경우가 많다. 또는 기타 공업

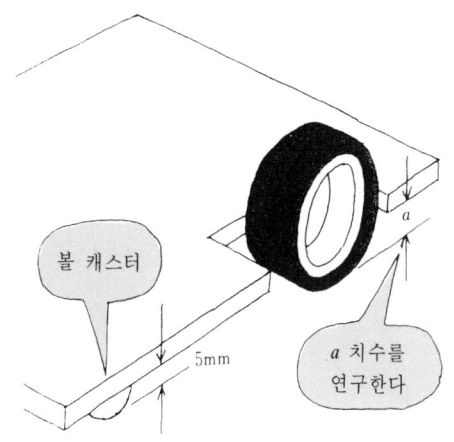

그림 1. 전륜으로서의 볼 캐스터

그림 2. 「구세주」로서의 볼 캐스터

제품에서 적당한 타이어 모양을 찾아내어 이용하고 있다. 구입 경로는 서로 비밀이다.

(1) 무선 조종 타이어

무선 조종 타이어의 종류도 이른바 F1 자동차용 타이어, 오프 로드용 타이어 등 몇 개의 종류가 있다.

휠의 지름에 맞추어 선택할 수 있다. 씨름판과의 그립(grip)력을 얼마나 크게 얻을 수 있는가가 선택의 포인트이다. 그림 3에 무선 조종 타이어의 예를 나타낸다.

(2) 자작 타이어

스스로 타이어의 지름을 결정할 경우는 자작 타이어가 된다. 이 방법은 그림 4와 같이 탁구용 라켓의 고무를 양면 테이프 등의 접착재로 자작 휠에 맞춰 붙인다.

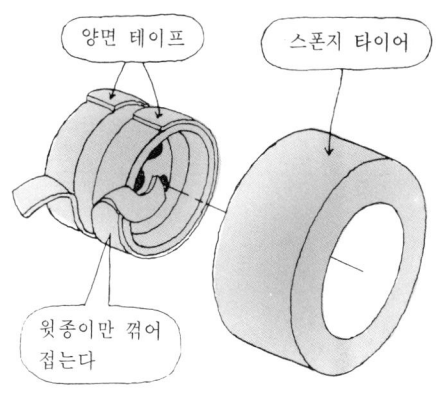

그림 3. 무선 조종용 타이어

고무는 크게 사마귀 타입(겉이 부드러운 고무)과 평평한 타입(속이 부드러운 고무)으로 나뉘어 사용된다. 또 고무와 휠 사이에 부착되는 적당한 스폰지의 두께도 연구해야 할 점이다.

3. 타이어의 그립력을 강하게 하는 방법

실제로 로봇 씨름에서는 타이어의 그립력을 좀더 크게 하기 위해 다음과 같은 방법이 주로 사용되고 있다. 어느 방법이든지 타이어면의 오염, 먼지, 이물질은 그립력을 약하게 한다.

- 탁구 라켓용 포상(泡狀)의 러버 클리너(rubber cleaner) 등을 타이어면에 바르는 방법(그림 5)
- 스프레이 풀을 타이어에 분사하는 방법
- 생고무 튜브를 타이어에 씌우는 방법

예를 들면 무선 조종 타이어의 위에서부터 타이어 폭에 맞추어 자른 생고무 튜브를 씌운다.

이 경우에는 튜브의 압착력에 의해 타이어의 지름이 시간이 경과함에 따라 작아진다. 튜브를 씌우는 타이밍을 파악해 두도록 한다.

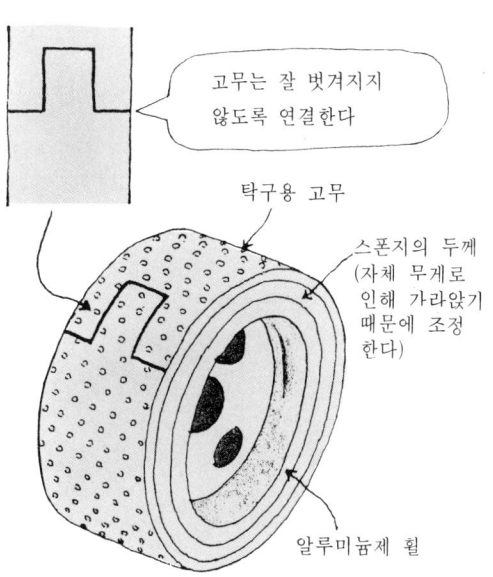

그림 4. 탁구용 고무를 이용한 타이어

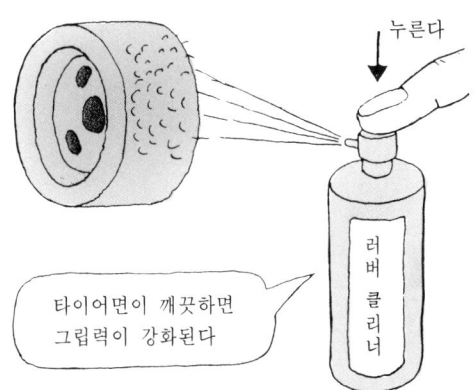

그림 5. 러버 클리너로 타이어면 청소

5 씨름꾼 로봇의 구조(3)

- 감속 기구와 구동력-토크와의 관계 -

1. 감속 기구

씨름판 위에서 씨름꾼 로봇의 스피드는 모터의 회전수로 결정된다.

모터의 회전수를 바꾸려면 전기적인 방법에서는 전압을 바꾸거나 PWM 제어 방식 등이 사용된다.

모터의 토크를 효과적으로 살리기 위해서는 다음과 같은 기계적인 감속 기구가 흔히 사용된다.

(1) 기어부착 모터의 사용

기어부착 모터를 기어드 모터라고도 한다(그림 1).

다양한 감속비를 가진 모터가 메이커에서 제공되고 있으므로 카탈로그에서 모터를 선택할 수 있고 구입하기도 쉽다. 기어드 모터는 스스로 감속 기구를 제작하지 않고, 필요한 회전수로 감속된 모터축에 타이어를 직접 장착할 수 있다. 씨름꾼 로봇을 처음 만드는 사람에게는 모터의 구입과 감속 기구가 한번에 끝나 만들기 쉬울 것이다.

(2) 베벨 기어를 사용

베벨 기어 및 모터축과 타이어는 그림 2와 같이 직각을 이루는 위치에 배치한다. 그러므로 치수가 비교적 큰 모터를 선택할 수 있다. 스파이럴 베벨 기어는 동시에 맞물려 있는 톱니의 수가 많고 회전력이 원활해진다. 이 경우 비틀림에 의한 스러스트(수직) 방향의 힘이 작용하므로 베어링에 대책이 필요하다.

(3) 웜과 웜휠의 사용

그림 3의 웜과 웜휠의 감속 기구도 있다. 이 방법에서는 큰 감속비를 얻을 수 있으나 토크의 전달 효율이 좋지 않다. 또 웜과 웜휠이 직교하기 때문에 위치 맞추기 가공이 어려워진다.

2. 구동력과 토크와의 관계

씨름꾼 로봇의 전진, 후퇴, 선회 등과 같은 움직임은 타이어와 씨름판과의 점착력(마찰력)에 의한다.

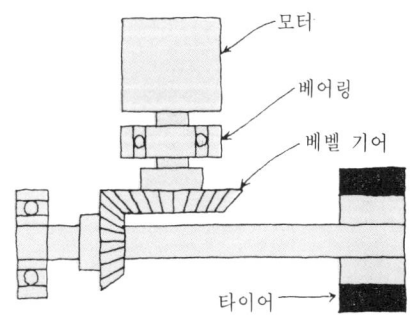

그림 2. 베벨 기어에 의한 감속 기구

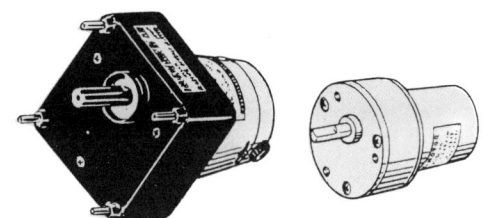

그림 1. 기어드 모터

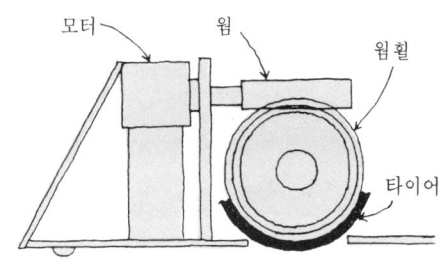

그림 3. 웜에 의한 감속 기구

여기서는 씨름판에서 타이어에 발생하는 구동력을 생각해 본다. 그림 4에서 타이어가 모터축에서 토크 T에 의해 구동되고 있을 때, 씨름판과 타이어와의 접촉점에는 힘 F가 발생한다.

이 힘 F는 타이어가 씨름판을 밀어내는 힘(로봇이 움직이는 힘)이다. 그 크기는 토크에 비례하고 휠의 반경에 반비례한다. 식으로 표시하면 다음과 같다.

$$F=\frac{T}{r}$$

(F : 구동력[N] T : 토크[N·m] r : 타이어 반경[m])

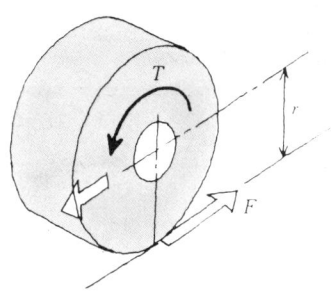

그림 4. 타이어에 생기는 구동력

위 식에서 구동력을 크게 하려면 큰 토크가 필요하다는 것을 알 수 있다. 다음에 토크를 크게 하는 방법을 생각해 본다.

3. 토크를 크게 하는 방법

카탈로그에 있는 토크의 의미를 다시 한 번 위의 식으로 생각해 보자. 간단히 말하면 『토크 T는 회전시키고자 하는 기능의 크기』이다. 그림 5(a)와 같이 60×10^{-4} N·m인 토크의 DC 모터(정격 회전수 8,000rpm)에 6cm의 타이어를 장착하였을 때의 구동력 F를 구해 보면

$$F=T/r=(60\times10^{-4})/0.03=0.2[N]$$

이 된다.

다음에 그림 5(b)와 같이 모터축에 1cm의 기어를 장착하고 6cm 기어로 감속하였을 때의 타이어에 생기는 구동력 F를 생각해 보면

$F=60\times10^{-4}/0.005=1.2[N]$ 이 된다.

이 힘의 크기가 기어에 의해 전달된다.

6cm 기어의 토크를 구하면

$T=1.2\times0.03=0.036[N\cdot m]$ 이 된다.

이 크기는 정격 토크의 6배이다.

이때 타이어의 구동력을 구하면

$F=0.036/0.03=1.2[N]$

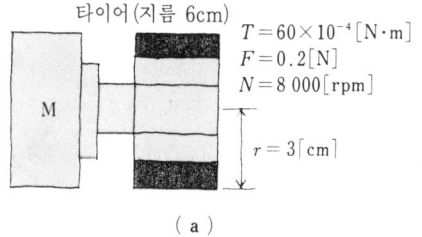

으로 구동력도 6배가 되어 있다. 그러나 이 때의 회전수는 정격 회전수의 1/6인 1,333rpm이다. 이 회전수의 비율을 감속비라고 한다.

지금, 1/30의 감속모터를 사용하면 회전수는 1/30, 구동력은 30배가 된다. 이와 같이 강한 씨름꾼 로봇은 모터의 회전수를 감속 기구로 감속하여 큰 토크, 구동력을 얻는다. 자동차가 출발할 때 낮은 기어를 사용하는 것과 같은 원리이다.

당연하겠지만, 아무리 큰 감속비를 사용하더라도 모터 그 자체의 출력을 크게 할 수는 없다.

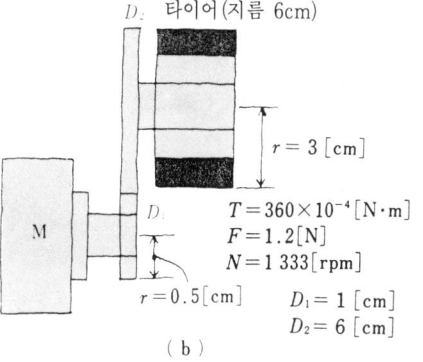

그림 5. 구동력과 회전수의 관계

6 씨름꾼 로봇의 구조(4)

— 씨름꾼 로봇의 중심과 움직임의 속도 —

1. 씨름꾼 로봇의 중심 위치

씨름꾼 로봇의 중심 위치는 무게를 활용하는 싸움이기 때문에 중요한 포인트이다.

(1) 전후(前後)의 중심 위치

2구동 볼 캐스터 2개와 모터 2개일 경우에는 좀더 모터쪽에 중심을 거는 편이 모터의 힘을 좀더 활용할 수 있을 것이라고 생각하기 쉽다. 그러나 이 경우에는 당연히 후방으로 중심 위치가 이동한다. 때문에 정면으로 상대 씨름꾼 로봇과 부딪쳤을 때 사이가 들뜨는 상태가 되기 쉽고, 상대에게 끌려 들어가 패전의 패턴으로 되어 버린다. 또 옆방향과 뒤쪽의 공격에 대해서도 상대를 막아낼 필요성에서 강한 씨름꾼 로봇을 만드는 사람들은 경험적으로 그림 1과 같이 『전륜부 4, 후륜부 6의 비율 정도가 좋다』고 말한다.

높이의 중심 위치는 모터의 힘을 효과적으로 전달하기 위해 『진짜 씨름판에서 막강한 씨름꾼의 비결과 마찬가지로 허리를 낮추도록』 중심을 낮게 하는 것이 바람직하다. 좌우의 중심은 가능한 한 중앙부에 잡고 볼 캐스터, 타이어의 간격을 넓게 해서 균형을 잡는 것이 중요하다.

(2) 중심 위치의 간이 측정 방법

제작한 씨름꾼 로봇의 대략적인 중심 위치는 그림 2와 같은 방법으로 구할 수 있다.

(3) 중심 위치의 조정

중심 위치의 조정은 모터용 전원의 전지팩 등 위치를 비교적 간단하게 변경할 수 있는 것이면 된다.

또 철제 평판 등의 블록을 준비하는 일도 있다. 블록의 크기는 철의 비중을 $7.8g/cm^3$로부터 계산할 수 있다.

2. 씨름꾼 로봇의 구동 스피드

씨름꾼 로봇의 스피드 조정은 경계선 154cm의 씨름판을 자유롭게 달리고, 또 씨름판의 흰선을 벗어나지 않고 상

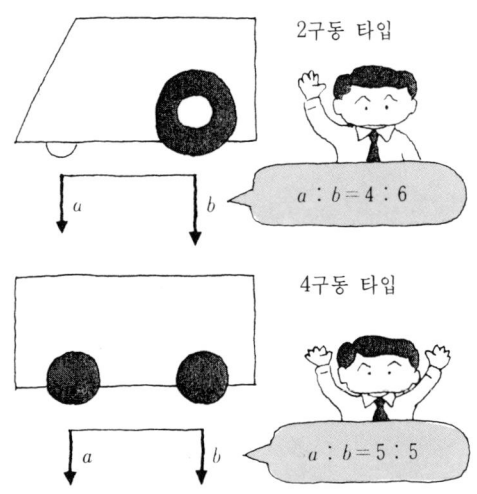

그림 1. 씨름꾼 로봇의 전후 중심 위치

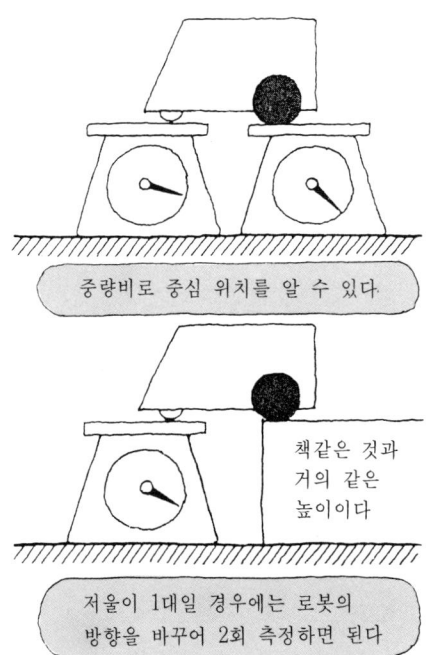

그림 2. 중심 위치 측정법

대 씨름꾼 로봇과 싸우는데 필요한 힘을 얻기 위해 필요하다.

(1) 씨름꾼 로봇의 스피드를 구하는 법

거리＝속도×시간이라는 관계에서

속도＝거리÷시간으로 구한다.

1초 동안의 속도＝타이어의 외주 길이×1분 동안의 회전수/60

예 제

타이어의 지름 50mm 200rpm(1분 동안의 회전수)의 씨름꾼 로봇의 스피드를 구해 보자.

타이어 1회전은 타이어 1원주분의 이동 거리가 된다. 그 길이는 그림 3과 같이

$50 \times 3.14 \text{[mm]}$

따라서 1분간 200회전 하면 그 200배인

$50 \times 3.14 \times 200 \text{[mm]} = 31,400 \text{[mm]}$

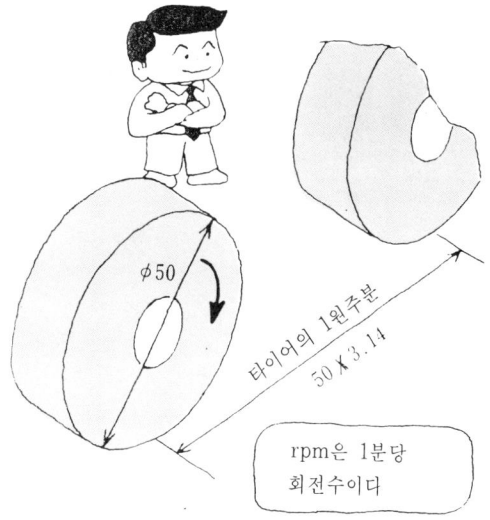

그림 3. 타이어 1회전 분당 이동 거리

1초 동안은 $31,400 \div 60 = 523 \text{[mm]}$ 즉, 씨름꾼 로봇의 스피드는 초속 0.523m가 된다.

(2) 감속비를 구하는 법

씨름꾼 로봇을 제작함에 있어서는 200×200이라는 바닥 면적의 제약으로부터 타이어의 지름이 결정되어 버리는 경우가 있다. 이러한 때에는 스스로 씨름꾼 로봇의 스피드를 설정하면 모터의 정격 회전수로부터 필요한 감속비를 구할 수 있다.

(예) 타이어   지름 40mm
     씨름꾼 로봇의 스피드   80cm/s
     모터의 정격 회전수   4,500rpm

80cm/s의 속도는 1분 동안에

$80 \times 60 = 4,800 \text{[cm/min]} = 48,000 \text{[mm/min]}$

이 된다. 이 속도를 얻을 수 있는 타이어 지름 40mm의 1분당 회전수는

$N = 48,000/(3.14 \times 40) = 381 \text{[rpm]}$

이 되고 필요한 감속비 i는

$i = 381/4,500 = 1/11.8$

이 예의 경우 1：12이라는 감속비가 나온다.

센서가 씨름판의 흰선을 검지하여 방향 전환시키기 위한 반응 시간으로부터 씨름꾼 로봇의 스피드는 그림 4와 같이 초속 1m가 한계이다. 속도가 너무 빠르면 자폭해 버린다.

그러나 맞부딪칠 때의 에너지는 씨름꾼 로봇의 스피드와 상관이 있으므로 그 균형을 잡기가 어렵다.

그림 4. 씨름꾼 로봇의 최고 속도

7 씨름꾼 로봇의 제어

— 제어 시스템과 CPU —

1. 제어 시스템

『자립형 씨름꾼 로봇을 제어하는 방법은 자유』로 되어 있다.

무선 조종형과는 달리 씨름꾼 로봇의 움직임을 스스로 판단하여 제어하기 위한 시스템을 로봇 자체에 탑재하게 된다.

즉, 사람으로 말하면 판단하기 위한 두뇌, 정보를 얻기 위한 5관(官)에 해당하는 CPU, 센서와 그것을 움직이게 하기 위한 에너지원과 그것을 제어하는 시스템 등이 필요하다.

그만큼 무선 조종형에 없는 즐거움이 있다.

자립형 씨름꾼 로봇의 제어 시스템을 개략적으로 나타내면 그림 1과 같다.

그림 1. 자립형 씨름꾼 로봇의 제어 시스템

2. 1칩(one chip) 마이크로 컴퓨터

제어 컴퓨터에는 1칩 마이크로 컴퓨터가 흔히 사용된다.

1칩 마이크로 컴퓨터란 그림 2와 같이 8비트의 대표적 CPU인 Z80 등과 그 기능을 효과적으로 발휘시키기 위해 주변의 IC인 PIO, CTC, SIO 등의 기능을 집적화, 소형화한 올인원(all-in-one) IC이다. 16비트 타입으로 된 것도 있다. 1칩 마이크로 컴퓨터는 소형이기 때문에 다른 전자 기기나 산업용 제어 기기 등에 널리 사용되고 있다. 1칩 마이크로 컴퓨터에 ROM이나 RAM 등의 기능을 일체화한 그림 3과 같이 카드 크기만한 컴퓨터가 씨름꾼 로봇 제어용으로 많이 사용되고 있다.

3. 1칩 마이크로 컴퓨터의 프로그램 작성

1칩 마이크로 컴퓨터의 원시(source) 프로그램은 그림 4와 같이 퍼스널 컴퓨터의 에디터를 사용하여 작성되고 있다. 1칩 마이크로 컴퓨터와 RS-232C 케이블과 연결하면 작성된 프로그램에 의해 퍼스널 컴퓨터의 모니터상에서 조정할 수 있다. 그것을 위한 에디터, 어셈블러, 링커 등의 개발용 지원 소프트 시스템이 필요하다. 작성된 프로그램의 다운로드도 간단히 할 수 있어 프로그램을 변경하거나 확인하는 작업도 손쉽게 할 수 있다. 이들 프로그램에 의해 푸시 버튼 스위치 등이 눌려지면, ROM의 프로그램이 기동하여 광센서 등에서 오는 신호로 모터 구동 등을 제어할 수 있다.

일반적으로는 프로그램을 ROM 라이터(writer)에 의해 EP-ROM에 기록하고, 카드 크기만한 컴퓨터에 탑재하여 제어하는 방법을 취한다. 어느 방법으로든 제어용으로 사용할 수 있는 몇 개의 입출력 포트를 통해 신호를 주고받음으로써 액추에이터의 모터 등을 제어한다.

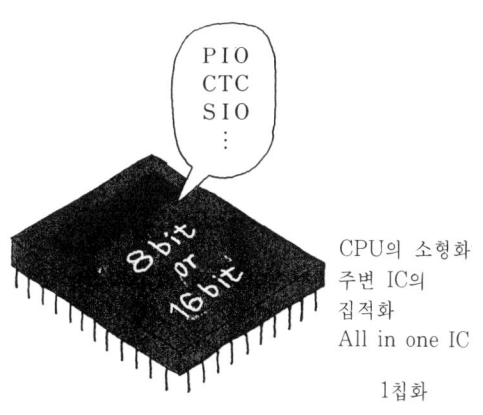

그림 2. 1칩 마이크로 컴퓨터

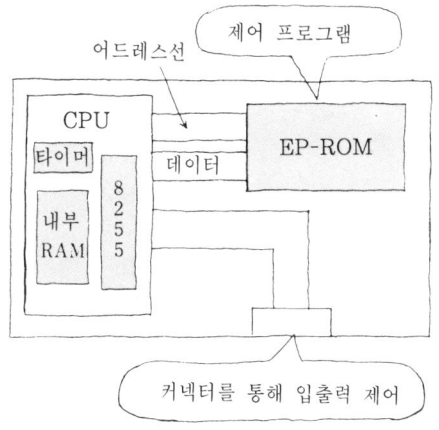

그림 3. 카드 크기만한 컴퓨터의 구성

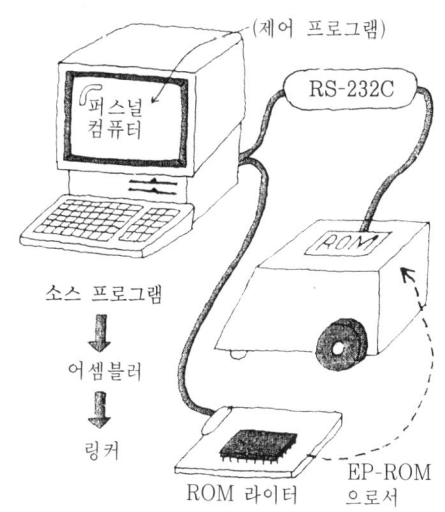

그림 4. 1칩 마이크로 컴퓨터의 프로그램 작성

166 제 9 장 씨름꾼 로봇 만들기의 노하우

◎ 로봇 씨름 대회 규칙의 개요

1 시합 방법

3판 시합하여 2판을 먼저 우승한 씨름꾼 로봇이 승자이다.

시합 시간은 3분간이고 연장전 있음. 필요에 따라서는 판정승, 추첨승이 있다. 승자 로봇 씨름꾼은 사진 1에서 보는 200mm×200mm의 게이지와 디지털 저울을 사용하여 크기와 중량 체크에서 합격하면 『우승 선언』을 받게 된다.

2 씨름꾼 로봇의 주요 금지 기술

(1) 고의로 상대의 제어를 흐트러 뜨리기 위해 방해 전파 발생 장치를 내장하는 행위
(2) 고의로 씨름판에 상처를 내기 위한 부품을 사용하는 행위
(3) 액체, 기체, 분말을 내장하여 상대 씨름꾼 로봇에게 분사하는 행위
(4) 물체를 날리거나 던지는 장치
(5) 빨판, 풀 등으로 씨름꾼 로봇을 씨름판에 완전히 고정시키는 행위
* 자세한 것은 로봇 씨름 대회 규칙을 참조한다.

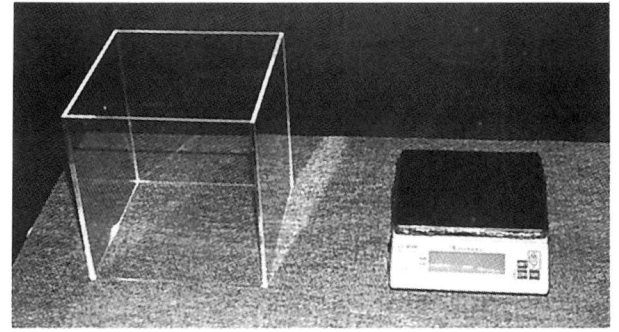

사진 1. 씨름꾼 로봇 계량 게이지와 저울

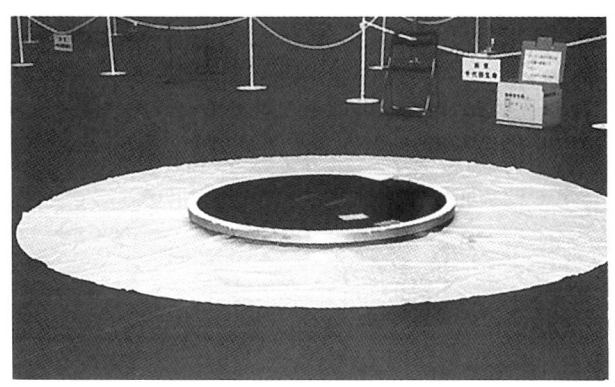

사진 2. 일본 관동지구 대회의 씨름판과 여지(餘地)

씨름판 밖(餘地)

3 씨름판 크기 등의 규격

그림에서 씨름판과 관람석의 개략적인 치수를 나타낸다.

지름 : 154cm
높이 : 5cm
재질 : 흑색의 경질 고무
씨름판의 가장 자리(둘레)
: 폭 5cm인 흰색선
시합라인 : 폭 2cm, 길이 20cm 인 갈색선
* 씨름판 밖(餘地)은 사진 2와 같이 원형인 경우도 있다.

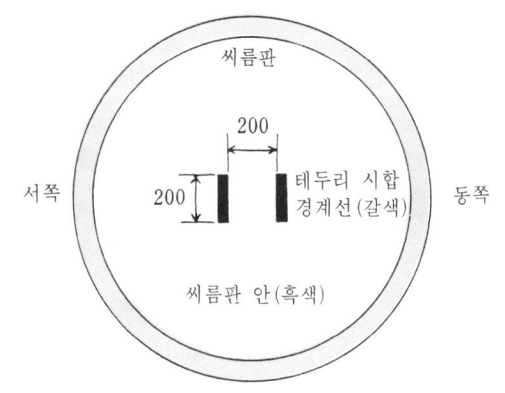

찾아보기

ㄱ

가변 저항	9
가스 센서	19, 23
감속 기구	158
개방 루프	4
검지 센서	31
검지기	52
검출 기능	18
게이트	62
고정 저항기	9
공기압 시스템	107
공기압 실린더	35, 107
공기압 액추에이터	114
광도전형 센서	20
광센서	4, 19
구동 스피드	160
구동 회로	5, 36
구동력	159
근접 스위치	3
기계 요소	2, 6
기계적 접점 릴레이	38
기어	6
기어비	7

ㄴ

나사의 외경/나사산의 각도	7
내부 기억 장치	67
노이즈	5
논리 회로의 실험 장치	56

ㄷ

다이오드	11
대규모 집적 회로	3
더미 저항	47
데이터 기록 신호 단자	82
데이터 모선	67, 68
데이터의 처리	25
데이터 판독 신호 단자	82
동-콘스탄탄	21
드라이버 회로	36
디지털값	24
디지털 신호	54, 68

ㄹ

래더도	14
레벨 시프트	25
로봇 씨름	30, 150
로직 체크	57
로직 테스트	59
로터(회전자)	44
로터리 솔레노이드	34
루프 제어	99
루프에서 도중 탈출	99
리드 스위치	22
리셋 단자	82
릴레이 회로	38

ㅁ

마이너스의 온도계수	21
마이크로 컴퓨터 제어	49
마이크로 프로세서	3
메카트로닉스	2
메커니즘	2
모듈	6
모드 0/모드 1/모드 2	83
모선	67
모형용 모터	36
모형 전차	139
목표량	51
무극성 콘덴서	11
무한 루프	99
물리량	19

ㅂ

바이메탈 ·· 50
반고정 저항 ·· 9
반사형 광센서 ·· 31
반송 장치의 제어 ································ 114
발광 다이오드 ······································· 11
배리스터 ·· 47
배열 변수 ·· 120
백금-백금 로듐 ···································· 21
버스 ·· 67
베벨 기어 ·· 6
베이스 ·· 10
변수 ·· 98
변형 센서 ·· 22
변환 기능 ·· 18
볼 캐스터 ·· 156
볼나사 ·· 7
볼륨 ·· 9
부하 전압 ·· 46
부호 없는 정수 ···································· 98
비접촉형 센서 ······································ 19

ㅅ

삼각나사 ·· 7
상수 ·· 98
서모스탯 ·· 50
서미스터 ·· 21
서지 전압 ·· 5
선로 전원 회로 ·································· 139
선로(철도 모형) ································· 138
센서 ··· 3, 17, 52
센서를 사용한 제어 ·························· 105
센서의 보정 근사식 ···························· 29
속도 센서 ·· 19
솔레노이드 ·· 5, 42
솔리드 스테이트 릴레이 ···················· 46
수동 제어 ·· 50
슈미트 트리거 회로 ···························· 91
스너버 회로 ·· 47
스위치로 하는 제어 ·························· 102
스위치용 인터페이스 회로 ················ 90
스케일링 ·· 25

스테핑 모터 ···························· 4, 44, 110, 127
스테핑 모터 구동 회로 ····················· 128
스트레인 게이지 ······························ 19, 23
스트로크 ·· 43
습도 센서 ··· 19, 23
시정수 ·· 91
시퀀스 제어 ·· 51
시퀀스 컨트롤러 ·································· 12
시퀀스도 ·· 14
신호 변환 ·· 72
신호의 전기적 특성 ···························· 70
신호 파형의 정형 ································ 73
씨름꾼 로봇 ·· 150

ㅇ

아날로그값 ·· 24
압력 센서 ·· 23
액체의 비압축성 ·································· 35
액추에이터 ··································· 3, 34, 52
양극 ·· 11
어드레스 관계의 접속 ························ 84
어드레스 모선 ································ 67, 68
여자 방식 ··· 5, 45
역기전력 ·· 43
연산 장치 ·· 66
열기전력 ·· 21
열전쌍 온도 센서 ································ 21
온도 센서 ··· 19, 21
왕복 운동 ·· 2
외부 기억 장치 ···································· 67
원점 설정 ·· 135
웜과 웜휠 ·· 6
유극성 콘덴서 ······································ 11
유압 실린더 ·· 35
음극 ·· 11
이미터 ·· 10
이송 장치의 제어 ······························ 129
인간의 오감 ·· 17
인버터 ·· 61
인터럽트 ··· 146
인터페이스 ····························· 26, 36, 53, 72
임계값 ·· 54
입출력 장치 ···································· 53, 67

ㅈ

자기 센서	22
자기유지	15
자동 제어	50
자동문의 제어	122
자릿수의 가중값	**55**
저항 어레이	9
저항값의 허용오차	9
적분 회로	90
전기 신호	18
전동기 구동 회로	124
전류 증폭 작용	40
전류 증폭률	40
전송 규격	74
전원 단자	82
전위차계	21
전자 릴레이 인터페이스	92
전자 밸브	108
전자 밸브 구동 회로	115
전차 검출 센서	141
점멸 프로그램	101
접촉형 센서	19
정격 전력	9
정수(整數)	98
제로 크로스 회로	46
제벡 효과	21
제어	50
제어 대상 기기	67
제어량	51
제어 모선	67, 69
제어의 오동작	5
제어 장치	66
조속기	51
조작 전압	46
주변 장치	67
직류 모터의 제어	109
직선 운동	35
진리값표	58

ㅊ

채터링	90
처리 기구/처리 장치	66
처리 속도	71
철도 모형의 제어	138
초 LSI	3
초대규모 집적 회로	3
초소형 연산 처리 장치	3
초음파 센서	22
최대 정격	41
축간 거리	6
칩 선택 단자	82

ㅋ

컬러 코드 표시	9
컬렉터	10
컴퓨터	53
컴퓨터의 신호	68
컴퓨터 제어	52
코딩	14
콘덴서의 용량 표시	11
클록	71

ㅌ

토크	159
트랜스듀서	18
트랜지스터	10
트랜지스터의 규격표	41
트랜지스터의 선정	95
트리거 회로	46

ㅍ

퍼지 제어	49
펄스 발생 회로	130
펄스 신호	37, 111
폐쇄 루프	4
포인트(철도 모형)	138
포토 다이오드	21
포토 커플러	13, 46
포토 트랜지스터	21
포트 사용법	83
포트 입력/포트 출력	98
풀업 저항	26
프로그래머블 컨트롤러	12
프로그램 언어	78
프로세서 유닛	66

플러스의 온도계수 ·········· 21
피드백 제어 ················ 51
피에조 저항 효과 ············ 23
피치 ······················· 7

ㅎ

핸드 로봇 ··················· 2
핸드셰이크 ················· 73
홀 소자 ···················· 22
화학량 ····················· 19
확장 슬롯 ·················· 67
회전수의 검출 ··············· 4
회전 운동 ················ 2, 34
휠 ······················· 155
흡인력 ····················· 42
힘 센서 ···················· 19

영문/숫자·기호

1-2상 여자 ·················· 5
1칩 마이크로 컴퓨터 ········· 54
10진법 ···················· 54
10진수 ···················· 55
16진법 ···················· 76
16진수 ···················· 55
1상 여자 ···················· 5
2값 신호 ··················· 54
2상 여자 ···················· 5
2진 기수법 ················· 76
2진법 ····················· 54
2진수 ····················· 55
2진수-10진수 변환 ·········· 76
2진수-16진수 변환 ·········· 77
2회로 2접점 ················ 39
3단자 레귤레이터 ············ 8
74LS00 ··················· 63
74LS04 ··················· 61
74LS08 ··················· 58

74LS32 ··················· 60
8251/8255/8259 ··········· 75
8255 IC의 단자 ············ 82
8255 보드 ················· 84
A/D 변환 ················ 24, 72
A/D 변환기 ·············· 25, 28
A-D 변환 IC ··············· 75
AND 회로 ················· 58
BASIC ···················· 79
CdS 센서 ·················· 20
C언어 ··················· 78, 98
D/A 변환 ················ 37, 73
D/A 변환기 ················ 37
#define 문 ··············· 126
FA ····················· 12, 49
FMS 시스템 ················ 12
GP-IP ····················· 74
if 문 ······················ 98
int형 ····················· 98
ISO ························ 7
LED 점등 회로 ·············· 88
LSI ························ 3
(N)의 단위 ················ 42
NAND 회로 ················ 62
NOR 회로 ·················· 63
NOT 회로 ·················· 61
NPN형 ···················· 10
OA ······················· 49
OR 회로 ··················· 60
outp(어드레스, 데이터) ······ 98
PC ······················· 12
PC 명령어 ················· 14
pF(피코패럿) ··············· 11
PNP형 ···················· 10
RS232C 규격 ··············· 74
SSR ······················ 46
switch 문 ················· 99
x=inp(어드레스) ············ 99
X-Y 플로터 ················· 4

지식과 기업의 가치를 키워가는 주식회사 첨단

www.hellot.net

전자산업 뉴패러다임 제시하는 **부동의 1위 전문 매거진**

월간 전자기술
Electronic Engineering / SMT Korea

월간 전자기술은 1988년 1월에 창간되어 ICT, 전자산업 분야의 첨단 정보와 각 분야별 심도 깊은 기술 기사를 제공해 왔으며, 업계의 새로운 패러다임을 제시하여 전자산업의 미래를 선도하는 데 일익을 담당하고 있습니다.

창간일 1988년 1월 1일
발행일 매월 1일
간기 월간
판형 국배판
구독료 15,000원/월, 150,000원/년
인쇄 4원색 옵셋
월 발행 부수 18,000부

정기 구독 안내 (잡지별 1년 구독료)

자동화기술   전자기술   첨단마켓 신제품신기술

프린트 매거진
(정가) ~~180,000~~ ▶ ₩**150,000**

자동인식·보안   금형기술   전기기술

프린트 매거진
(정가) ~~144,000~~ ▶ ₩**120,000**

정기 구독 문의처
TEL : 02)3142-4151 / FAX : 02)338-3453
e-mail : help@hellot.net

입금계좌
• 우리은행 968-000091-13-007
• 국민은행 028-25-0000-660
• 기업은행 208-033309-01-013
  예금주 (주)첨단

본사 : 서울시 마포구 양화로 127 첨단빌딩 6층 (우)04032 | TEL (02)3142-4151 | FAX (02)338-3453
부산 지사 : TEL (051)811-1557~8 | 대구·경북 지사 : TEL (053)353-0345 | 대전·충청 지사 : TEL (042)636-8394~5 | 경남·울산 지사 : TEL (055)262-2020

지식과 기업의 가치를 키워가는 주식회사 첨단   www.hellot.net

전기산업 이끄는 **50년 전통의 최고 전문지**

월간 전기기술
ELECTRICAL TECHNOLOGY

월간 전기기술은 1964년 10월에 창간되어 전기산업의 트렌드를 조명하는 전기기술 관련 월간지입니다. 아울러 1986년에 우수 잡지로 선정되어 대통령 표창을 받은 50년 전통의 글로벌 테크니컬 매거진 입니다.

- 창간일 1964년 10월 1일
- 발행일 매월 1일
- 간기 월간
- 판형 국배판
- 구독료 12,000원/월, 120,000원/년
- 인쇄 4원색 옵셋
- 월 발행 부수 15,000부

정기 구독 안내 (잡지별 1년 구독료)

자동화기술   전자기술   첨단마켓 신제품신기술

프린트 매거진
(정가) 180,000 ➤ ₩150,000

자동인식·보안   금형기술   전기기술

프린트 매거진
(정가) 144,000 ➤ ₩120,000

정기 구독 문의처
TEL : 02)3142-4151 / FAX : 02)338-3453
e-mail : help@hellot.net

입금계좌
- 우리은행 968-000091-13-007
- 국민은행 028-25-0000-660
- 기업은행 208-033309-01-013
  예금주 (주)첨단

본사 : 서울시 마포구 양화로 127 첨단빌딩 6층 (우)04032 | TEL (02)3142-4151 | FAX (02)338-3453
부산 지사 : TEL (051)811-1557~8 | 대구·경북 지사 : TEL (053)353-0345 | 대전·충청 지사 : TEL (042)636-8394~5 | 경남·울산 지사 : TEL (055)262-

지식과 기업의 가치를 키워가는 주식회사 첨단

www.hellot.net

오토메이션 4.0 시대 여는 | 매체 파워 1위 FA 전문지

월간 자동화기술
AUTOMATION SYSTEMS

월간 자동화기술은 1985년에 창간된 자동화 분야 최고급 기술 전문지로서 공장 및 공정 자동화의 구성 메커니즘을 비롯해 기계의 IT화와 미래형 토털 시스템 구축까지 자동화 전 분야를 심도 있게 다루는 국내 대표의 기술 정보지입니다.

- 창간일 1985년 3월 1일
- 발행일 매월 1일
- 간기 월간
- 판형 국배판
- 구독료 15,000원/월, 150,000원/년
- 인쇄 4원색 옵셋
- 월 발행 부수 18,000부

정기 구독 안내 (잡지별 1년 구독료)

자동화기술   전자기술   첨단마켓 신제품신기술

프린트 매거진
(정가) 180,000 ➤ ₩150,000

자동인식·보안   금형기술   전기기술

프린트 매거진
(정가) 144,000 ➤ ₩120,000

정기 구독 문의처
TEL : 02)3142-4151 / FAX : 02)338-3453
e-mail : help@hellot.net

입금계좌
- 우리은행 968-000091-13-007
- 국민은행 028-25-0000-660
- 기업은행 208-033309-01-013
  예금주 (주)첨단

BM 주식회사 첨단

본사 : 서울시 마포구 양화로 127 첨단빌딩 6층 (우04032) | TEL (02)3142-4151 | FAX (02)338-3453
부산 지사 : TEL (051)811-1557~8 | 대구·경북 지사 : TEL (053)353-0345 | 대전·충청 지사 : TEL (042)636-8394~5 | 경남·울산 지사 : TEL (055)262-2020

메카트로닉스 입문

1998. 9. 2. 초 판 1쇄 발행
2002. 3. 29. 초 판 2쇄 발행
2011. 2. 16. 초 판 5쇄 발행
2014. 3. 25. 초 판 6쇄 발행
2015. 5. 28. 초 판 7쇄 발행
2017. 2. 22. 초 판 8쇄 발행

감 수 | 岩本 洋
지은이 | 森田 克己, 天野 一美
옮긴이 | 한동순
펴낸이 | 이종춘
펴낸곳 | BM 주식회사 성안당
주소 | 04032 서울시 마포구 양화로 127 첨단빌딩 5층(출판기획 R&D 센터)
      10881 경기도 파주시 문발로 112 출판문화정보산업단지(제작 및 물류)
전화 | 02) 3142-0036
      031) 950-6300
팩스 | 031) 955-0510
등록 | 1973. 2. 1. 제406-2005-000046호
출판사 홈페이지 | www.cyber.co.kr
ISBN | 978-89-315-3257-9 (13560)
정가 | 18,000원

이 책을 만든 사람들

교정·교열 | 이태원
전산편집 | 김인환
표지 디자인 | 박현정
홍보 | 박연주
국제부 | 이선민, 조혜란, 고운채, 김해영, 김필호
마케팅 | 구본철, 차정욱, 나진호, 이동후, 강호묵
제작 | 김유석

이 책의 어느 부분도 저작권자나 BM 주식회사 성안당 발행인의 승인 문서 없이 일부 또는 전부를 사진 복사나 디스크 복사 및 기타 정보 재생 시스템을 비롯하여 현재 알려지거나 향후 발명될 어떤 전기적, 기계적 또는 다른 수단을 통해 복사하거나 재생하거나 이용할 수 없음.

※ 잘못된 책은 바꾸어 드립니다.